The Frontiers in Life Sciences

オートファジー
分子メカニズムの理解から病態の解明まで

監修

大隅　良典　東京工業大学科学技術創成研究院 栄誉教授

編集

吉森　保　大阪大学大学院生命機能研究科/医学系研究科 栄誉教授

水島　昇　東京大学大学院医学系研究科 分子生物学 教授

中戸川　仁　東京工業大学生命理工学院 准教授

南山堂

監　修

大隅　良典　　東京工業大学科学技術創成研究院 栄誉教授

編　集

吉森　保　　大阪大学大学院生命機能研究科／医学系研究科 栄誉教授

水島　昇　　東京大学大学院医学系研究科 分子生物学 教授

中戸川　仁　　東京工業大学生命理工学院 准教授

執筆者一覧（掲載順）

吉森　保　　大阪大学大学院生命機能研究科／医学系研究科 栄誉教授

上野　隆　　順天堂大学大学院医学研究科 研究基盤センター 客員教授

野田　健司　　大阪大学大学院歯学研究科 口腔科学フロンティアセンター 教授

荒木　保弘　　大阪大学大学院歯学研究科 口腔科学フロンティアセンター

中戸川　仁　　東京工業大学生命理工学院 准教授

小山-本田　郁子　　東京大学大学院医学系研究科 分子生物学

水島　昇　　東京大学大学院医学系研究科 分子生物学 教授

関藤　孝之　　愛媛大学大学院農学研究科 遺伝子制御工学 教授

野田　展生　　公益財団法人微生物化学研究会 微生物化学研究所 構造生物学研究部 部長

奥　公秀　　京都大学大学院農学研究科 制御発酵学分野

阪井　康能　京都大学大学院農学研究科 制御発酵学分野 教授

鈴木　邦律　東京大学大学院新領域創成科学研究科附属バイオイメージングセンター 准教授

一村　義信　新潟大学大学院医歯学総合研究科 分子生物学分野 准教授

小松　雅明　新潟大学大学院医歯学総合研究科 分子生物学分野 教授

岡本　浩二　大阪大学大学院生命機能研究科 ミトコンドリア動態学 准教授

阿部　章夫　北里大学大学院感染制御科学府 細菌感染制御学 教授

吉井　紗織　Focal Area Infection Biology, Biozentrum, University of Basel

吉本　光希　明治大学農学部生命科学科 環境応答生物学研究室 准教授

川俣　朋子　東京工業大学科学技術創成研究院 細胞制御工学研究センター

久万亜紀子　大阪大学大学院医学系研究科 遺伝学 特任准教授

佐藤　栄人　順天堂大学医学部 脳神経内科 准教授

服部　信孝　順天堂大学医学部 脳神経内科 教授

川端　剛　長崎大学原爆後障害医療研究所 幹細胞生物学研究分野

藤谷与士夫　群馬大学生体調節研究所 分子糖代謝制御分野 教授

福中　彩子　群馬大学生体調節研究所 分子糖代謝制御分野

中村　修平　大阪大学大学院生命機能研究科／医学系研究科

種池　学　Senior Research Fellow, School of Cardiovascular Medicine & Sciences, Faculty of Life Sciences & Medicine, King's College London

大津　欣也　Professor of Cardiology, School of Cardiovascular Medicine & Sciences, Faculty of Life Sciences & Medicine, King's College London

高橋　篤史　大阪大学大学院医学系研究科 腎臓内科学

猪阪　善隆　大阪大学大学院医学系研究科 腎臓内科学 教授

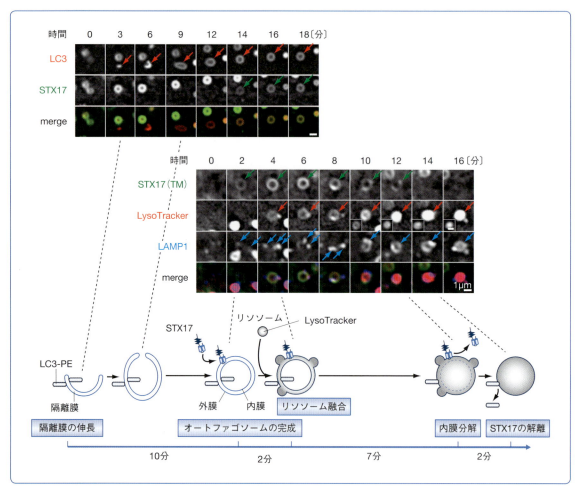

写真1　蛍光顕微鏡で見るオートファゴソームの形成から成熟まで

蛍光タンパク質と融合しLC3（ → ）とオートファゴソームSNAREタンパク質STX17（ → ）を安定発現したマウス線維芽細胞（上段画像）と，同様にSTX17の膜貫通領域（TM, → ）とLAMP1（ → ）を安定発現させてLysoTracker（ → ）で染色したマウス線維芽細胞（中段画像）を，アミノ酸と血清を除去してオートファジーを誘導し，蛍光顕微鏡 DeltaVision Elite（GEヘルスケア・ジャパン社）でタイムラプス撮影をした．スケールバーは1μm．下段はタイムラプス蛍光画像に対応させたオートファゴソームの形成と成熟過程の模式図．（本文 p.58 参照）

[Tsuboyama K, et al.：Science, 354：1036-1041, 2016を一部改変]

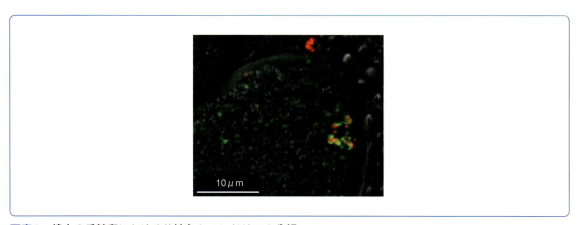

写真2　線虫の受精卵における父性ミトコンドリアの分解

赤色蛍光標識した精子由来のミトコンドリア近傍にGFP-LGG-1（Atg8ホモログ）が局在し，父性ミトコンドリアを取り囲んでいるように見える［写真提供：佐藤美由紀博士（群馬大学生体調節研究所）］．（本文p.121 参照）

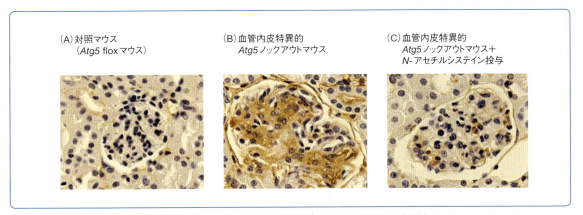

写真3　血管内皮細胞におけるオートファジーによる活性酸素（ROS）軽減の重要性

血管内皮特異的*Atg5*ノックアウトマウスでは血管内皮細胞の傷害マーカーであるICAM-1（intercellular adhesion molecule-1）が増加するが，抗酸化剤である*N*-アセチルシステインを投与するとICAM-1が減少する．（本文p.229 参照）

[Matsuda J, et al.：Autophagy, doi：10.1080/15548627. 2017. 1391428, 2017を一部改変]

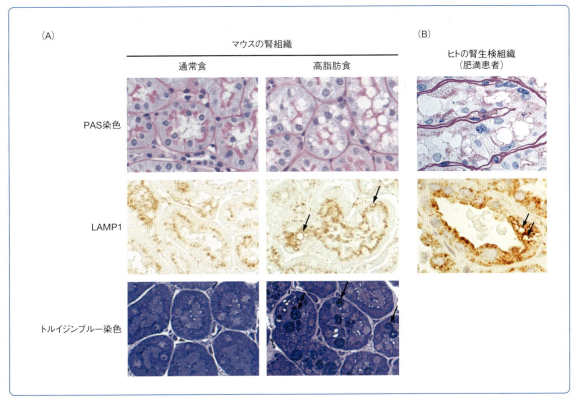

写真4　高脂肪食負荷によるリソソームの拡張

（A）2カ月間の高脂肪食負荷で近位尿細管にトルイジンブルー陽性の空胞，リソソームの拡張（矢印）がみられる．（B）ヒトの肥満患者の腎生検検体においても同様のリソソームの拡張（矢印）がみられる．（本文p.232 参照）

[Yamamoto T, et al.：J Am Soc Nephrol, 28：1534-1551, 2017を一部改変]

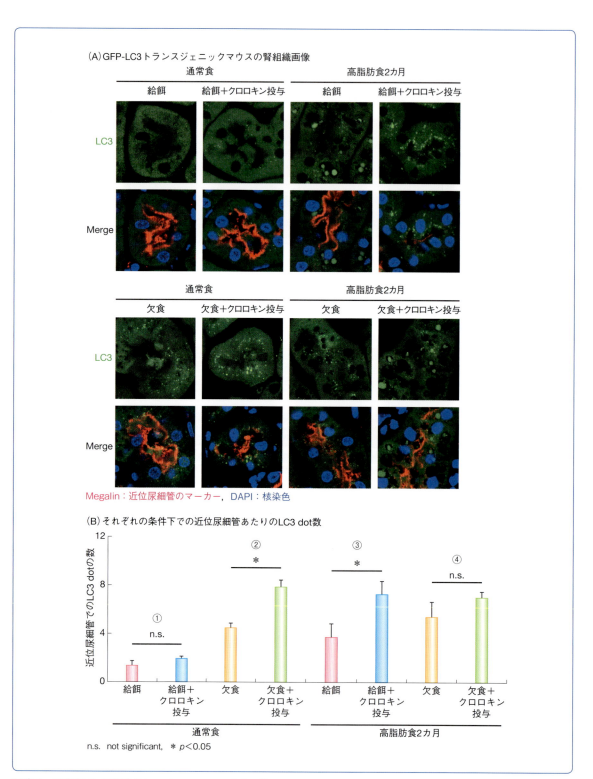

（A）GFP-LC3トランスジェニックマウスの腎組織画像

通常食 / 高脂肪食2カ月

給餌 / 給餌+クロロキン投与 / 給餌 / 給餌+クロロキン投与

LC3

Merge

通常食 / 高脂肪食2カ月

欠食 / 欠食+クロロキン投与 / 欠食 / 欠食+クロロキン投与

LC3

Merge

Megalin：近位尿細管のマーカー，DAPI：核染色

（B）それぞれの条件下での近位尿細管あたりのLC3 dot数

n.s. not significant，＊ $p < 0.05$

写真5　高脂肪食負荷時のbasal autophagyならびにinduced autophagy

（A）GFP-LC3トランスジェニックマウスを用いて，近位尿細管におけるオートファジーフラックス（クロロキンを加えたときのLC3 dotの増加量）を評価している．（B）食事摂取をしている状態でのオートファジーフラックスは，高脂肪食を与えているマウスのほうが，通常食を与えるマウスよりも亢進しているが（①＜③），飢餓状態にした際に誘導されるオートファジーフラックスは，高脂肪食を与えていたマウスのほうが，通常食を与えていたマウスよりも鈍っている（②＞④）．（本文p.232 参照）

[Yamamoto T, et al.：J Am Soc Nephrol, 28：1534-1551, 2017を一部改変]

序

　2016年12月10日，ストックホルムのコンサートホールにおいて，大隅良典 東京工業大学栄誉教授はメダルと賞状を受け取ると，カール16世グスタフ スウェーデン国王と固く握手を交わした．大隅博士がノーベル生理学・医学賞を受賞した瞬間である．受賞理由は，「オートファジーのメカニズムの発見」であった．

　大隅博士から授賞式に招待された私たちは，この光景を万感の想いとともに見つめていた．この20年余りの分野の激動の歴史が思い起こされた．1996年に大隅博士は，現 自然科学研究機構 基礎生物学研究所に教授として着任．同年に大隅先生に呼ばれた吉森が助教授になり，翌年には水島が博士研究員として研究室に加わった．ノーベル賞受賞理由の主要部分をなす酵母のオートファジー関連遺伝子 *ATG* 群の同定から間もないころである．40年近く解明が進まず，暗黒時代が続いていたこの分野はこの後大きく変容していくことになる．その当時，オートファジー（日本語では自食作用）は細胞生物学においてもほとんど忘れかけられた存在で，「辞めたくなる作用ですか？」，「いえ辞職ではなく自食作用です」と冗談のような会話を専門外の研究者と交わしていた．しかし，私たちには，マイナーな分野であることの引け目より，前人未踏のフロンティアに乗り出していく昂揚のほうが勝っていた．役に立つかどうかも気にしておらず，純粋に謎を解き明かしたいという一念であった．

　その後，大隅研を中心に活発なオートファジー研究が国内外で行われるようになった．その結果，*ATG* 遺伝子群がヒトを含む哺乳類にも保存されていることが明らかになり，それを契機に本分野は哺乳類を対象とした研究にも拡大していった．そして，細胞内の分解/リサイクルシステムであるオートファジーが細胞の恒常性を維持し，ひいてはさまざまな疾患の抑制に重要であることが判明してきたことで，この10年間に本分野は加速度的に発展を遂げ，いまなお成長期にある．大隅博士をはじめとするわが国の研究陣は，それに大きく貢献してきた．

　現在，オートファジーに対する注目度は飛躍的な高まりをみせている．基礎研究から明らかになってきたことをふまえた，臨床応用を見据えた研究も多方面で進められており，オートファジーを標的とする治療法の開発などに期待が寄せられている．そういった状況に鑑みて，本書では，監修者である大隅博士が提唱されている「基礎研究の重要性」を再認識すべく，改めてオートファジー研究のこれまでの歩みを振り返り，そのうえでオートファジーの分子メカニズム，生理機能，疾患とのかかわりの最新知見について，オートファジー研究の最前線で意欲的に取り組まれている先生がたに解説いただくこととした．本書が，世界を牽引しているわが国のオートファジー研

究のさらなる発展に資することを願っている.

　本書は,オートファジー分野の最新知見をほぼ網羅しているとはいえ,日進月歩の生命科学のなかでも本分野の展開は急速であり,本書もすぐにも古びる運命にあるやに思われるかもしれない.しかし,膨大な数の論文を一から読まずとも,まずは本書を読み,それ以降の文献にあたることがスタンダードとなるなら編者として望外の喜びである.

2017年11月吉日

編　者

目　次

第 IV 部　オートファジーと疾患・臨床応用

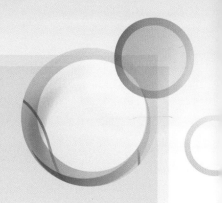

総　論

総　論

吉森　保

1 オートファジーとは何か

　オートファジー autophagy は，ギリシャ語の *auto-*（自己）と *-phagy*（食べる）を組み合わせた語で，自食作用，自己貪食などと訳される．文字どおり，細胞が自己の一部をリソソーム lysosome で分解・消化する現象である．これに対し，細胞が外部の物質を取り込んでリソソームで分解する過程はヘテロファジー heterophagy ということになる．ただし，近年，オートファジーが細胞内部に入り込んだ病原体をも分解することが判明したので（**第12章** 参照），自己成分に限らず細胞質の物質をリソソームに輸送して分解するシステムと考えるのが最も妥当である．

　オートファジーには，マクロオートファジー，ミクロオートファジー，シャペロン介在性オートファジーの3種類がある．このうち，シャペロン介在性オートファジーは膜動態を介さず，他の2つとはまったく異なるメカニズムによるもので，本書では扱わない．残る2つのうち，最も研究が進んでいるのがマクロオートファジーであり，オートファジーといえばマクロオートファジーを指すことが一般的である．本書では**第8章**でミクロオートファジーを解説し，それ以外の章はすべてマクロオートファジーを扱う．本総論においてもマクロオートファジー（以下，単にオートファジー）の概要を述べる．

❶ オートファジーを担う膜動態

　オートファジーは，膜動態を介した細胞内物質輸送システムであるメンブレントラフィック（膜交通）の一種で，まず，細胞質に断面が柿の種のような扁平な小胞が現れ，それが湾曲しながら成長し（隔離膜あるいはファゴフォアとよぶ），最後に先端が融合して閉じた二重の膜構造であるオートファゴソームが形成される（**図1**）．その際，内部に細胞質の可溶成分のみならず，ミトコンドリアなどのオルガネラや病原体なども囲い込む．オートファゴソームの直径は，後述する細菌を捕捉するような場合を除き，種を問わず$0.5 \sim 1.0\,\mu\mathrm{m}$ で，約$5 \sim 10$分で完成する．完成したオートファゴソームはリソソームと融合し，取り込んだ細胞質由来の内容物は内膜と一緒にリソソームの加水分解酵素群により消化される．その後，そこからリソソームの再生が起こり，オートファゴソームは消滅する．オートファゴソームはオルガネラの一種であるが，一過性に現れ消える点が他のオルガネラと大きく異なる．

❷ オートファジーの生理機能

　細胞は飢餓やその他のストレスに曝されると，自己の一部をオートファジーによって分解し，栄養源にすることでサバイバルを図る．（**図2**，**第16章** 参照）．ストレスにより普段は低

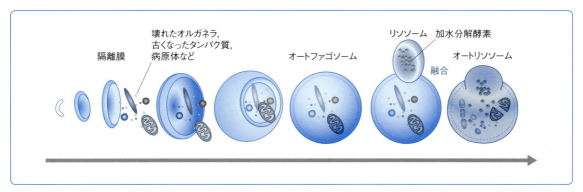

図1　オートファジーの過程
細胞質に隔離膜が現れ，これが成長して直径約1μmのオートファゴソームとなる．隔離膜は閉じた膜の袋を押しつぶしたようなかたちをしており，それが壺状になって，最終的に末端どうしが融合するので，オートファゴソームは二重に膜をもつ（脂質二重層の膜が2枚）．オートファゴソームが形成されるときに，細胞質の分子や構造物が閉じ込められる．この隔離機能により，オートファジーは多岐にわたる役割を担う．その後，リソソームが融合し，オートファゴソームの内側の膜と閉じ込めた内容物が分解される．

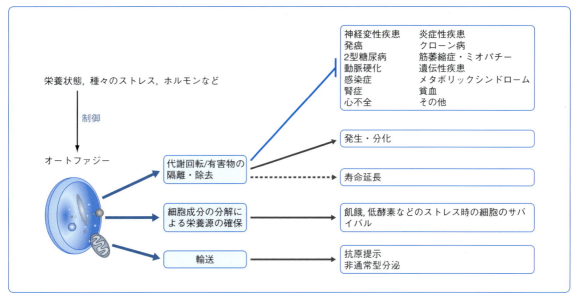

図2　オートファジーの役割
オートファジーの包み込み（隔離）機能を用いて細胞はさまざまな活動を行い，それらによって生存に必要な恒常性が維持される．

頻度に抑えられているオートファジーが亢進し，多数のオートファゴソームがつくられるようになる．オートファジーの別の重要な役割として，細胞にとって不要あるいは有害な物質の除去がある．対象は多岐にわたり，幹細胞が分化して細胞の内部構成が変化する際に，古いオルガネラなどがオートファジーで除去される場合もある．それが起こらないと正常な分化が起こらない．また，日々，細胞成分を少しずつ分解することで新陳代謝を促し，細胞を健全な状態に保っている．この基底レベルのオートファジーが神経細胞で損なわれると細胞死が起こり，アルツハイマー病に似た症状を呈する．また，損傷を受けたミトコンドリアやリソソーム，変性疾患の原因となる易凝集性タンパク質，細胞内に侵入した病原体などの有害物がオートファジーによって隔離・分解される．損傷を受けたミトコンドリアからは活性

酸素種(ROS)やアポトーシス因子が漏出し，これらは細胞にとってきわめて危険であるため，その除去が欠かせない．一般に，オートファゴソームは細胞質中のものを非選択的に取り込むと考えられているが，有害物に対してはそれを特異的に認識して選択的に隔離する．すなわち，選択的オートファジーが存在する(第9〜12章 参照)．

　その他に，細胞質抗原をオートファゴソームが取り込み，MHC クラスⅡを含む膜構造に運んで抗原提示を行うことや，細胞質で合成されたものが通常の分泌経路を経ないで細胞外に放出される非通常型分泌にオートファジーがかかわることが知られている．細胞は，細胞質のものをオートファゴソームで包み込むという性質をさまざまな用途に使っているといえる．オートファジーは寿命延長にも寄与するが，それはすでに述べた不要/有害物除去作用の結果かもしれない．

　このように，オートファジーは細胞の生存や恒常性維持に欠かせない細胞の守護神のような存在であり，当然のことながら，さまざまな疾患と関係する．疾患とのかかわりは第Ⅳ部(第17〜22章)で詳しく解説されている．なお，オートファジーの生理機能については，植物におけるものも含めて，第Ⅲ部(第13〜16章)にまとめられている．

2　オートファジー関連因子と基本メカニズム

❶ オートファジーを駆動・制御するタンパク質

　通常，オルガネラは常時存在しているが，オートファゴソームだけは必要に応じてその都度つくられる．そのため，オートファゴソームの形成には独自の分子機構が用いられている．その構成分子として Atg (autophagy-related)タンパク質がみつかっている．Atg タンパク質は，最初，出芽酵母のオートファジーに必須の14個の遺伝子 *ATG* の産物として同定され(第2章 参照)，その後，それらのホモログ(相同タンパク質)が哺乳類ですべて確認された(ただし，すでに名称がある場合は，Atg とはよばず，元の名称が使用される)．これまでに40種類以上の Atg タンパク質が同定されているが，最初にみつかったものはいずれもオートファゴソーム形成にかかわっており，コア(主要な) Atg とよばれる．これらは，いくつかの機能ユニットに分類されるので，以下にそれぞれの概要をおもに哺乳類の場合について，Atg 以外の関連タンパク質とあわせて解説する．最後にオートファゴソーム形成後の過程にかかわる因子についても述べる．詳細は第Ⅱ部(第3〜12章)を参照されたい．

1) ULK 複合体

　飢餓などのシグナルに応答してオートファゴソームが形成されるとき，Atg タンパク質のなかで最上流にあってオートファゴソーム形成機構にはじめにシグナルを伝達するのが，ULK1/2(出芽酵母では Atg1)である．ULK1/2はプロテインキナーゼ活性をもち，Atg13，FIP200，Atg101と複合体を形成している．出芽酵母では Atg17，Atg29，Atg31も加わるが，その哺乳類ホモログはみつかっていない．富栄養条件下では，タンパク質合成などさまざまな細胞機能を栄養条件に応じて制御するタンパク質キナーゼ mTORC1によってこの複合体は不活性化されている．このとき，ULK1/2と Atg13は mTORC1によりリン酸化されている．飢餓条件下ではこの結合が解消され，その結果，ULK1/2の脱リン酸化が促進されて活性化が起こり，オートファゴソーム形成が開始されると考えられる．ULK1/2のプロテ

インキナーゼ活性がオートファゴソーム形成に必要なことはわかっているが，ULK1/2の真の生理的基質(そのリン酸化がオートファジーのシグナル伝達の鍵分子になる基質)が何なのかはまだわかっていない．

2) PI3K複合体

オートファゴソーム膜にはホスファチジルイノシトール3-リン酸 phosphatidylinositol 3-phosphate (PI3P)が含まれ，それを産生するⅢ型ホスファチジルイノシトール3-キナーゼ〔PI3キナーゼ(PI3K)〕がオートファゴソームの形成に必須である．Ⅲ型PI3Kは Beclin1 (Atg6の哺乳類ホモログ)，Vps15と複合体を形成する．そこにさらに別のタンパク質が結合することで最終的に3種類の複合体が形成される．複合体Aは，共通サブユニットに加えてAtg14を含む．複合体BはAtg14の代わりにUVRAGを含む．複合体CはUVRAGに加えて，これまで知られていなかったタンパク質Rubiconを含む．出芽酵母はRubiconホモログをもたない．興味深いことに，これらの複合体は同じPI3Kを含むのに機能は異なっていた．複合体Aがオートファゴソームの形成に必要であるのに対し，複合体Cはオートファゴソームとリソソームの融合を負に制御していた．すなわち，結合する相手によってPI3Kの役割が逆転するということになる．複合体Bは，複合体Cとは逆に，オートファゴソームとリソソームの融合を正に制御していると考えられる．飢餓などのシグナルは，mTORC1からULK1/2を経て複合体Aに到達する．複合体Aが産生したPI3Pに結合するタンパク質が，オートファゴソーム形成にかかわる．WIPI(出芽酵母Atg18の哺乳類ホモログ)やDFCP1(出芽酵母にホモログなし)である．機能はよくわかっていない．PI3PをPIに戻すPI3ホスファターゼであるMTMR3とMTMR14 (Jumpy)が，オートファゴソームの形成とその大きさをネガティブに制御している．PI3KとPI3ホスファターゼ活性のバランスによって局所的なPI3P濃度が調節されていて，それがオートファゴソームの数や大きさを決定しているものと考えられる．

3) Atg9L1とVMP1

Atg9L1は，Atgタンパク質のなかで唯一の膜貫通タンパク質である．おもにゴルジ体およびエンドソームに局在しており，隔離膜が形成されはじめると一部がそこに一過性に現れる．おそらく，ゴルジ体，エンドソーム，隔離膜のあいだを膜小胞にのってシャトルしていると考えられる．この膜小胞が隔離膜の伸張に必要な膜成分を補給している可能性があるが，何が運ばれているのかは不明である．隔離膜から去ることから，穿った見方をすれば，隔離膜から何かを除いているということもありうる．VMP1は酵母にはホモログがない膜貫通タンパク質で，小胞体に局在してオートファゴソーム形成の比較的後期にはたらく．機能は不明である．

4) LC3カスケード

すでに述べたPI3K複合体やその他のタンパク質のはたらきで隔離膜がつくられだすと，Atg8の哺乳類ホモログLC3が隔離膜に結合する．LC3は，プロLC3として合成後ただちにC末端側の22個のアミノ酸残基がシステインプロテアーゼであるAtg4により切断されてLC3-Ⅰとなる．細胞質の可溶性タンパク質であるLC3-ⅠのC末端に，ユビキチン化に似た修飾によりホスファチジルエタノールアミン(PE)が共有結合すると，LC3-Ⅱとなり，隔離膜に局在化する．このめずらしい脂質との共有結合反応は，Atg7とAtg3が触媒する．

一方，Atg5はAtg7とAtg10の触媒するユビキチン様修飾反応によってAtg12と共有結

合し，さらに Atg16L と複合体を形成する．この複合体も隔離膜に結合する．この複合体は Atg12が LC3に一過性に結合した Atg3と結合し，脂質化の最終段階を触媒する．そのとき，Atg16L は脂質化が起こる膜を認識する．脂質化が隔離膜で起こるのか，別の膜で起こってから隔離膜に運ばれるのかはまだわかっていない．

　LC3は，隔離膜の末端どうしが融合してオートファゴソームとなるステップに必要であると考えられていたが，オートファゴソームとリソソームの融合に必要とする説もある．LC3はオートファゴソームがリソソームと融合すると内部にいたものは分解され，外側に結合していたものは離脱する．したがって，LC3の分解量を測定することでオートファジーの進行をモニターできる．LC3は顕微鏡観察でもオートファゴソームマーカーとして最もよく用いられる．また，LC3-Ⅱの量がオートファゴソームの数に比例するので，生化学的なオートファジーアッセイにも使われる．一方，Atg5複合体は隔離膜の外側にのみ結合し，オートファゴソームになると離脱するので，ある時点でのオートファゴソームの形成数測定に有用である．なお，LC3以外にも Atg8ホモログが哺乳類には複数存在する．それらはオートファジーの膜動態において LC3とは異なるはたらきをもつともいわれている．

5) オートファゴソームの形成後の過程にはたらく因子

　オートファゴソームの形成にはたらくタンパク質には，メンブレントラフィックに一般的な制御タンパク質はほとんど含まれていない．一方，より後期のステップには，他のメンブレントラフィックと共通の因子がはたらくこともわかってきた（第5章 参照）．たとえば，メンブレントラフィックのさまざまなステップにはたらく Ras 様の低分子量 GTPase の Rabスーパーファミリーの一員で，エンドサイトーシス経路後期ではたらく Rab7は，オートファゴソームとリソソームの融合に必要である．オートファゴソームとリソソームの融合には，SNARE タンパク質の VAMP8やシンタキシン17（STX17）もはたらいている．SNARE は Rabと並ぶ普遍的なメンブレントラフィック制御因子で，種々の経路の各所で異なる SNAREが膜融合を駆動している．Rab と SNARE が関与することから，オートファゴソームとリソソームの融合は，他のメンブレントラフィックに比較的類似しているといえる．他に先天的な脳形成障害をきたすジュベール症候群の原因遺伝子の1つ，リン脂質脱リン酸化酵素INPP5E がリソソームのホスファチジルイノシトール3, 5-ビスリン酸〔PI（3,5）P_2〕を減らすことが融合に必要である．オートファゴソームとリソソームが融合してできたオートリソソームからはリソソームが再生する．その過程の分子機構についても解明が進みつつある．

❷ オートファゴソーム膜の起源

　1つずつ新たにつくられるオートファゴソームが，どこでどのようにして生まれているのかが当初から関心を集め，長年，論争の的となってきた．決定的な証拠がなく，結論の出ない状態が続いていたが，最近，新たな報告が相次ぎ，この細胞生物学上の大きな謎もついにベールを脱ぎ始めた．これまでの知見を総合すると，次のシナリオがもっとも妥当だと考えられる．まず，飢餓などのシグナル入力により活性化した ULK 複合体が小胞体膜に結合し，それが引き金となって Atg14-PI3K 複合体や DFCP1，VMP1が小胞体上に点状に集合する．小胞体膜のその箇所で PI3P の局所濃度が上昇し，小胞体膜が変形して隔離膜が形成される．この小胞体説に対して，ミトコンドリア起源説が提唱され対立が起こったが，実は隔離膜が形成される小胞体上の箇所はミトコンドリアと小胞体の接触部位であった．そのため，

ミトコンドリアでできているようにもみえたのである．ゴルジ体やエンドソームからの膜供給も考えられ，細胞膜の関与も示唆されているので，細胞は既存のオルガネラを総動員してオートファゴソームをつくっているように考えられる．

3　オートファジーが関連する疾患

❶ 変性疾患

　アルツハイマー病（AD）などの神経変性疾患に代表される変性疾患は，タンパク質の凝集塊の形成を伴う細胞死によって起こる．すでに述べたように，オートファジーと変性疾患には密接な関係がある．まず，変性疾患の原因となる易凝集性タンパク質の排除に，ユビキチン-プロテアソーム系とともにオートファジーがはたらいている．肝細胞の小胞体内に蓄積して肝変性を引き起こすα_1-アンチトリプシン Z 変異体（ATZ），ハンチントン病などを起こす延長ポリグルタミン含有タンパク質をはじめ，さまざまな易凝集性タンパク質がオートファジーの標的となっているようで，オートファジーはそれらが引き起こす，神経変性，筋萎縮症，ミオパチーなどの疾患（フォールディング病）に対する防御機構としてはたらいているものと思われる．薬剤によるオートファジー活性化が，AD モデルマウスの症状を抑制することも報告されている．

　疾患の原因タンパク質がオートファジーを阻害している可能性もある．たとえば，その変異が AD の原因となるタンパク質プレセニリン-1（PS-1）の機能障害がオートファジー阻害を招き，その結果，AD が発症するという説が提案されている．また，病因タンパク質が存在しなくても，神経細胞におけるオートファジー欠損は細胞内に凝集体の形成を招き，神経変性を引き起こす．これは低頻度で起こっている定常的オートファジーによる細胞成分の代謝回転の重要性を物語っている．病因タンパク質が発現していない健康人であっても，オートファジー能力の低下そのものが変性疾患を引き起こしうる．オートファジーが加齢により減弱するという示唆もあり，現代の高齢化社会の大きな課題である神経変性疾患の予防治療にオートファジー研究が大きなインパクトを与えるかもしれない．現在，製薬企業を含め，オートファジーを標的とした創薬を目指した動きが活発化している．

　AD と並ぶ重要疾患パーキンソン病 Parkinson's disease（PD）についても，オートファジーとの関連が注目されている（第17章 参照）．遺伝性 PD の原因遺伝子産物の Parkin や PINK1 が，ミトファジーにおいて損傷ミトコンドリアを選択的に除去する過程にかかわることが明らかになったのである．損傷ミトコンドリアが放置されると細胞死が起こる．少なくとも一部の PD は，オートファジー障害が原因で生じるヒト疾患の実例といえる．

❷ 癌

　いくつかの Atg タンパク質について，その欠損により癌が発生することがマウスの実験で判明しており，オートファジーは発癌を抑制していると考えられる．そのメカニズムとしては，損傷ミトコンドリアの隔離除去によって DNA に損傷を与える活性酸素種（ROS）が漏出することを防止する，癌化に関連する遺伝子群の発現カスケードを誘導する p62を分解するなどが考えられている．

　一方，すでに述べたように，細胞は飢餓に陥るとオートファジーを活発化させ，自己の一部を分解してエネルギー源にまわすことで危機を乗り越えようとする．飢餓以外にも低酸素などさまざまなストレスでオートファジーは誘導される．このような生存維持装置としてのオートファジーは，癌細胞の遊離，転移，浸潤，増殖，抗癌剤耐性獲得に重要な役割を果たしていると考えられる．低酸素低栄養条件下であっても癌細胞は，オートファジーを亢進して生き延びる．そのあいだに抗癌剤耐性を獲得するものも出現するだろう．オートファジーは細胞を守るという点で常に一貫しているものの，すでに発生してしまった癌についてはヒトにとってオートファジーは有害となる．

　このように癌におけるオートファジーの役割は二面的であるが，臨床的には発癌後の役割が重視され，米国ではオートファジー阻害剤と抗癌剤の併用療法の治験が行われている．なお，オートファジーの貢献度は癌種によって異なるようで，膵癌のようにオートファジーへの依存度が高く，オートファジー阻害のみでも腫瘍退縮や個体生存率上昇が顕著な場合もある．オートファジーと癌については**第18章**を参照されたい．

❸ 感染症

　2004年に非免疫細胞内に侵入した病原細菌のA群連鎖球菌がオートファジーによって選択的に隔離されて殺菌されることが報告された．自食という定義を越えて，オートファジーが外敵排除にまではたらくことが初めて知られたのである．また，このとき選択的オートファジーという概念も新たに浮かび上がった．その後，さまざまな細菌，ウイルス，原生動物を含む病原体についてオートファジーの関与がぞくぞくと報告され，オートファジーは一種の自然免疫として生体防御に重要な役割を担っていると考えられるようになっている．これまでファゴサイトーシスを回避して細胞内に侵入してしまった病原体を殺菌する術はないと考えられていたが，オートファジーが二次防衛線として細胞質で病原体を迎え撃っていた．研究が進むにつれて，オートファジーによる攻撃をも回避するものや，さらにはオートファジーの機構をハイジャックして細胞内での生存や増殖に利用しているものもみつかり，宿主と病原体の進化上の攻防の熾烈さがうかがえる．病原体に対するオートファジーは自食とはいえないため，ゼノファジーとよばれることもある（**第12章** 参照）．

❹ 炎症性疾患・免疫疾患

　炎症反応を誘導する細胞質のタンパク質複合体インフラマソームの活性化をオートファジーが抑制しており，オートファジーはさまざまな炎症性疾患にかかわる．

　また，Atg16Lに，炎症性腸疾患であるクローン病に感受性を示す一塩基多型（SNP）がヒトでみつかり注目されている．クローン病の原因について腸内細菌と免疫系の複雑な相互作用の破綻がいわれており，オートファジーの病原体除去機能の異常により惹起されると考える研究者もいるが，Atg16Lがオートファジー以外の機能をもつ可能性も含めて検証が必要である．

　免疫におけるオートファジーの役割は病原体排除や炎症抑制にとどまらない．細胞質中の抗原のMHCクラスⅡによる提示，自然免疫におけるシグナル伝達などにもはたらいていることが判明している．腸管自然免疫にかかわるパネート細胞の分泌機能にはAtgタンパク質がかかわるが，これもオートファジー以外の機能があるからかもしれない．

❺ その他

オートファジーは，T細胞，脂肪細胞，赤血球などの分化にも必要なので，それらの幹細胞におけるオートファジー不全は，貧血などの疾患の原因となる．また，心筋細胞のオートファジーは，圧付加や加齢による心不全を防いでいる（第21章 参照）．加齢に伴う糸球体硬化症もオートファジーが抑止している（第22章 参照）．これらの抑制メカニズムは不明であるが，変性疾患の場合と同様に損傷ミトコンドリアや老廃物を除去してそれらの蓄積による細胞死を防ぐことによるのかもしれない．

社会問題となっている生活習慣病にもオートファジーがかかわる．オートファジーは，2型糖尿病や動脈硬化の発症を防ぐ重要な因子である（第19章 参照）．しかし，過栄養下では細胞のオートファジー能力が低下することがわかってきて，これらの生活習慣病の発症や増悪の原因になっている可能性が示唆される．実際，高脂肪食をマウスに負荷すると，すでに述べたオートファジー抑制因子 Rubicon が肝臓で増加し，その結果，オートファジーが低下して脂肪肝となる．肝臓特異的な Rubicon ノックアウトマウスは高脂肪食による脂肪肝を発症しない（第19章 参照）．これは，遺伝的要因ではなく環境要因（食生活）によってオートファジー低下をきたし，疾患発症に至った最初の例として注目される．患者においても，脂肪肝部分の肝細胞で有意に Rubicon 含量が多いことが観察されている．

いま最も注目されているオートファジー機能に，寿命延長と加齢性疾患抑制がある（第20章 参照）．健康寿命の延長が，超高齢化を迎えるわが国の社会にとって喫緊かつ切実な問題であり，オートファジーがその解決の一端を担うこともありうるだろう．

おわりに

オートファジー分野は第Ⅰ部（第1，2章）で描かれる黎明期を経て，その後，爆発的な発展

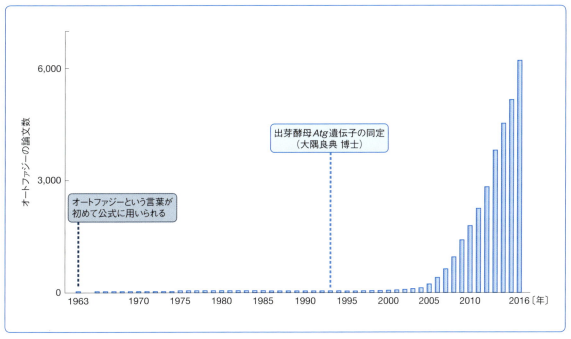

図3　オートファジーに関連する論文数の推移

期を迎える．それは世界で出版される関連論文数の推移からも明らかで，2005年くらいから急激に増加し，現在もまだ伸び続けている（**図3**）．その多くは哺乳類オートファジーの生理的・病理的意義を扱ったものである．つぎの10年の課題は，やはりこの疾患にオートファジーがどうかかわるのかの解明であり，臨床応用も視野に入ってくることになろう．本書でも疾患に多くの章を割いている．一方で，オートファジーの基本的な分子機構にもいまだに謎が多い．分子機構に正面から取り組む研究者はかならずしも多くないが，分子機構の理解なくして応用もありえない．今後の進展に期待したい．

I

オートファジー研究の
これまでの歩み

1 オートファジー研究の歴史（ATG以前）

上野　隆

SUMMARY

　1955年，de Duveがリソソームを発見した．オートファジーは，このリソソームを終点とする分解で，細胞外の異物やタンパク質をエンドサイトーシスで運び込む経路（ヘテロファジー）とは別に，細胞質成分をリソソームに運び込んで分解する経路として，1963年にde Duveによって命名された．栄養飢餓や異化ホルモンであるグルカゴンによって活性化される一方，インスリンによって抑制されること，また，ホルモンとは独立にアミノ酸によって抑制されることなどの基本的特性が1980年代までに明らかにされた．一方，基質であるオルガネラやサイトゾルタンパク質を非選択的に取り込むオートファゴソームの起源については，多くの形態学的なアプローチによって，小胞体膜，ポストゴルジ膜，ファゴフォアなどの可能性が議論され，今日に至る研究の大きな潮流を形成してきた．

KEYWORD
- オートファゴソーム　　● オートリソソーム　　● ファゴフォア

1-1 リソソームの発見からオートファジーの概念の確立まで

　リソソームは運命の悪戯のような経緯で発見された．肝臓の糖代謝を研究していた C. de Duve は，ラット肝ホモジェネートを分画して，糖新生の最終ステップを触媒するグルコース-6-ホスファターゼの分布を調べていた．このとき，ネガティブコントロールとして糖代謝と無関係な酸性ホスファターゼを選んだ．酸性ホスファターゼ活性はミトコンドリアと共沈したが，ミトコンドリア画分をさらに超遠心したところ，ミトコンドリアより沈降速度の遅い画分に分離され，未知の何らかの粒子に酸性ホスファターゼが局在していると推定された．機械的刺激や界面活性剤処理で高い活性が現れることから，粒子はミトコンドリアより脆弱な小胞であると判明した．また，カテプシンやβ-グルクロニダーゼなどの加水分解酵素がこの小胞に含まれることもわかり，de Duve は「分解をつかさどる実体（lytic body）」という意味を込めて「リソソーム lysosome」と命名した[1]．

　de Duve の共同研究者である A. B. Novikoff はラット肝から分離されたリソソーム画分を電子顕微鏡で観察し，肝細胞の毛細胆管周辺に多く分布する dense body に相当すること，さらに，活性染色法によって酸性ホスファターゼ陽性であることを証明した[2]．生化学によって発掘されたオルガネラに，形態学的裏づけが与えられたのである．

　リソソームが細胞内消化器官としてはたらくためには，分解基質がリソソーム膜の障壁を越えてリソソーム内腔に取り込まれるはずである．電子顕微鏡によるリソソームの形態解析が加速され，リソソームは組織に遍く存在するが，とくに，細菌などの異物を活発に貪食（ファゴサイトーシス）する白血球やマクロファージなどで著しく発達していることが注目された．ま

た，W. Straus はラット腹腔に注入した西洋ワサビペルオキシダーゼが血液循環を経て肝臓や腎臓の細胞にエンドサイトーシスで取り込まれ，さらにリソソームに到達することを発見した[3]．白血球でも異物はまず，一重膜のファゴソーム（エンドソーム）に取り込まれ，つぎにリソソームと融合してファゴリソソームとなって分解されることが明らかになった[4]（図1-1）．

一方，リソソームが周りの細胞質成分を標的として分解する可能性も報告された．無傷なミトコンドリアとは別に，リボソームや小胞体と一緒に一重膜の小胞に囲われた壊れかけのミトコンドリアが見つかったのである[5]．ミトコンドリアがリボソームなどと一緒にリソソームで分解されている途中の姿と考えられた．これらの所見をもとに，1963年に de Duve は，外来性の異物やタンパク質をリソソームへ運び込んで分解するヘテロファジー heterophagy に対し，細胞質のオルガネラやサイトゾルタンパク質をリソソームに取り込んで分解する経路を「オートファジー autophagy（自食作用）」と命名した．このころ，オートファゴソームやオートリソソームという区別はなく，オートファジーに携わるリソソームという意味で自食胞 autophagic vacuole とよばれた．5年後，A. U. Arstila と B. F. Trump は電子顕微鏡による形態解析を駆使して，細胞質成分を取り囲んだ二重膜のオートファゴソームが形成され，これがリソソームと融合してオートリソソームへ変化して取り込んだ細胞質成分を分解することを明らかにした[6]（図1-1，図1-2）．

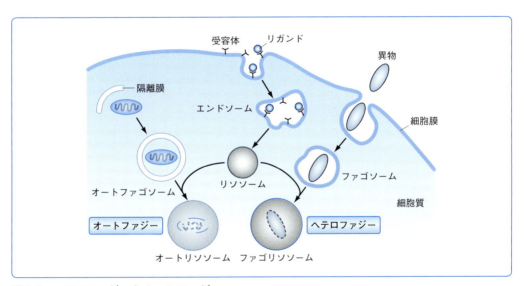

図1-1　ヘテロファジーとオートファジー

KEYWORD解説

○ **オートファゴソーム**：オルガネラやサイトゾルタンパク質を取り込んでつくられた二重膜の小胞．分解は起こっていないため，取り込んだ細胞質成分が鮮明に見える（図1-2A）．

○ **オートリソソーム**：オートファゴソームとリソソームが融合した一重膜の小胞．分解が進んで内腔は不鮮明である（図1-2B）．

○ **ファゴフォア**：二重膜のオートファゴソーム形成の起点となる，細胞質成分を取り囲みながら伸展するスムースな膜．隔離膜ともいう．オートファゴソームが既存の小胞体やゴルジ体からではなく，新奇の膜から派生すると主張して Seglen が提唱した呼称に由来する．

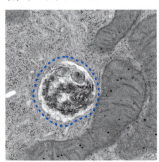

（A）オートファゴソーム　　　（B）オートリソソーム

図1-2　ラット初代培養肝細胞のオートファゴソームとオートリソソーム

1-2　プレ ATG 時代のオートファジー研究の成果

① オートファジーの飢餓誘導と非選択性

　リソソームがラット肝で発見された縁で，オートファジー研究は肝臓を対象にして活発に進められた．U. Pfeifer はミトコンドリアを取り込んだ自食胞が日周期によって規則正しく増減することを発見し，オートファジーが食餌のあいだは抑制され，空腹になると活性化されることを突き止めた[7]．

　ミトコンドリアや小胞体，リボソームなどが分解されるという観察から，オートファジーは非選択的分解であるという理解が広く受け入れられていた．分解される細胞質成分を系統的に調べるため，古野浩二らはユニークな生化学的方法を開発した[8]．絶食させたラットにリソソームのカテプシン阻害剤であるロイペプチン leupeptin を投与すると，ロイペプチンによってオートファジーが阻害され，肝臓にオートリソソームが溜まる．このオートリソソームをパーコール密度勾配遠心で精製すると，オートリソソーム内腔に取り込まれた細胞質成分を同定できる（**表1-1**）．この方法でさまざまなオルガネラやサイトゾルタンパク質が同定され，非選択的分解という特性をさらに裏づけた．一方，選択性の高い分解例も見つかった．ペルオキシソームはある種の薬剤をラットに投与しつづけると肝細胞でたくさん増生され，薬剤投与を停止すると一気にオートファジーで分解される．この局面ではペルオキシソームのみを取り込んだオートファゴソームがたくさん観察された[9]．今日ではペキソファジー pexophagy とよばれる選択的オートファジーの先駆的発見である．

② グルカゴンとインスリンによるオートファジーの調節

　グルカゴンで自食胞が増えることは，リソソーム発見後すぐに知られ，肝オートファジーを誘導するのに使われた．グルカゴンはアデニル酸シクラーゼを活性化して cAMP（cyclic AMP）濃度を上昇させ，グリコーゲン分解を促すが，cAMP やジブチリル cAMP をラットに腹腔投与すると自食胞が多く出現した[10]．グルカゴンの効果は，絶食させていないマウスでもみられた．グルカゴンがどのようにオートファジーを誘導するのかについてはまだ謎が多く，CREB（cyclic AMP response element binding protein）を介した転写制御からオート

表1-1　オートリソソーム内腔に取り込まれた細胞質成分

局　在	機　能	名　称
サイトゾル	糖代謝	アルドラーゼ，グリセルアルデヒド3-リン酸デヒドロゲナーゼ，ピルビン酸キナーゼ，乳酸デヒドロゲナーゼ，ホスホグルコースイソメラーゼ，ピルビン酸カルボキシキナーゼ
	アミノ酸代謝	アスパラギン酸アミノトランスフェラーゼ，チロシンアミノトランスフェラーゼ，トリプトファンオキシゲナーゼ，ベタイン-ホモシステインメチルトランスフェラーゼ，アルギニノコハク酸シンターゼ（尿素サイクル）
	構造タンパク質	ミオシン
	その他	プロテアソーム
ミトコンドリア	尿素サイクル	カルバモイルリン酸シンターゼⅡ
	β酸化	2-エノイル CoA ヒドラターゼ
小胞体	薬物代謝	シトクロム P450，NADH-シトクロム b_5 レダクターゼ
ペルオキシソーム	過酸化物代謝	カタラーゼ，アシル CoAオキシダーゼ

[Kominami E, et al.：J Biol Chem, 258：6093-6100, 1983；Masaki R, et al.：J Cell Biol, 104：1207-1215, 1987；Ueno T, et al.：Eur J Biochem, 190：63-69, 1990；Kopitz J, et al.：J Cell Biol, 111：941-953, 1990；Ueno T, et al.：J Biol Chem, 266：18995-18999, 1991；Luiken JJ, et al.：FEBS Lett, 304：93-97, 1992；Cuervo AM, et al.：Eur J Biochem, 227：792-800, 1995；Ueno T, et al.：J Biol Chem, 274：15222-15229, 1999；Fengsrud M, et al.：Biochem J, 352：773-781, 2000をもとに作成]

ファゴソーム形成に結びつくシグナル伝達機構が今後，明らかになるかもしれない．

　一方，インスリンがオートファジーを抑制することも同時期に報告された．絶食させたラットにインスリンを投与すると，肝臓での自食胞の形成が抑えられ，すでに存在していた自食胞の減衰が加速された[11]．インスリンによるオートファジー抑制はその後，1990年代半ばに S6リン酸化と相関することが判明し，TORC1によるオートファジー抑制機構解明に発展していく．

❸ アミノ酸によるオートファジーの調節

　G. E. Mortimore らのグループによるアミノ酸の肝オートファジー抑制の発見は，プレ ATG 時代の最も優れた業績である．彼らの手法はラットの肝臓を灌流し，灌流液から拾い上げる物質情報からオートファジーを調べることであった．Mortimore はアミノ酸がオートファジーにどのような影響を与えるかを調べるため，まず，不断給餌ラットの門脈血血漿アミノ酸濃度を20種類それぞれについて測定し，個々のアミノ酸について各濃度の人工血液をつくった．これを基準溶液（1倍）とし，それぞれ基準濃度の2倍，3倍とすべてのアミノ酸について濃度を高めた溶液をつくり，これらを用いて灌流を行ったところ，タンパク質分解は抑制され，分解速度は最低値（1時間あたり肝総タンパク質の1.5%）を示した（恒常的あるいは基底レベルのオートファジー活性）[12]．一方，基準溶液を薄めてアミノ酸濃度を下げるとタンパク質分解速度は一気に上昇し，アミノ酸不含液で1時間あたり肝総タンパク質の4.5%に達した（誘導レベルのオートファジー活性）[12]．生理的には食餌後に門脈血アミノ酸濃度は基準溶液の4倍くらいまでに上昇する．一方，空腹時，基準溶液の半分程度まで下がるとすれば，2倍強のオートファジー活性化が起こっていることになる．事実，灌流液のアミノ酸濃度変化に呼応して肝臓の自食胞の数も変動し，タンパク質分解速度変化ときれいに相関した（図1-3）[12]．つぎに，20種類のアミノ酸のなかで，どのアミノ酸がオートファジー抑制にはたらくのかを調べた．すると，ロイシンを筆頭に8種類のアミノ酸がオートファジーを抑

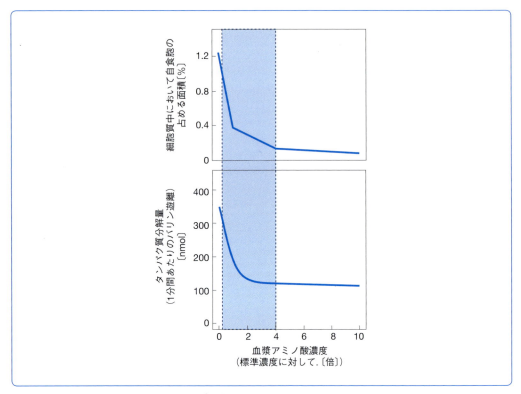

図1-3　アミノ酸による肝オートファジー抑制
生理的な血漿アミノ酸濃度の変化の範囲を淡青色で示す.
［Schworer CM, et al.：J Biol Chem, 256：7652-7658, 1981をもとに作成］

制することがわかった[13]．こうして，インスリンとは独立にアミノ酸がオートファジーを抑制することが明らかとなった．

❹ 培養細胞によるオートファジー研究

　並外れた技術と精緻な実験デザインを要する肝灌流実験に比べて，よりアプローチしやすい培養系を用いたオートファジー研究が P. O. Seglen によって始められ，オートファジー研究に大きく貢献した．Seglen は電気的ショックで肝細胞の細胞膜を通して外部から^{14}C-ラクトースを細胞質に注入して自食胞に取り込ませる実験を創出し，^{14}C ラクトースがエンドサイトーシスでエンドソームに取り込まれたβ-ガラクトシダーゼによってすみやかに分解されることから，オートファゴソームがエンドソームとより活発に融合すると考え，アンフィソーム amphisome と名づけた[14]．また，アイソトープで標識したアミノ酸の取り込みと遊離からタンパク質分解活性を定量的に測定し，この分解阻害を指標に，オートファジー阻害剤として3-メチルアデニンをスクリーニングした．

❺ オートファゴソーム膜の起源を巡って

　60年の歴史を経た現在も，オートファゴソーム膜がどうやってつくられるかという疑問はオートファジー研究で最も難解で魅力的なテーマである．プレ ATG 時代は，その解明はもっぱら電子顕微鏡的解析にゆだねられてきたが，オートファゴソームの内側か外側かを判

表1-2 オートファゴソームの起源に関する3つの説

オートファゴソーム膜の起源	根拠となるデータ	出 典
小胞体膜	オートファゴソーム膜が小胞体から派生してくるという電子顕微鏡的観察	Arstila AU and Trump BF：Am J Pathol, 53：687-733, 1968
	組織学的解析でオートファゴソーム膜の近傍がグルコースホスファターゼ陽性になる	Ericsson JL：Exp Cell Res, 56：393-405, 1969
	マーカー酵素をもたない低電子密度の小胞体の一部とオートファゴソーム膜が酷似している	Furuno K, et al.：Exp Cell Res, 189：261-268, 1990
	オートファゴソーム膜が粗面小胞体タンパク質に対する抗体で陽性となる	Dunn WA Jr：J Cell Biol, 110：1923-1933, 1990
ポストゴルジ膜	昆虫の脂肪体のオートファゴソーム膜がゴルジ体の外側の膜とよく似ている	Locke M and Sykes AK：Tissue Cell, 7：143-158, 1975
	オートファゴソームを形成する途中の隔離膜が複合型 N 型糖鎖を認識するレクチンで標識される（lectin chemistry）	Yamamoto A, et al.：J Histochem Cytochem, 38：573-580, 1990
ファゴフォア	電子顕微鏡的にはスムースで，細胞のどの膜とも異なる	Rez G and Meldolesi J：Lab Invest, 43：269-277, 1980
	電子顕微鏡的にはスムースで，細胞のどの膜とも異なる	Seglen PO, et al.：Semin Cell Biol, 1：441-448, 1990
	酵母のオートファゴソーム膜がきわめてタンパク質の少ないユニークな膜であることをフリーズフラクチャーで解明した	Baba M, et al.：Cell Struct Funct, 20：465-471, 1995

別するむずかしさや，オートファゴソームからオートリソソームへの変化が速すぎるという理由から困難をきわめ，1990年代までに，小胞体膜に由来する説，分泌系のゴルジ体以降のエンドソーム膜などを総称したポストゴルジ膜に由来する説，新しい独自なスムースな膜として形成されるファゴフォア phagophore 説の3つが競い合っていた（**表1-2**）．小胞体起源を主張する論文は多いが，小胞体自体もオートファジーで分解されるという矛盾を抱えていた．その点，ポストゴルジ膜に由来するとする主張には勢いがあった．長い論争は，*ATG* 遺伝子発見後の1995年，酵母のオートファゴソームの形態をフリーズフラクチャーで精緻に解析し，タンパク質が極端に少ないことを明らかにした馬場らの報告で決着がつき，ファゴフォア説に落ち着いた[15]．その後，オートファゴソームの材料は小胞体やミトコンドリアなど，さまざまな膜から供給されながら，既存のどの膜とも異なるユニークな膜としてつくられることが明らかになり，ファゴフォアは隔離膜の呼称とともに現在も広く使われている．

おわりに

あらゆる形態学的手法や生化学的手法を駆使して少しずつオートファジーの重要な特性が明らかにされたのがプレ ATG 時代である．誘導オートファジーと恒常的オートファジーの概念が確立され，誘導オートファジーは栄養飢餓条件下での代謝的リサイクルに貢献すると信じられた．一方，恒常的オートファジーの意義は，ポスト ATG 時代にオートファジー不全と病態との関係が明らかにされ初めて理解されることとなる．この時代，オートファジーの研究と並行してタンパク質代謝回転の研究が進められ（**図1-4**），タンパク質代謝回転を維持するために必要なアミノ酸を供給する機構としてオートファジーの重要性が認識されたことは確かである．

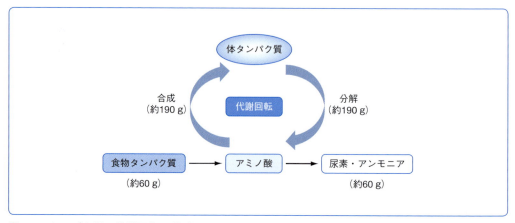

図1-4　タンパク質の代謝回転の模式図

図中の数値は,「なぜ蛋白質を食べねばならないのか —蛋白質代謝理論の史的見解（Ⅰ）」（舟引龍平：化学と生物, 33： 182, 1995）のデータから, 体重60 kgの成人について換算したものである.

文　献 ·····

1) de Duve C, et al.： Biochem J, 60： 604-617, 1955.

2) Essner E and Novikoff AB： J Biophys Biochem Cytol, 9： 773-784, 1961.

3) Straus W： J Cell Biol, 20： 497-507, 1964.

4) Zucker-Franklin D and Hirsch JG： J Exp Med, 120： 569-576, 1964.

5) Ashford TP and Porter KR： J Cell Biol, 12： 198-202, 1962.

6) Arstila AU and Trump BF： Am J Pathol, 53： 687-733, 1968.

7) Pfeifer U： Virchows Arch B Cell Pathol, 10： 1-3, 1972.

8) Furuno K, et al.： J Biochem, 91： 1485-1494, 1982.

9) Yokota S： Eur J Cell Biol, 61： 67-80, 1993.

10) Shelburne JD, et al.： Am J Pathol, 72： 521-540, 1973.

11) Pfeifer U： J Cell Biol, 78： 152-167, 1978.

12) Schworer CM, et al.： J Biol Chem, 256： 7652-7658, 1981.

13) Pösö AR, et al.： J Biol Chem, 257： 12114-12120, 1982.

14) Gordon PB and Seglen PO： Biochem Biophys Res Commun, 151： 40-47, 1988.

15) Baba M, et al.： Cell Struct Funct, 20： 465-471, 1995.

2 酵母が切り開いた オートファジー研究の曙

野田 健司

SUMMARY

動物細胞で発見されたオートファジーであるが，その分子機構の探求を目指す研究には長らく決定的な展開がなく，細胞生物学における最後のフロンティアとの惹句がつくこともあった．一方，出芽酵母における液胞のさまざまな側面において，分子遺伝学的，生化学的，細胞生物学的な研究が勃興してきた．その流れのなかで，大隅良典らは出芽酵母にも動物細胞と同様のオートファジーが存在することを発見し，さらに，分子遺伝学的手法でオートファジーに必要な一群の*APG*遺伝子を同定した．他のグループの成果も包含し，現在それらは*ATG*遺伝子と称されている．それらを解析するなかで明らかになった出芽酵母におけるオートファジーの分子機構の基本骨格は，動物を含む真核細胞でも高度に保存されており，オートファジー研究にブレイクスルーをもたらすこととなった．

KEYWORD
- 液胞　　○ オートファジックボディ　　○ *ATG* 遺伝子

2-1 酵母のオートファジー研究の源流

　オートファジーの分子機構の解明に対して，2016年，大隅良典博士にノーベル生理学・医学賞が授与された．本章では大隅がオートファジー研究を始めた経緯，およびその展開を解説する．第1章で紹介されているように，すでに哺乳類においてオートファジーの先駆的研究は存在したが，あえて端的に記すならば，大隅の出芽酵母（以下，酵母）のオートファジー研究は，その流れをそのまま汲んだというよりは，むしろ酵母の液胞の研究に主たる源流を見いだすことができる．

　大隅は酵母の液胞において，その膜を介した物質輸送の研究を先導したパイオニアでもある．実は大隅の液胞研究は，ある種のセレンディピティに端を発するものである．博士研究員として留学した米国 Rockefeller 大学の G. Edelman 研究室で，大隅は酵母の核について研究する目的で，酵母細胞の細胞壁を除去したスフェロプラストを低浸透圧のバッファー中で温和に破砕し，核を遠心分離により精製する方法を工夫していた．その過程で，核とは異なり，最も比重の軽い画分に回収される物質の存在に気がつき，結果的に，その構造，すなわち液胞を，非常に効率よく酵母細胞から回収する方法を確立することになった．日本に帰国し，東京大学理学部植物学教室の安楽泰宏の主宰する研究室の助手として，この偶然見つけた液胞画分の研究を開始した大隅は，ATP 加水分解活性に依存して液胞内にプロトン（H^+）が輸送されることを発見し，これがいわゆる V-ATPase（液胞型 ATPase）研究の嚆矢となり，安楽研究室などを中心にその実態解明が行われていくこととなった[1]．そのほか，液胞膜のアミノ酸輸送体などの研究が進み，アミノ酸の液胞内への蓄積が不全となる変異株を見いだ

していくなかで，オートファジー研究の原石となる研究が行われることとなる．すなわち，アミノ酸などを液胞内に蓄積することができない変異体のなかには，液胞の形態が異常となっているものが含まれていたのである．この点に着目し，安楽研の和田洋らは，光学顕微鏡下で変異株を1つずつ観察することで，最終的に，液胞形態が異常になった一群の *vam* 変異体の同定に成功した[2]．

　さて，液胞はこのようにアミノ酸の貯蔵を担うと同時に，分解も行う．1960年代には，酵母の液胞にプロテアーゼ活性が濃縮されていたことより，哺乳類のリソソームと同様に分解コンパートメントに相当するとの考えが示されている[3]．1970年代になり，酵母において遺伝学的手法が確立するに伴い，プロテアーゼの遺伝子の解明，およびその解析が，米国 E. W. Jones のグループとドイツの D. H. Wolf のグループが先導し，進むことになる[4~6]．

　これらのプロテアーゼがどのように液胞へと輸送されるのか．その機構の解明に関しては，2013年にノーベル生理学・医学賞を受賞した R. Schekman の酵母の分泌経路の解明を起点とする一連の研究が源流となる．Schekman らは，小胞体からゴルジ体を経て細胞膜へ分泌される分泌経路に異常をきたす変異体を多数単離し，その経路が小胞による輸送であることを証明するとともに，分子機構の解明に成功している[7]．Schekman 研で博士研究員として過ごした S. D. Emr と T. H. Stenvens はそれぞれ独立したとき，独自の方法で液胞プロテアーゼの輸送機構に欠損を示す変異体群を単離し，それらは大幅に重複したことから，のちに *vps* 変異体として整理されている[8, 9]．*VPS* 遺伝子は和田らの同定した *VAM* 遺伝子とも大幅に重複し，液胞の輸送，形態形成の分子機構の研究は真核生物のオルガネラ研究の土台として重要な役割を演じていくことになる．このように，酵母の液胞へプロテアーゼが輸送され，そこで分解が起こることが明らかにされつつあったが，分解される基質がどのようにして液胞へ輸送されるのかという点はまったく未知であった．

2-2　酵母におけるオートファジーの発見

　この点に着目したのが，1988年に東京大学教養学部生物学教室において研究室を主宰す

KEYWORD解説

○ **液胞**：動物細胞などのリソソームに相当するオルガネラである．液胞型 H^+-ATPase により内部が酸性化され，プロテアーゼをはじめとする加水分解酵素を含み，分解オルガネラとして機能する．出芽酵母においては，最大時，細胞体積の75% も占める．アミノ酸などの各種分子を貯蔵する機能もある．

○ **オートファジックボディ**：オートファジー誘導時に出芽酵母の液胞内部に現れる構造体である．細胞質基質などの分解基質を含み，一重の膜からなる．野生型細胞では液胞内に出現後，すみやかに分解されるため，観察されることはほぼないが，その分解が阻害されている液胞プロテアーゼなどの変異株では，液胞内に蓄積し，光学顕微鏡でも容易に観察することができる．

○ **ATG 遺伝子**：大隅研で同定されたオートファゴソーム形成に必要な出芽酵母の *APG* 遺伝子と，同時期に他のグループにより同定された *CVT* 遺伝子群，*AUT* 遺伝子群などが大幅に重複することが判明し，オートファゴソーム形成より拡大されたオートファジー全般にかかわる遺伝子として *ATG* 遺伝子へと統合された．

るようになったばかりの大隅である．大隅はまず，Jonesが作製した液胞プロテアーゼの変異株を，米国 Yeast Genetic Stock Center（酵母株を頒布する団体）から取り寄せた．出芽酵母の二倍体株は，豊富な窒素源とグルコースを含む培地から，窒素源を取り除き炭素源として乏しい酢酸の培地へ移すことにより，減数分裂を開始し胞子を形成する．このとき大規模なタンパク質分解が起こるが，この液胞プロテアーゼ変異株ではタンパク質分解がほとんど起こらない[6]．当時，Jonesをはじめ，ほとんどの酵母研究者は，酵母を解析する手法として，プレート上でコロニーをつくらせたり，あるいは液体培養して，その細胞破砕液中の生化学的活性などを測定することを基本と考えていたのではないかと推察されるが，ここでの大隅の独自性は，光学顕微鏡観察を行うことで何かしらのヒントが得られるのではないかとの仮説をもったことにある．すでに述べたように，これまでに光学顕微鏡で酵母の液胞を観察して，その形態形成などを研究してきた大隅は，酵母のオルガネラのなかでほぼ唯一，位相差顕微鏡で液胞の形態を明瞭に観察できることを熟知していた．大隅の狙いは見事的中し，貧栄養培地で培養した液胞プロテアーゼ欠損細胞の液胞のなかに，ブラウン運動で動き回る多数の粒子を観察した（図2-1）．これは明らかに分解に関係する未知なる構造であることはほぼ確信できたのであろう．あろうことか，独立したてで研究機器も十分ともいえない数カ月のうちに，大隅はこの大発見を成し遂げたことになる．

それでは，この構造体は何だろうか．この研究に参画した馬場美鈴が，当時，世界でも実施できる研究者がほとんどいなかった酵母を対象にした急速凍結置換固定法による電子顕微鏡観察を，装置の製作から立ち上げ，成し遂げることにより，明瞭な答えをもたらした．液胞内に含まれていた直径500 nm ほどの一重膜の球構造体は，リボソームが均等に分散していることで象徴される細胞質基質そのものを含んでいた（図2-2）．つまり，細胞質基質が膜に包まれることで，リソソームに相当する液胞へ輸送されること，すなわち，酵母でもオー

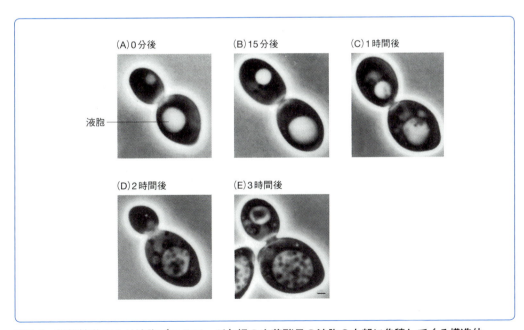

図2-1　飢餓培養により液胞プロテアーゼ欠損の出芽酵母の液胞の内部に集積してくる構造体
貧栄養培地に移し，（A）0分，（B）15分，（C）1時間，（D）2時間，（E）3時間経過後の様子．スケールバーは1μm.
［Takeshige K, et al.：J Cell Biol, 119：301-311, 1992を一部改変］

トファジーが起こっていたことになる．大隅はこの構造を「オートファジックボディ」と命名した．

　馬場と同時期に大隅研究室に参画した博士研究員の竹重一彦は，オートファジーを誘導する生理条件を整理した．また，野生株ではオートファジックボディはほぼ観察されないが，PMSF（phenylmethanesulfonyl fluoride）処理により液胞プロテアーゼであるプロテアーゼ B を阻害すると，野生株でもオートファジックボディの蓄積がみられることを示した．すなわち，オートファジックボディはプロテアーゼ B に依存してすみやかに壊される中間構造で

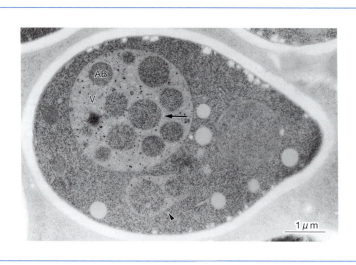

図2-2　液胞内に集積する構造体は細胞質基質を含むものである
AB：オートファジックボディ，V：液胞，→：オートファジックボディ，▶：小さな液胞に含まれたオートファジックボディ．スケールバーは1μm．　　　　　　　[Takeshige K, et al.：J Cell Biol, 119：301-311, 1992を一部改変]

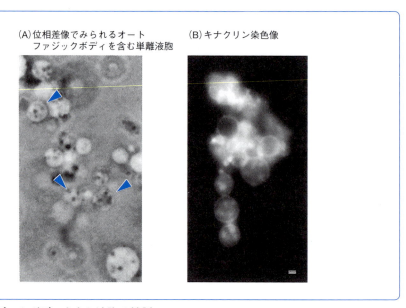

（A）位相差像でみられるオートファジックボディを含む単離液胞　　（B）キナクリン染色像

図2-3　オートファジックボディを含む液胞の精製
（A）白い球状の液胞（▶）内に黒い粒子状のオートファジックボディが含まれている．（B）スケールバーは1μm．
[Takeshige K, et al.：J Cell Biol, 119：301-311, 1992を一部改変]

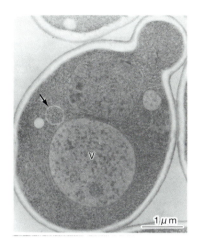

図2-4　液胞外に存在する二重膜で細胞質を包んだ膜構造の発見
液胞（V）外にみられる二重膜の構造体（オートファゴソーム）を矢印で示す．スケールバーは1μm.
[Baba M, et al.：J Cell Biol, 124：903-913, 1994を一部改変]

あった．満を持して投稿した最初の論文ではあるが，さまざまな要求とともに，何度かのやり取りがあり，最終的には形態学的解析のみでは不十分であるとの査読コメントとともに戻ってきた．前後して大隅研究室に大学院生として加わった筆者は，博士研究員の坪井滋とともに，大隅の開発した液胞単離法を改良することで，液胞画分に細胞質タンパク質が送り込まれていることを証明する生化学的データを示すことができ（**図2-3**），ようやくオートファジーの第1報目の論文が日の目をみることとなった[10]．しかし，この時点では，液胞膜が内側に陥入することでオートファジックボディを生成する現象，つまり，ミクロオートファジーを観察している可能性も排除できていなかった．馬場のさらなる根気強い観察により，非常に低い頻度ではあるが，液胞の外の細胞質中でオートファジックボディと同様の細胞質を包む球状構造ではあるが，一重の膜ではなく二重の膜で包まれたものがあることを発見した（**図2-4**）．これこそまさに動物細胞で記載されてきたオートファゴソームであり，つまり，動物細胞で研究されてきたマクロオートファジーが酵母でも起こることを証明した瞬間である[11]．

2-3　*apg*変異株の単離

　先行した酵母の研究を手本とし，オートファジーに欠損を示す変異株の取得が次なる到達目標となり，大学院生の塚田美樹がそのスクリーニングを行った．液胞プロテアーゼを欠損した酵母一倍体株を変異原で処理することで無作為にゲノム遺伝子に変異を導入し，プレート上で各株のコロニーを形成させた．そのうち，およそ5,000株を96穴のマイクロタイタープレートを用いて順次，栄養飢餓培地で培養し，光学顕微鏡観察をすることでオートファジックボディが液胞内に蓄積しない変異株を同定した．最終的に取られた2株はどちらも同じ単一の遺伝子に欠損をもつことがわかり，その変異株は *apg1* と命名された．

　　apg 1変異株は，窒素源飢餓培地で数日間培養すると，野生株に比べて生存率が著明に低下するという表現型を示した．この性質を用いて，より広範囲に2回目のスクリーニングを行うことができた．変異原処理した野生株およそ38,000株のうち2,700株が飢餓培地で生存率低下を示し，さらなる顕微鏡観察でオートファジックボディが蓄積しない99株を同定し，そのうち75株が劣性変異で単一遺伝子に変異をもっていた．それらのあいだで相補性試験をすることで，すでに述べた apg 1を含む apg 1から apg 15までの15の apg 変異株の同定に至った[12]．

2-4　*APG*遺伝子の同定

　　引きつづき，*APG* 遺伝子の同定を行うことになる．*apg* 変異株を酵母ゲノムの断片をランダムに含むプラスミドライブラリーで形質転換し，飢餓環境での生存率を回復し，オートファジーが正常に戻った形質転換体を選抜し，そこからゲノム断片を含むプラスミドを回収する．さまざまな制限酵素の切断パターンから得られた制限酵素地図を作製し，そのオートファジー欠損を相補するのに最低限必要なゲノム領域をしぼりこむ．その領域に含まれるゲノム配列をサンガー法で決定するため，ラジオアイソトープを用いて反応させ，電気泳動後にオートラジオグラフィでX線フィルムに照射されたバンドパターンを読み取る．そこにオープンリーディングフレーム（ORF）が含まれている場合は，それが実際に，その変異に相当する遺伝子であることを最終的に確認し，遺伝子の同定が確定する．そのようにして最初に確定したのが *APG 1* 遺伝子である[13]．

　　Apg 1はセリン-スレオニンプロテインキナーゼであった．当時，MAP キナーゼはじめとするプロテインキナーゼの研究が，酵母が先導して隆盛を迎えるなか，残りの *APG* 遺伝子を同定すれば，たちどころにオートファジーの全容がわかるのではないか，との予感もさせる幸先だった．しかし，そのような思惑とは裏腹に，その後，順次明らかにされてくるApg のタンパク質は，どのような機能をもつのか皆目検討もつかない新規のタンパク質である状況が続いた．*apg* 変異株はどれもオートファゴソーム形成がされないため，これらのタンパク質はおそらくオートファゴソーム形成に機能するのだと想像はされたが，それ以上の展望が簡単には開けなかった．そのような五里霧中といった雰囲気のなか，研究室内外にさまざまな研究体制を構築し，*APG* 遺伝子をひとつひとつ地道に決定していった．ちょうどその当時，酵母ゲノムプロジェクトが進行しつつあり，それに従い，遺伝子決定の作業の労力も大幅に少なくなりつつあったのは幸いであった．また，*APG* 遺伝子の研究と並行して，オートファジーを解析する方法の開発も進められた．これまでオートファジックボディの観察により，オートファジー能の評価ができるようになっていたが，依然それは定性的な評価であった．アルカリホスファターゼ（ALP）法というオートファジーにより運ばれる細胞質量を酵素活性に転換する方法の開発に成功することで，オートファジー能の定量的な評価が可能となった[14]．

2-5 　ATGへの統合

　大隅研究室と独立に，酵母のオートファジー研究の黎明期に携わっていたのが，先に紹介したとおり，酵母の液胞プロテアーゼ研究を行っていた，ドイツの Wolf および M. Thumm のグループである．大隅研の最初の論文とほぼ同時期に，液胞内の小胞中でユビキチン化されたタンパク質が検出されるとの報告をしているのだが，電子顕微鏡的に十分な解像度がなく，その内容物が細胞質そのものであるとの結論を示すことができなかった[15]．その後，彼らは大隅研とは別の方法でオートファジーの欠損を示す *aut* 変異株を取得し，いくつかの論文を発表してきた[16]．さらなる展開が，すでに述べた Emr 研の博士研究員から独立した D. Klionsky のグループからもたらされた．Emr 研で液胞酵素の輸送について研究していた Klionsky は，独立して，別の液胞酵素アミノペプチダーゼ I（Ape1）の輸送機構に着目していた．これまで知られていた他の液胞酵素が小胞体・ゴルジ体を経て液胞に輸送されるのに対して，Klionsky は，アミノペプチダーゼ I が細胞質で翻訳されて小胞体を通過せず直接液胞へ輸送されることを発見し，そのことは大隅研の最初のオートファジーの論文と同じ雑誌に隣どうし連続して報告されることとなる[17]．この過程を Cvt 経路（cytoplasm-to-vacuole targeting pathway）と名づけ，それに欠損のある *cvt* 変異株群を同定したのだが，驚くべきことに *cvt* 変異株と *apg* 変異株，*aut* 変異株とのあいだに大幅な重複が見つかった[18, 19]．すなわち，液胞酵素の合成にかかわる Cvt 経路と分解経路であるオートファジーが，ほぼ同様の分子機構を利用しているということになる．さらに，第8章で紹介される，ペルオキシソームの選択的オートファジーを研究していた阪井康能をはじめ，いくつかのグループが単離してきた変異株も，これらと大幅に重複したことより，一時期の論文表記が混乱をきたしてきたため，業界の重鎮により遺伝子表記の統一を求められ，相談のうえ，*ATG* の名称が決められた[20]（表2-1）．それらのなかで *APG* として同定された遺伝子の数が他に比べて最も網羅していた関係から，*APG* の背番号はほぼそのまま *ATG* に踏襲された．

2-6 　Atg間の関係性の氷解

　1996年春，大隅研が東京大学から愛知県岡崎市にある基礎生物学研究所に異動することとなった．ここから数年で *ATG* 遺伝子の同定がほぼ完了し，いままで霧のなかにあった Atg 間の関係性が詳らかになっていった．詳細は他章にゆだねるが，新規のユビキチン様の反応系が2種類も含まれていたこと，TOR が Atg 13のリン酸化を介して Atg 1の活性を制御すること，オートファジーに特異的なホスファチジルイノシトール3-キナーゼ（PI3K）複合体が存在することをはじめ，オートファゴソーム形成制御に関する基本的な骨格が姿を現し，また，GFP による生細胞内のタンパク質動態観察により Atg が物理的にのみならず，空間的にきわめて密に相互作用することでオートファゴソーム形成に関与することも明らかにされた．大隅のノーベル賞受賞理由としてあげられた主要論文計4報のうち，2報がこれらのうちユビキチン様反応の発見に関するものである[10, 12, 21, 22]．これらの解明において大隅研究室が大きく貢献したことが，競合のなかで大隅のノーベル賞単独受賞の評価にも寄与したのではないかとも解釈できる．

表2-1　*ATG*遺伝子名と歴史的遺伝子名との関係

ATG 遺伝子名	その他の遺伝子名						
ATG1 *	*APG1*	*AUT3*	*CVT10*	*GSA10*	*PAZ1*	*PDD7*	—
ATG2 *	*APG2*	*AUT8*	—	*GSA11*	*PAZ7*	—	—
ATG3 *	*APG3*	*AUT1*	—	*GSA20*	—	—	—
ATG4 *	*APG4*	*AUT2*	—	—	*PAZ8*	—	—
ATG5 *	*APG5*	—	—	—	—	—	—
ATG6 *	*APG6*	—	—	—	—	—	*VPS30*
ATG7 *	*APG7*	—	*CVT2*	*GSA7*	*PAZ12*	—	—
ATG8 *	*APG8*	*AUT7*	*CVT5*	*GSA14*	*PAZ2*	—	—
ATG9 *	*APG9*	*AUT9*	*CVT7*	—	*PAZ9*	—	—
ATG10 *	*APG10*	—	—	—	—	—	—
ATG11	—	—	*CVT9*	*GSA9*	*PAZ6*	*PDD18*	—
ATG12 *	*APG12*	—	—	—	—	—	—
ATG13 *	*APG13*	—	—	—	—	—	—
ATG14 *	*APG14*	—	*CVT12*	—	—	—	—
ATG15	—	*AUT5*	*CVT17*	—	—	—	—
ATG16 *	*APG16*	—	*CVT11*	—	*PAZ3*	—	—
ATG17 *	*APG17*	—	—	—	—	—	—
ATG18 *	—	*AUT10*	*CVT18*	*GSA12*	—	—	—
ATG19	—	—	*CVT19*	—	—	—	—
ATG20	—	—	*CVT20*	—	—	—	—
ATG21	—	—	*CVT21*	—	—	—	*MAI1*
ATG22	—	*AUT4*	—	—	—	—	—
ATG23	—	—	*CVT23*	—	—	—	*MAI2*
ATG24	—	—	*CVT13*	—	*PAZ16*	—	*SNX4*
ATG25	—	—	—	—	—	*PDD4*	—
ATG26	—	—	—	—	*PAZ4*	—	*UGT51*
ATG27	—	—	*CVT24*	—	—	—	*ETF1*
ATG28	—	—	—	—	—	—	—
ATG29 *	—	—	—	—	—	—	—
ATG30	—	—	—	—	—	—	—
ATG31 *	—	—	—	—	—	—	*CIS1*
ATG32	—	—	—	—	—	—	*ECM37*
ATG33	—	—	—	—	—	—	—
ATG34	—	—	—	—	—	—	—
ATG35	—	—	—	—	—	—	—
ATG36	—	—	—	—	—	—	—
ATG37	—	—	—	—	—	—	—
ATG38 *	—	—	—	—	—	—	—
ATG39	—	—	—	—	—	—	—
ATG40	—	—	—	—	—	—	—
ATG41	—	—	—	—	—	—	*ICY1*
*	—	—	—	*GSA19*	*PAZ13*	*PDD19*	*VPS15*
*	—	—	—	—	—	*PDD1*	*VPS34*

＊がついた遺伝子は，出芽酵母 *S.cerevisiae* で飢餓誘導性のマクロオートファジーを生じた際に，前オートファゴソーム構造体（PAS）において直接オートファゴソーム形成にかかわると考えられるタンパク質をコードした遺伝子を示す．青色で示した遺伝子名が，出芽酵母において標準的な遺伝子名として採用されている（https://www.yeastgenome.org）．青色で示したもののない遺伝子は出芽酵母以外に由来する．［Klionsky DJ, et al.：Dev Cell, 5：539-545, 2003をもとに作成し，最近の情報を追加］

　この間に大きく研究が進展したことには，新しい研究環境が恵まれていたことをはじめ，さまざまな点が有利にはたらいたのは間違いない．一方で，のちに振り返ってみると，Atgの解析を始めた初期に，1つ，2つと *ATG* 遺伝子の同定が進んだとしても，ほとんど情報がなかったのは宜ならぬことだったと理解できる．Atg はこれまでほとんど解析されていなかった新規のタンパク質群であり，ほぼそれらのあいだにおいてのみ関係性が成立していたからである．そのとき，変異株をできるだけ網羅的に集めていたことが重要であって，その変異株のコレクションがもし仮に半分であったとしたら，全体像の呈示にはもう少し時間が必要であったであろうことは想像に難くない．同時に，すぐに明快な答えが得られなかったにもかかわらず，*ATG* 遺伝子のクローニングを弛まず進めて全体像を明らかにしたことは，ジグソーパズルのピースがすべてそろったとき初めてパズルを完成させられたことにたとえられる．定量的解析法を手にしたことで *ATG* 遺伝子にさまざまな改変を導入し，その影響を精緻に議論できたことも，その関係性の解明には重要であった．さらに，Atg が真核生物でよく保存されていたという事実は，この研究の影響力を高める点で大きく寄与している．

　最後に強調されなければならないのは，これまで Atg 間の関係性が解明されたことと，その機能が解明されたことは同一ではないという点である．それぞれの Atg が実際に具体的にどのように機能することで，オートファジーにかかわるのか，現在進行形で研究は進んでおり，その全貌が明らかになるには，いましばらく時間が必要であろう．

文　献 ‥‥‥

1) Ohsumi Y and Anraku Y: J Biol Chem, 256: 2079-2082, 1981.
2) Wada Y, et al.: J Biol Chem, 267: 18665-18670, 1992.
3) Matile P and Wiemken A: Arch Mikrobiol, 56: 148-155, 1967.
4) Jones EW: Genetics, 85: 23-33, 1977.
5) Wolf DH and Fink GR: J Bacteriol, 123: 1150-1156, 1975.
6) Zubenko GS and Jones EW: Genetics, 97: 45-64, 1981.
7) Novick P and Schekman R: Proc Natl Acad Sci U S A, 76: 1858-1862, 1979.
8) Robinson JS, et al.: Mol Cell Biol, 8: 4936-4948, 1988.
9) Rothman JH and Stevens TH: Cell, 47: 1041-1051, 1986.
10) Takeshige K, et al.: J Cell Biol, 119: 301-311, 1992.
11) Baba M, et al.: J Cell Biol, 124: 903-913, 1994.
12) Tsukada M and Ohsumi Y: FEBS Lett, 333: 169-174, 1993.
13) Matsuura A, et al.: Gene, 192: 245-250, 1997.
14) Noda T, et al.: Biochem Biophys Res Commun, 210: 126-132, 1995.
15) Simeon A, et al.: FEBS Lett, 301: 231-235, 1992.
16) Thumm M, et al.: FEBS Lett, 349: 275-280, 1994.
17) Klionsky DJ, et al.: J Cell Biol, 119: 287-299, 1992.
18) Harding TM, et al.: J Biol Chem, 271: 17621-17624, 1996.
19) Scott SV, et al.: Proc Natl Acad Sci U S A, 93: 12304-12308, 1996.
20) Klionsky DJ, et al.: Dev Cell, 5: 539-545, 2003.
21) Mizushima N, et al.: Nature, 395: 395-398, 1998.
22) Ichimura Y, et al.: Nature, 408: 488-492, 2000.

オートファジーの分子機構

3

オートファジーの誘導と抑制をつかさどる2つのキナーゼ Atg1/Ulk1とTORC1

荒木 保弘・野田 健司

SUMMARY

　細胞内外の栄養状態を感知し適切に応答することは，生物の生存には必須である．オートファジーは栄養飢餓に対する必須の適応機構である．一方，外部から栄養が十分に入手可能である富栄養条件下では，非選択的大規模分解系であるオートファジーは抑制されている．栄養に呼応したオートファジーの誘導と抑制は，オートファジーを正に制御するAtg1/Ulk1と負に制御するTORC1の2つのセリン-スレオニンキナーゼの活性制御にほかならない．本章ではこの2つのキナーゼを中心に，オートファジーの厳密な活性制御機構について，出芽酵母と哺乳類を比較しながら論じていく．

KEYWORD

○ セリン-スレオニンキナーゼ　　○ 低分子量 G タンパク質(低分子量 GTPase)　　○ PAS

3-1 富栄養下でオートファジーが抑制される仕組み

　細胞が十分な栄養を獲得できる環境ではオートファジーは抑制されている．この抑制の中心的な役割を担うのはセリン-スレオニンキナーゼである Tor (target of rapamycin)を含む巨大複合体 TORC1 (Tor complex 1)であり，哺乳類では mTORC1 (mammalian TORC1，または mechanistic TORC1)である．本章では，以下，両者とも TORC1 と記載する．

　アミノ酸や増殖因子を感知すると，TORC1は，出芽酵母では液胞膜上，哺乳類ではリソソーム膜上に移行し，リン酸化を介して，タンパク質，脂質，核酸の生合成や転写・翻訳などを活性化し，細胞成長・増殖に寄与する．一方，TORC1は飢餓応答反応を抑制する．TORC1特異的阻害剤であるラパマイシン rapamycin で処理すると，栄養の有無にかかわらずオートファジーが誘導される[1]．出芽酵母でのオートファジーを初めて報じた論文中に記載がある，窒素源や炭素源，硫黄源，栄養要求性アミノ酸の欠乏に加えて，リン酸，亜鉛イオンの欠乏や，DNA 損傷，低酸素，小胞体ストレスでもオートファジーは誘導される．オートファジーを誘導するすべての条件下で TORC1キナーゼの不活化を伴うが，多岐にわたる誘導シグナルを TORC1がどのように感知しているかはほとんどわかっていない．本章では，そのなかでも比較的明らかとなっているアミノ酸の感知機構について解説する．

① 哺乳類TORC1のアミノ酸感知機構

1) Rag GTPase

　Tor は免疫抑制薬ラパマイシンの標的分子として，1991年に酵母から遺伝学的に，1994年には哺乳類細胞から生化学的に同定された．Tor は異なる構成因子からなる TORC1 と TORC2

表3-1　真核生物に保存されるTORC1とTORC2

	哺乳類	出芽酵母
TORC1	mTOR	Tor 1/2
	Raptor	Kog 1
	mLST 8	Lst 8
	pRAS 40	―
	DEPTOR	―
	―	Tco 89
TORC2	mTOR	Tor 2
	mSin 1	Avo 1
	Rictor	Avo 3/Tsc 11
	Protor-1, 2	Bit 61, Bit 2
	mLST 8	Lst 8
	DEPTOR	―
	―	Avo 2

の2つの複合体を形成するが（**表3-1**），TORC1のみがラパマイシンに感受性を示し，アミノ酸に応答する．TORC1がいかにしてアミノ酸に応答しているかという疑問に迫れるようになったのは，2008年のRagタンパク質の発見による[2]．

　哺乳類のTORC1結合因子の探索とショウジョウバエの遺伝学的スクリーニングから同定されたRagは，Rasファミリーに属する低分子量Gタンパク質 small G-protein〔または，低分子量GTPase（small guanosine triphosphatase）〕である．一般に低分子量GTPaseは，GTP結合型とGDP結合型の2つの状態にあり，分子スイッチとして機能する．哺乳類には4つのRagタンパク質が存在し，機能と相同性からRagAとRagB（以下，RagA/B），そしてRagCとRagD（以下，RagC/D）の2種類に分けられる．Ragはヘテロ二量体を形成する点で他の低分子量GTPaseと大きく異なる．1分子のRagA/Bが1分子のRagC/Dと相互作用し，RagA/B-RagC/D複合体を形成する．

　他の低分子量GTPaseと同様に，Ragも，結合しているグアニンヌクレオチドにより，その活性が決定される．アミノ酸存在下ではRagA/B-RagC/D複合体は活性化型になる．このとき，RagA/BはGTPに結合するのに対し，RagC/DはGDPに結合する．RagC/D

KEYWORD解説

○ **セリン-スレオニンキナーゼ**：ATPのリン酸基をセリン残基やスレオニン残基にあるヒドロキシ基に転移し，共有結合させるリン酸化酵素活性を有する．リン酸化により基質タンパク質の酵素活性，細胞内局在，タンパク質間相互作用などを調節する．

○ **低分子量Gタンパク質（低分子量GTPase）**：グアノシン三リン酸（GTP）を結合し，加水分解によりグアノシン二リン酸（GDP）へと変換する．GTP結合型の活性化型とGDP結合型の不活化型の2つの型をとることで，細胞内シグナル伝達の分子スイッチとして機能する．

○ **PAS**：栄養飢餓に応答して，ほぼすべてのAtgタンパク質は液胞近傍の一点に集積する．この構造体は蛍光顕微鏡下でのみ観察され，その実体は不明であるものの，オートファゴソーム形成の場であると考えられ，PAS（pre-autophagosomal structure）とよばれる．

は GDP 結合型が活性化状態であるという点もまた，他の低分子量 GTPase とは大きく異なる．活性化型 RagA/B-RagC/D は TORC1構成因子である Raptor との相互作用を介して TORC1をリソソーム膜上にリクルートし，Rheb 依存的に TORC1を活性化する（詳細は後述する）．アミノ酸飢餓条件下では，RagA/B は GDP 結合型に，RagC/D は GTP 結合型に変換することで不活性化し，TORC1がリソソームから遊離して不活化する．すなわち，アミノ酸を感知したシグナルが Rag タンパク質に結合するグアニンヌクレオチドへと変換される．

　低分子量 GTPase はグアニンヌクレオチド交換因子 guanine nucleotide exchange factor（GEF）によって GDP 結合型から GTP 結合型となる．一方，GTPase 活性化タンパク質 GTPase activating protein（GAP）によって自身の有する GTPase 活性が亢進して，結合している GTP が加水分解されて GDP となる．Rag もまた，GEF，GAP によって活性制御がなされる（図3-1）．現在のところ RagC/D GEF のみが未同定である．

2) RagA/B GEF : Ragulator

　Rag は恒常的にリソソーム膜上に局在するにもかかわらず，低分子量 GTPase に通常みられる膜局在に必須な脂質修飾がないことから，Rag をリソソーム膜上に繋留する因子があることが推察されていた．そこで，Rag 結合因子として同定されたのが，Ragulator である[3]．Ragulator は LAMTOR1〜5の5つの分子による複合体であり，LAMTOR1が脂質修飾を受け，リソソーム膜上のアンカー（アンカー型タンパク質）となる．Ragulator を欠くと TORC1のみならず Rag もリソソームから遊離することから，Ragulator は Rag を介した TORC1活性化の足場としてリソソーム上で機能すると考えられる．また，Ragulator は RagA/B を GDP 結合型から GTP 結合型に変換することで活性化する GEF として機能する[4]（図3-1A）．

3) RagA/B GAP : GATOR複合体

　Rag 結合因子として同定された GATOR（GTPase-activating protein activity toward Rags）複合体は GATOR1と GATOR2の2つのサブ複合体からなる[4]．DEPDC5，NPRL2，NPRL3 からなる GATOR1は RagA/B 特異的 GAP として機能し，RagA/B を不活化する（図3-1B）．GATOR1をノックダウンすると，アミノ酸の有無にかかわらず TORC1が恒常的に活性化する．GATOR2は Mios，Wdr24，Wdr59，Seh1L，Sec13からなり，相互作用を介して GATOR1の GAP 活性を負に制御することで TORC1を活性化する．GATOR2の欠損は GATOR1の GAP 活性を亢進するため，アミノ酸存在下でも TORC1は活性化しない．また，GATOR 複合体形成に関与する因子として KICSTOR 複合体が同定された．

4) RagC/D GAP : FLCN-FNIP1/2複合体

　GDP 結合型 RagC/D が RagA/B-RagC/D と TORC1構成因子 Raptor との相互作用を促進する[4]（図3-1A）．一方，GTP 結合型では相互作用が消失することから，RagC/D の GTP 結合型から GDP 結合型への変換が Rag を介した TORC1活性化に最も重要だと考えられる．アミノ酸存在下で FLCN（Folliculin）-FNIP1/2複合体が RagC/D の GAP として機能し，TORC1を正に制御しているが，GAP 活性がどのように制御されているかは不明である．

5) TSC-Rheb

　TORC1はアミノ酸だけでなく，増殖因子，ATP レベルによっても活性制御を受けるが，恒常的にリソソーム表面に局在する低分子量 GTPase である Rheb は，これらすべてに必要である[5]．増殖因子による TORC1の活性化は TSC 複合体（tuberous sclerosis complex）

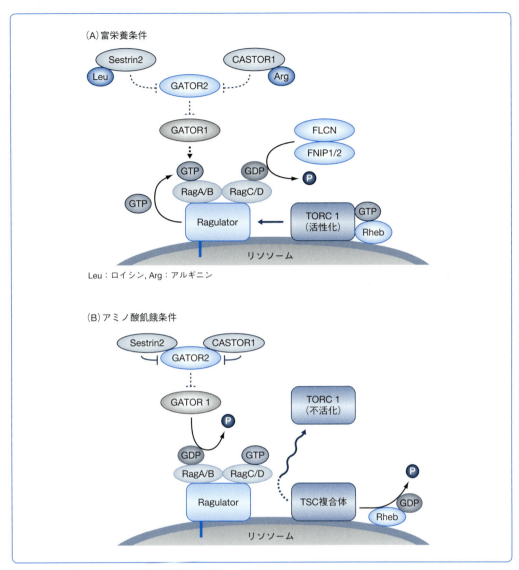

図3-1　哺乳類TORC1の活性化機構の模式図

(A) 富栄養条件下ではRagulatorとFLCN-FNIP1/2複合体により活性化型RagA/B^{GTP}-RagC/D^{GDP}に変換される．TORC1は
リソソーム上にリクルートされ，Rhebにより活性化する．ロイシン（Leu）はSestrin2に，アルギニン（Arg）はCASTOR1
に結合することで，GATOR2を介してGATOR1のGAP活性が阻害される．（B）アミノ酸飢餓条件下ではSestrin2や
CASTOR1によりGATOR2が不活性化し，GATOR1のGAP活性が活性化する．これにより不活性化型RagA/B^{GDP}-RagC/D^{GTP}
に変換され，TORC1はリソソームから遊離する．代わりにTSC複合体がリソソーム膜上に移行し，RhebをGDP型に変
換することで不活性化する．

を介する．TSC複合体はTSC1-TSC2-TBC1D7からなり，RhebのGAPとして機能し，
TORC1を負に制御する．増殖因子が欠乏するとTSC複合体はリソソーム膜上に移行し，
RhebをGDP型に変換する（**図3-1B**）．増殖因子存在下ではAktによりTSC2がリン酸化
される．リン酸化型TSC2を含むTSC複合体はリソソームから遊離するため，GTP型
Rhebが維持され，TORC1は活性化する．TSC複合体欠損細胞でもTORC1はアミノ酸飢
餓に感受性を示すことから，アミノ酸感知にはこの経路は関与していない．しかし，アミノ
酸添加によるTORC1活性化には，増殖因子によって活性化したRhebが必要であることは

留意するべき点である．また，アミノ酸飢餓での Rheb の不活化にも Rag が寄与する．TORC1と解離した不活性化型 RagA/B^{GDP}-RagC/D^{GTP} 複合体は，TSC 複合体と結合し，リソソームへリクルートする．これにより Rheb が GDP 型に変換され，不活化される[5]．

6) リソソーム内アミノ酸の感知機構

リソソーム膜上の V-ATPase はプロトンを取り込むことでリソソーム内を酸性に保っている．さらに，V-ATPase はリソソーム内のアミノ酸に依存して Ragulator と相互作用し，Rag-GEF 活性を亢進することで，TORC1をリソソームへリクルートする[4]．リソソーム膜上のアミノ酸トランスポーターSLC38A9もまた，アミノ酸依存的に Rag-Ragulator に結合する．SLC38A9欠損細胞はアミノ酸，とくにアルギニン添加による TORC1活性化が消失することから，SLC38A9がリソソーム内腔のアルギニンを感知し，TORC1を正に制御していると考えられる[4]．

7) 細胞質アミノ酸の感知機構

GATOR2相互作用因子として同定された Sestrin2 と CASTOR1はそれぞれロイシンとアルギニンに結合する[6,7]．アミノ酸と結合したこれらのタンパク質は GATOR2と結合しない．これらのタンパク質をそれぞれ欠損する細胞ではアミノ酸飢餓下でも TORC1は活性化状態にあるのに対して，アミノ酸結合能を欠くが GATOR2には相互作用できる変異体はアミノ酸の有無にかかわらず TORC1を恒常的に不活化する．したがって，アミノ酸存在下では Sestrin2 と CASTOR1が解離することで GATOR2が GATOR1の RagA/B-GAP 活性を阻害する．これにより，GTP 結合型 RagA/B が安定に存在し，TORC1の活性化に至る（**図3-1A**）．一方，アミノ酸飢餓下では Sestrin2 と CASTOR1が GATOR2に結合することで不活化する．その結果，GATOR1の GAP 活性が亢進し，RagA/B が GDP 結合型に変換され TORC1不活化に至る（**図3-1B**）．

❷ 出芽酵母のTORC1活性化経路

TORC1経路は真核生物においておおむね進化上高度に保存されており（**表3-2**），出芽酵母TORC1も多様な環境要因に応答性を示す[8]．TORC1は哺乳類ではリソソーム上で活性化されるのと同様，出芽酵母ではリソソームの相同オルガネラである液胞膜上で活性化される．哺乳類との最も大きな違いは，出芽酵母には TSC 複合体が存在しない点である．その理由を，増殖因子のシグナル伝達経路は多細胞生物だけが有し，出芽酵母のような単細胞生物には必要でないことで説明する論文が散見されるが，分裂酵母には TSC-Rheb が存在し，TORC1活性化に寄与することから，的確な理由とはなっていない．また，一次構造上で Rheb に高い相同性をもつタンパク質を出芽酵母は有するが，その関与は明確でなく，液胞上でのTORC1活性化の分子機構は不明である．一方，Rag GTPase と結合するグアニンヌクレオチドの変換を制御する因子群はほぼすべて保存されている（**表3-2**）．RagA/B の GAP である GATOR1，GATOR2は出芽酵母では SEACIT/SEACAT として存在しているが，アミノ酸センサーである Sestrin2，CASTOR1の相同因子が存在しない．現在まで出芽酵母のアミノ酸感知機構はまったく明らかになっていない．

❸ Rag-Ragulatorに依存しないTORC1活性化経路

Rag の発見以来，アミノ酸感知機構の理解が大きく進展したが，Rag によらない TORC1

表3-2 哺乳類と出芽酵母のTORC1活性制御関連因子

	哺乳類	出芽酵母			哺乳類	出芽酵母
Rag GTPase	RagA/B	Gtr1		**RagC/D GAP**	FLCN	Lst4
	RagC/D	Gtr2			FNIP1/2	Lst7
RagA/B GEF	**Ragulator**	**Ego complex**[*1]		**TSC-Rheb**	Rheb	Rhb1[*2]
	LAMTOR1/p18	Ego1			TSC1	—
	LAMTOR2/p14	Ego2			TSC2	—
	LAMTOR3/MP1	Ego3			TBC1D7	—
	LAMTOR4	—		液胞内アミノ酸の感知	V-ATPase	V-ATPase[*3]
	LAMTOR5	—			SLC38A9[*4]	—
RagA/B GAP	**GATOR1**	**SEACIT**		細胞質アミノ酸の感知	Sestrin2[*5]	—
	DEPDC5	Iml1/Sea1			CASTOR1[*4]	—
	NPRL2	Npr2		Rag-Ragulatorに依存しない活性化経路	Arf1	Arf1, Arf2[*3]
	NPRL3	Npr3			Rab1	Ypt1
RagA/B GAP制御因子	**GATOR2**	**SEACAT**				
	Seh1L	Seh1				
	Sec13	Sec13				
	Wdr24	Sea2				
	Wdr59	Sea3				
	Mios	Sea4				
GATOR1-GATOR2制御因子	**KICSTOR**	—				
	KPTN	—				
	ITFG2	—				
	C12orf66	—				
	SZT2	—				

*1 GEF活性は検出されていない.
*2 TORC1活性化に関与しない.
*3 TORC1活性化への関与不明.
*4 アルギニンの感知.
*5 ロイシンの感知.

活性化機構の存在が報告されている. RagA と RagB の二重欠損哺乳類細胞はロイシンに応答しなくなるが,グルタミンで TORC1のリソソーム局在と活性化を誘起することができる[9]. この活性化には低分子量 GTPase である Arf1が必要であるが,詳細な分子機構は不明である. また,Rab1が TORC1に結合し,ゴルジ体上にリクルートすることで Rheb 依存的に TORC1を活性化する. 出芽酵母においても,Rag-Ragulator ホモログである Gtr-Ego 経路を欠損する細胞ではロイシンによる TORC1の活性化は減弱するが,グルタミンによる活性化は影響を受けないことが観察されている[10]. 出芽酵母では,TORC1は生育に必須であるのに対して,Gtr-Ego 経路は非必須であることも合わせて,TORC1活性化に参画する別経路が存在すると考えられる.

❹ TORC1の基質

　富栄養下では成長と増殖をするために,細胞はタンパク質,脂質,ヌクレオチドの合成を亢進させる. リン酸化修飾により,これらのほぼすべてを制御しているのが TORC1であり,TORC1が「細胞成長と代謝をつかさどるマスターレギュレーター」とよばれる由縁である. 一方で,TORC1はオートファジーといった異化作用を抑制している. ここではオートファジー抑制に関与する,TORC1の基質についてふれる(**表3-3**).

表3-3 オートファジーの制御に関連するAtgタンパク質とリン酸化修飾

機能単位	哺乳類			出芽酵母		
	基質	リン酸化酵母		基質	リン酸化酵母	
		mTORC1	Ulk1		TORC1	Atg1
Ulk1/Atg1 キナーゼ複合体	Ulk1	○	○	Atg1	—	○
	ATG13	○	○	Atg13	○	—
	FIP200	—	○	Atg17	—	—
	ATG101	—	○	—	—	—
	—	—	—	Atg29	—	—
	—	—	—	Atg31	—	—
PI3K 複合体 I	VPS34	—	○	Vps34	—	—
	VPS15	—	—	Vps15	—	—
	Beclin-1	—	○	Vps30/Atg6	—	—
	ATG14L	○	○	Atg14	—	—
	NRBF2	○	—	Atg38	—	—
Atg9	ATG9	—	—	Atg9	—	○

　TORC1によるリン酸化はすべて富栄養下で起こり，オートファジーを負に制御する[11]．出芽酵母ではAtg13が基質として知られる．Atg13はTORC1により複数箇所がリン酸化され，Atg1とAtg17との相互作用が抑制される．哺乳類ではUlk1キナーゼ複合体に加えてホスファチジルイノシトール3-キナーゼ(PI3キナーゼ，PI3K)複合体がTORC1の基質である．Atg1の哺乳類ホモログであるUlk1はUlk1-ATG13-FIP200-ATG101複合体を恒常的に形成している．このうちUlk1とATG13がTORC1によりリン酸化され，複合体が不活性化状態にあるが，この抑制化機構は不明である．オートファジー特異的に機能するPI3K複合体Iの構成因子のATG14LとNRBF2がTORC1によるリン酸化を受け，複合体の酵素活性が不活化される．オートファジー誘導を抑制するリン酸化は，飢餓においてすべて脱リン酸化されるため，TORC1のリン酸化に拮抗するホスファターゼの存在が想定される．

3-2　飢餓でオートファジーが誘導される仕組み

　飢餓によってTORC1のリン酸化活性が低下し，基質が脱リン酸化型に変換する．これに伴う，オートファゴソームの形成に参画するAtgタンパク質の発現誘導と，Atg1/Ulk1キナーゼの活性の亢進がオートファジー誘導の最も初期の段階である．

❶ *ATG*遺伝子の発現誘導

1) 転写レベルでの制御

　出芽酵母において，飢餓により多くの*ATG*遺伝子の転写産物が増加する．富栄養下ではTORC1により転写が抑制され，飢餓条件下ではTORC1活性の低下に伴い転写抑制が解除される[11]．飢餓による発現誘導が最も顕著なのはAtg8である．増殖培養時にはヒストン脱アセチル化酵素活性を有するUme6-Sin3-Rpd3複合体により転写が抑制されている．*ATG8*遺伝子上流にDNA結合タンパク質であるUme6が結合し，プロモーター上のヒストンを脱

アセチル化する．飢餓時には TORC1活性の低下により Rim15キナーゼが活性化し，Ume6をリン酸化することで転写抑制が解除する．他の *ATG* 遺伝子も同様な負の制御を受けていることが報告されている．*ATG9*は Pho23制御下にあり，形成されるオートファゴソームの数を制御している．*ATG7*の転写制御では Rph1が関与する．

哺乳類ではさらに複雑な転写制御が存在する．ここでは飢餓に呼応して核に移行し，オートファジー関連因子の転写を活性化する TFEB (transcription factor EB) を紹介する[12]．富栄養下では TFEB は活性化型 RagA/B^{GTP}-RagC/D^{GDP} によりリソソーム上にリクルートされ，TORC1にリン酸化される．リン酸化型 TFEB は14-3-3タンパク質に結合し，核移行が抑制される．飢餓時では Rag が不活性型に変換し，TFEB との結合能を失う．さらに，カルシニューリン calcineurin により脱リン酸化されることで14-3-3タンパク質と解離し，核へ移行する．TFEB はリソソーム関連因子やオートファジー関連因子の転写開始位置上流に頻繁にみられる．10塩基対 (GTCACGTGAC) からなる CLEAR エレメントに結合し，転写を促進する．TFEB はまた，TORC1の活性化にも関与する[13]．飢餓時に TFEB は RagD の転写を直接亢進し，栄養の再添加による早急な TORC1の活性化に寄与する．すなわち，細胞は飢餓時に再び栄養が入手可能になるときに備えていると考えられる．

2) mRNA分解による制御

ATG 遺伝子は転写後制御も受けている．mRNA は5'末端のキャップ構造と3'末端のポリA 構造によって安定化している．富栄養下では *ATG* 遺伝子の mRNA は選択的に脱キャップされ，分解されることで発現が抑制されている[14]．脱キャップ酵素である Dcp2は RCK ファミリーに属する RNA ヘリケースとともに mRNA に結合する．脱キャップ活性は TORC1によるリン酸化で上昇し，特定の転写産物を不安定化させる．一方，飢餓時では TORC1の不活化に伴い Dcp2の脱キャップ活性が低下することで，*ATG* 遺伝子の mRNA が安定化し，タンパク質量が増加する．この転写後制御機構は種を超えて保存されている．

❷ Atg1/Ulk1キナーゼの活性化

1) 出芽酵母Atg1の活性化機構

出芽酵母では，オートファジーは液胞近傍の PAS (pre-autophagosomal structure) で開始する．この開始段階は Atg1，Atg13，Atg17，Atg29，Atg31からなる複合体の形成から始まる．Atg1はオートファジーに必須のタンパク質リン酸化酵素で，この活性化がオートファジー誘導の最も上流に位置する．その活性化の鍵となるのが Atg13である．Atg13は N 末端側に HORMA ドメインをもつが，以降の C 末側は天然変性領域 (IDR) である (図3-2)．Atg13は富栄養下で TORC1により高度にリン酸化されているが，飢餓条件下では TORC1の活性低下に伴い脱リン酸化される．Atg13は天然変性領域内に Atg1と Atg17の結合領域をそれぞれ2つずつ有する[11]．Atg17の PAS 局在は他の Atg タンパク質に依存しないため，PAS 形成の位置を決定する機構に関して最上流に位置づけられている．Atg17は細長い三日月様の形をしており，ホモ二量体を形成する．それぞれの Atg17に Atg29と Atg31の2つのタンパク質が結合し，この複合体が，オートファゴソームの形成の場である PAS の足場となっている．Atg13が脱リン酸化型になるに従い Atg1との親和性が増し，2つの Atg1結合領域で1分子の Atg1と相互作用し複合体を形成する．Atg13は2つの Atg17結合領域で2つの異なる Atg17ホモ二量体に相互作用する．富栄養下では TORC1により結合領域内のセ

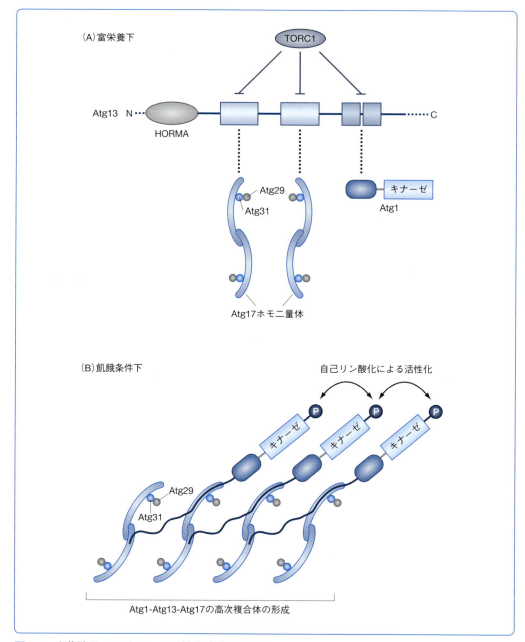

図3-2 出芽酵母Atg1キナーゼ活性化機構の模式図

(A) Atg13は天然変性領域内にAtg1とAtg17の結合領域をそれぞれ2つずつ有する．Atg13は2つのAtg1結合領域で1分子のAtg1と相互作用するのに対し，2つのAtg17結合領域で2つの異なるAtg17ホモ二量体に相互作用する．富栄養条件下ではTORC1によるリン酸化により結合は抑制される．（B）飢餓条件下ではTORC1活性の低下により脱リン酸化されるとAtg13が異なる2分子のAtg17ホモ二量体と結合し，最終的には高次複合体を形成する．これによりAtg1キナーゼの局所的濃度が高まり，異なるAtg1分子が互いのキナーゼドメインの活性ループ内の残基をリン酸化する．自己リン酸化によりキナーゼ活性が増強され，オートファジーが始動する．

リン残基がリン酸化され，電荷的反発が原因で Atg17 との複合体形成が抑制される．この領域が脱リン酸化されると Atg13 は異なる2分子の Atg17 ホモ二量体と結合し，最終的には高次複合体を形成する[15]．これにより Atg1 キナーゼの局所的濃度が高まり，異なる Atg1 分子が互いのキナーゼドメインの活性化ループ内の残基（出芽酵母 Atg1 では180番目

のスレオニン残基,哺乳類Ulk1では226番目のスレオニン残基)をリン酸化することが可能となる(図3-2).その結果,キナーゼ活性が増強され,オートファジーが始動する.

2) 哺乳類Ulk1の活性化機構

哺乳類ではAtg1ホモログのUlk1が,ATG13,FIP200,ATG101とのあいだで複合体を形成する.FIP200は出芽酵母のAtg17に相当する役割を演じると考えられるが,一次配列上の相同性はほぼない.ATG101は出芽酵母にはみられないが,分裂酵母はじめ,広く真核生物で保存されている.出芽酵母とは異なり,これらはオートファジー抑制・誘導いずれの条件下でも複合体を構成している.TORC1が活性化し,オートファジーが抑制されているときには,この複合体がTORC1と直接結合し,その結果,Ulk1とATG13がリン酸化される.このTORC1に依存したリン酸化は,Ulk1活性を抑制すると考えられている.さらに,Ulk1は,細胞内のエネルギーレベル,ATP/AMP量に呼応して活性化されるAMP依存性プロテインキナーゼによってもリン酸化され,これらが活性制御に関与する可能性も示唆されている[16].栄養飢餓などにより,TORC1が不活性化し,Ulk1が脱リン酸化されると,これらの複合体は,小胞体に密接に関連した特殊な部位にリクルートされていく.その箇所は,とくにオートファジー特異的PI3K複合体Iにより,ホスファチジルイノシトール3-リン酸 phosphatidylinositol 3-phosphate が豊富に生成されており,蛍光顕微鏡像がギリシャ文字のΩに相似したことからオメガソームとよばれる.

❸ Atg1/Ulk1キナーゼの基質

活性化したAtg1/Ulk1はAtgタンパク質をリン酸化することでオートファゴソーム形成を駆動する[11, 16](表3-3).出芽酵母においては,膜タンパク質Atg9が,唯一既知のAtg1の基質である.Atg1によるリン酸化は,Atg9が下流因子Atg18と相互作用し,PASへリクルートするのに必要である.哺乳類においてはUlk1-ATG13-FIP200-ATG101複合体とPI3K複合体Iが基質である.活性化したUlk1は自分自身のみならず,すべての複合体構成因子をリン酸化する.また,Ulk1はPI3K複合体I構成因子のBeclin-1,ATG14L,VPS34をリン酸化する.それぞれ1箇所ずつリン酸化アミノ酸残基が同定されている.Beclin-1の14番目のセリン残基とATG14Lの29番目のセリン残基のリン酸化はPI3K活性を亢進させ,オートファゴソーム形成を促進する.一方,VPS34の249番目のセリン残基のリン酸化はオートファジーには不要であり,その意義は不明である.

おわりに

Torがラパマイシン標的因子として出芽酵母で報告されたのが1991年であり,出芽酵母でのオートファジーを初めて報じた大隅らの論文は1992年に出版された.両者は奇しくもほぼ同時期に発見され,1998年にTorがオートファジーを負に制御する,表裏一体の関係であることが明らかとなった.大隅良典博士は2016年にノーベル生理学・医学賞を,2017年に生命科学ブレイクスルー賞を受賞された.Torの発見者であるM. Hall博士も2014年に生命科学ブレイクスルー賞を,2015年にガードナー国際賞,2017年にはラスカー賞を受賞されており,ノーベル賞も時間の問題だと思われる.

出芽酵母での発見から四半世紀が経過したにもかかわらず,オートファジーとTORC1は,ともにまだまだ未解明な点が山積しており,今日でも研究は大きく進展している.新しい発

見により日々モデルが驚くべき速さで更新されている．ここで紹介した知見やモデルをベースにぜひ，最新の知見をキャッチアップしていただきたい．

文　献 ‥‥‥

1) Noda T and Ohsumi Y: J Biol Chem, 273: 3963-3966, 1998.

2) Sancak Y, et al.: Science, 320: 1496-1501, 2008.

3) Sancak Y, et al.: Cell, 141: 290-303, 2010.

4) Saxton RA and Sabatini DM: Cell, 168: 960-976, 2017.

5) Benjamin D and Hall MN: Cell, 156: 627-628, 2014.

6) Wolfson RL, et al.: Science, 351: 43-48, 2016.

7) Chantranupong L, et al.: Cell, 165: 153-164, 2016.

8) Powis K and De Virgilio C: Cell Discov, 2: 15049, 2016.

9) Abraham RT: Science, 347: 128-129, 2015.

10) Stracka D, et al.: J Biol Chem, 289: 25010-25020, 2014.

11) Wen X and Klionsky DJ: J Mol Biol, 428: 1681-1699, 2016.

12) Raben N and Puertollano R: Annu Rev Cell Dev Biol, 32: 255-278, 2016.

13) Di Malta C, et al.: Science, 356: 1188-1192, 2017.

14) Hu G, et al: Nat Cell Biol, 17: 930-942, 2015.

15) Yamamoto H, et al.: Dev Cell, 38: 86-99, 2016.

16) Hurley JH and Young LN: Annu Rev Biochem, 80: 225-224, 2017.

4 オートファゴソームの形成における膜動態のメカニズム

中戸川　仁

SUMMARY

　オートファゴソームの形成は，オートファジーを象徴するイベントである．実にダイナミックで謎に満ちたその過程はさまざまな分野の研究者を魅了し，大隅良典博士による*ATG*遺伝子・Atgタンパク質の発見以降，そのメカニズムの研究が精力的に進められてきた．多くのことが明らかになった一方，基本的な問題が未解決のまま残されている．本章では，オートファゴソーム形成のメカニズムに関する理解の現状を概説し，今後の課題について議論する．

KEYWORD

○ Atg タンパク質　　○ PAS　　○ 隔離膜（ファゴフォア）

はじめに：オートファゴソームの形成における膜動態

　オートファジーは，1950年代後半のマウスやラットの細胞の電子顕微鏡解析により発見された現象である[1]．撮影されたさまざまな画像を一連の過程のスナップショットとみなして並べ，オートファジーの過程が推察された．この過程はその後，オートファゴソーム関連膜に局在するタンパク質と蛍光タンパク質との融合タンパク質を発現する細胞のライブイメージングにより真実であることが実証された[2]．まず小さく扁平な膜が形成され，それが連続的に伸展しながら湾曲し，カップ状を経て球状となる．絞り込まれた開口部で膜分裂membrane fission が起こって閉じることにより，内外二枚の膜で仕切られたコンパートメントとして「オートファゴソーム」が完成する（図4-1）．伸展中の膜は，「隔離膜」あるいは「ファゴフォア」とよばれている．完成したオートファゴソームのサイズが大きく変化することはない．細胞の種類や条件にもよるが，およそ10分で直径1μm ほどもあるオートファゴソームが形成される．実に動的で不思議にも思えるこの過程は，見る者に自然とその根底にあるメカニズムを想像させる．最初に見える小さく扁平な膜はどのようにしてできるのか，隔離膜は何を材料・供給源としてどのように伸展していくのか，隔離膜はどのようにして湾曲し球状になるのか，最終段階の膜分裂はどのようにして起こるのか，オートファゴソームの大きさはどのようにして決まるのか，細胞生物学者，分子生物学者，生化学者，構造生物学者，そして，最近では数理科学者などさまざまな分野の研究者がオートファゴソームの形成機構に興味をもち，研究を進めてきた．オートファジーの研究は2016年にはノーベル生理学・医学賞の受賞対象ともなった．しかし，実は上で述べたような，オートファジーという現象をはじめて知った者がすぐに思いつくような基本的な問題が未解決のまま残されている．それでも，最近の研究により，それらの疑問に対する答えが少しずつみえてきたように思われる．本章では，オートファゴソームの形成機構に関する理解の現状をまとめる．

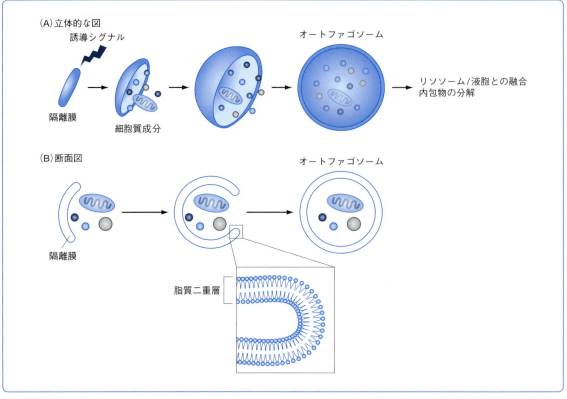

図4-1　オートファゴソームの形成過程
オートファゴソームの形成過程を，（A）立体的な図，あるいは（B）断面図として表した（詳細は本文参照）．

4-1　Atgタンパク質の分子機能

　大隅良典らのグループが出芽酵母で発見した *ATG*（u̲n̲t̲ophagy-related）遺伝子・Atg タン

KEYWORD解説

○ **Atg タンパク質**：オートファジー関連タンパク質．現在，42種類が報告されている（Atg 1 〜 Atg 41，Atg 101）．本章で扱うオートファゴソームの形成にかかわる因子のほか，選択的オートファジーに特異的にかかわる因子や（**第9章** 参照），オートファジックボディの分解にかかわる因子なども含む（**第6章** 参照）．酵母以外の生物では Atg とは異なる名称が使用されている場合もある．

○ **PAS**：大隅良典らのグループが定義した，pre-autophagosomal structure の略．蛍光顕微鏡により観察される Atg タンパク質の動的な集合体である．隔離膜が形成される以前の状態をさし，Atg 9 小胞などの膜成分を含むが，その実体は未解明である．Klionsky が phagophore assembly site（ファゴフォア形成サイト）に同じ略字をあてて使用しはじめ混乱を招いているが，本来は上記のとおり，集合体（構造体）を表す言葉として定義されたものであり，場所を表す言葉ではない点に注意されたい．

○ **隔離膜（ファゴフォア）**：オートファゴソームが完成するに至るまでのカップ状の膜構造（オートファゴソームの中間体）．欧文では isolation membrane と記載されるが，phagophore（ファゴフォア）ともよばれている．

表4-1　オートファゴソーム形成にかかわるAtgタンパク質

	出芽酵母	哺乳類
Atg1/ULK複合体	Atg1	ULK1/2
	Atg13	ATG13
	Atg17	—
	Atg29	—
	Atg31	—
	—	FIP200
	—	ATG101
Atg9小胞	Atg9	ATG9A/B
PI3K複合体I	Vps34	Vps34
	Vps15	Vps15
	Vps30（Atg6）	Beclin1
	Atg14	ATG14L
Atg2-Atg18複合体	Atg2	ATG2A/B
	Atg18	WIPI1〜4
Atg12結合反応系	Atg12	ATG12
	Atg7	ATG7
	Atg10	ATG10
	Atg5	ATG5
	Atg16	ATG16L1/2
Atg8結合反応系	Atg8	LC3A/B/C, GABARAP, GABARAPL1〜3
	Atg7	ATG7
	Atg3	ATG3
	Atg4	ATG4A/B/C/D

植物のAtgタンパク質は第14章を参照.

パク質は，オートファゴソーム形成に必要な因子であり，高等動植物を含む他の生物にも保存されている[1]（**表4-1**，**第2章**および**第14章** 参照）．すなわち，異なる生物種であっても共通のメカニズムでオートファゴソームが形成されると考えられる．オートファゴソームの形成機構の研究は，おもに出芽酵母および哺乳類の細胞を用いた解析により進展してきた[3,4]．ここではまず Atg タンパク質の分子機能について簡潔に紹介する．

❶ Atg1/ULK複合体

　栄養の枯渇など細胞内外のさまざまな状況変化がシグナルとなり，オートファジーは誘導される（**第3章** 参照）．Atg タンパク質のなかでそのシグナルを最初に受け取るのが，出芽酵母においては Atg1複合体，哺乳類においては ULK 複合体である（**図4-2A**）．Atg1複合体は，プロテインキナーゼである Atg1と，制御的な役割を果たす Atg13，Atg17，Atg29，Atg31により構成され，ULK 複合体は，Atg1のホモログである ULK（ULK1および ULK2という2つのパラログが存在する）と，ATG13，FIP200，ATG101からなる．オートファジーの誘導に応じて，Atg1/ULK 複合体の複数のサブユニットのリン酸化状態が変化し，複合体の形成やオートファゴソーム形成部位への集積，Atg1/ULK のキナーゼ活性などが制御され，

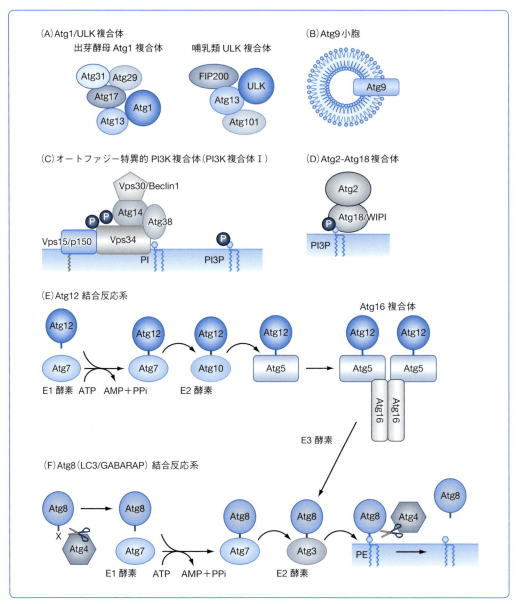

図4-2　Atgタンパク質の機能グループ

オートファゴソームの形成にかかわるAtgタンパク質は6つの機能グループを構成する（詳細は本文参照）．

タンパク質間相互作用やリン酸化を介して，他の Atg タンパク質の招集や機能が制御される（詳細は**第3章**および**第7章**参照）．

❷ Atg9小胞

　Atg9は6回膜貫通型膜タンパク質であり，合成されたのち，小胞体を経てゴルジ体へと運ばれ，ゴルジ体から形成される直径30〜60 nm ほどの膜小胞に局在化する（**図4-2B**）．当初，この Atg9小胞がオートファゴソーム形成における膜供給源と考えられていた．しかし，最近の出芽酵母での解析から，3〜5個の Atg9小胞が Atg1複合体中の Atg13との相互作用を

介してオートファゴソーム形成の場に集まり，オートファゴソーム膜の形成を開始するための出発材料となるとのモデルが提唱されている[5, 6].

❸ PI3K複合体Ⅰ

オートファゴソームの形成には，ホスファチジルイノシトール3-リン酸 phosphatidylinositol 3-phosphate (PI3P)の産生が必須である．Vps34はホスファチジルイノシトール3-キナーゼ (PI3キナーゼ，PI3K)であり，Vps15およびVps30 (哺乳類では Beclin1)と複合体を形成する．ここにAtg14およびAtg38 (哺乳類では NRBF2)が加わり，オートファゴソーム形成に特異的に機能するPI3K複合体Ⅰが形成される[7~9] (**図4-2C**，**第7章** 参照)．Atg14はPI3K複合体Ⅰをオートファゴソーム形成の場に局在化させ，Atg38はAtg14とVps34を架橋するようなかたちで複合体を安定化させる．哺乳類では，Bcl2やAmbra1など，PI3K複合体Ⅰの活性を制御するタンパク質が複数報告されている．

伸展中の隔離膜および完成したオートファゴソーム膜にPI3Pが含まれることが示されている[10, 11]．しかしながら，このPI3Pがこれらの膜上で産生されたものであるのか，近傍の他の膜で産生されたのちに移行してきたものであるのかについてはまだ不明である．PI3K複合体Ⅰが産生するPI3Pは，オートファゴソームの形成に必要なPI3P結合タンパク質を招集する(後述)．

Atg14の代わりにVps38/UVRAGと結合したVps34-Vps15-Vps30/Beclin1複合体は，PI3K複合体Ⅱともよばれ，エンドソームにおけるタンパク質の仕分けやエンドソームの機能制御にはたらく[7]．この複合体の機能を負に制御するRubiconという因子も報告されている[12]．PI3K複合体Ⅱは，オートファゴソームの形成には必要でないが，オートファゴソームの成熟化(エンドソーム/リソソームとの融合)に関与するため，オートファジーの制御の観点で重要である．

❹ Atg2-Atg18/WIPI複合体

Atg18 (哺乳類では WIPI1~4)は，PI3Pに結合するWD40リピートタンパク質であり，機能未知のAtg2と複合体を形成する．Atg2-Atg18/WIPI複合体は，PI3K複合体Ⅰが産生するPI3Pに依存してオートファゴソーム形成の場に局在化する[3, 4] (**図4-2D**)．Atg2-Atg18/WIPI複合体のオートファゴソームの形成における役割は未解明であるが，その隔離膜上での特徴的な局在から，小胞体との関連が示唆されている(後述)．

❺ Atg12結合反応系

オートファゴソームの形成には2つのユビキチン様タンパク質が関与する[13]．その1つであるAtg12は，Atg7をE1酵素，Atg10をE2酵素として，Atg5の特定のリシン残基とイソペプチド結合を形成する(**図4-2E**)．Atg12-Atg5結合体はAtg5を介してAtg16と複合体を形成する(以下，Atg16複合体)[13]．Atg16は長いコイルドコイル領域で二量体を形成するため，Atg16複合体は各サブユニットを2分子ずつ含む．Atg12-Atg5結合体は，後述するAtg8の結合反応を促進するE3酵素として機能するが，この活性にはAtg16は不要である[13]．Atg16は，PI3P結合タンパク質であるAtg21との相互作用を介して，Atg16複合体をオートファゴソーム形成部位に局在化させる[14]．哺乳類においても，ATG16LがWIPI2と相互

作用し，同様のはたらきをすることが報告されている[15]．

❻ Atg8結合反応系

もう1つのユビキチン様タンパク質である Atg8は，合成後，C 末端の余分な配列がシステインプロテアーゼ Atg4で切除され，結合反応に必須のグリシン残基が C 末端に露出する[12]（**図4-2F**）．続いて，Atg7，Atg3，Atg16複合体をそれぞれ E1酵素，E2酵素，E3酵素とする結合反応を経て，ホスファチジルエタノールアミン（PE）の親水性頭部のアミノ基とアミド結合を形成する．PE と結合した Atg8は互いに結合するようになる．人工膜小胞上で Atg8-PE 結合体が形成されると，Atg8-PE 間の相互作用を介して人工膜小胞がつなぎ合わされ，脂質二重層の外層のみの融合も観察される．Atg8のオートファジー欠損変異体の多くがこのような機能に異常を示すことから，オートファゴソーム形成における Atg8の機能と深く関連する現象であると考えられるが，さらなる解析が必要である．Atg8-PE は，頭部の大きな脂質として振る舞い，膜の曲率や安定性を変化させることで膜形成に関与する可能性もある[16]．

すでに述べた Atg4は，Atg8と PE をつなぐアミド結合を切断し，膜から Atg8を遊離する機能ももつ[13]．これには膜形成を促進したり，膜形成における役目を終えた Atg8をリサイクルするはたらきがあると考えられている．PE は多くの生体膜の主要な構成因子であるが，Atg16複合体がオートファゴソーム形成部位に局在化するため，Atg8-PE 結合体の形成はオートファゴソーム関連膜にある程度限局されると考えられる．しかし，Atg16複合体や Atg3は細胞質にも存在するため，Atg8はオートファゴソーム形成と無関係な細胞内膜の PE とも結合体を形成してしまう．Atg4はこれを切断し，オートファゴソーム形成に必要な遊離型 Atg8を維持するための役割も果たしている．

出芽酵母には Atg8は1つのみが存在するが，哺乳類，線虫，植物など他の生物は Atg8のパラログを複数備えている．Atg8のホモログは，LC3ファミリーと GABARAP ファミリーに大別され（**表4-1**），それぞれ，オートファゴソームの形成や選択的オートファジーにおけるオートファジーレセプターとの結合において異なる機能を担っていると考えられている．詳細は，**第7章**および**第10章**を参照されたい．

Atg12結合反応系および Atg8結合反応系は，オートファゴソームの形成に重要であるが必須ではないようである．すなわち，これら因子をコードする遺伝子を破壊しても，非効率的に異常なオートファゴソームが形成され，オートファジーによる細胞成分の分解も完全には停止しないようである[13,17]．*ATG* 遺伝子をノックアウトしてオートファジーと細胞・個体の生理機能との関連を精査する際には留意すべき事項かもしれない．

4-2 　Atgタンパク質のオートファゴソーム形成部位への集積

オートファゴソーム形成にかかわる Atg タンパク質は，物理的相互作用などの直接的な関係を介して集積し，協調的に機能する[4,18]．出芽酵母においては，Atg タンパク質は，液胞膜上に集合する．蛍光顕微鏡下で輝点として観察されるこの集合体を PAS（pre-autophagosomal structure）とよぶ．哺乳類においては，ATG タンパク質は小胞体上に集積するが（後述），こ

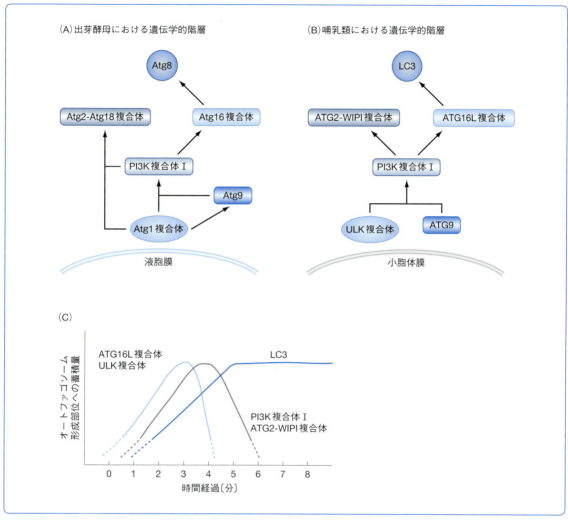

図4-3 Atgタンパク質のオートファゴソーム形成部位への集積過程

(A), (B) Atgタンパク質のオートファゴソーム形成部位への集積に関する遺伝学的階層. 矢印の元に位置する因子が欠損すると, 矢印から先に位置する因子の集積効率が低下することを意味している. たとえば, PI3K複合体Ⅰが欠損すると, Atg1/ULK複合体はオートファゴソーム形成部位に集積するが, Atg2-Atg18/WIPI複合体, Atg16/ATG16L複合体, Atg8/LC3が集積できなくなる. (C) Atgタンパク質のオートファゴソーム形成部位への集積における時間的相関.

[(C) はKoyama-Honda I, et al.: Autophagy, 9: 1491-1499, 2013を一部改変]

れは酵母の PAS に相当するものと考えられる. 出芽酵母において, 各 Atg タンパク質の各 *ATG* 遺伝子破壊株における PAS への集積が総当たり的に調べられ, 遺伝学的階層図が描かれた[18]（図4-3A）. その後, 哺乳類においても同様の解析がなされ, 若干の差違はあるが, ほぼ同様の結果が得られている[19]（図4-3B）. 一方, 哺乳類においては, 野生型細胞における各 ATG タンパク質のオートファゴソーム形成部位への集積にかかる相対的な時間差が調べられたが[20], 得られた結果は遺伝学的解析から想像されていたものとは異なっていた（図4-3C）. 遺伝学的階層は, ある *ATG* 遺伝子が破壊されたとき, 他の ATG タンパク質が集積するかどうかを示しているものであり, バイパス経路や非通常経路を介した集積が含まれている可能性がある. すなわち, かならずしも正常時の ATG タンパク質の招集順序を表

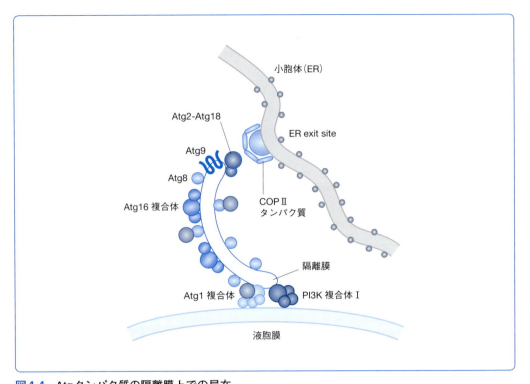

図4-4　Atg タンパク質の隔離膜上での局在
隔離膜上でのAtgタンパク質の局在と，液胞，小胞体（ER），ER exit siteとの位置関係（詳細は本文参照）．

しているわけではない．一方，経時的変化の解析においては，時間的解像度の問題で招集の前後関係が見極めきれていない可能性や，増減する曲線のどの時点を各 ATG タンパク質が招集され，離脱するタイミングとみなすのかがむずかしい．いずれの解析結果も，ATG タンパク質のオートファゴソーム形成部位への招集や集積のメカニズムを考えるうえで重要な情報であるが，ここで述べたような事項を考慮しながら，さらに解析を重ねる必要がある．

　免疫電子顕微鏡解析により，Atg 8 および LC 3 が隔離膜やオートファゴソームの外膜，内膜に比較的均一に存在すること，哺乳類細胞において，Atg 16 複合体は湾曲した隔離膜の凸面に偏在することが示された[13]（**図4-4**）．出芽酵母においては，形成されるオートファゴソームのサイズが十分に大きくないため，蛍光顕微鏡下ではカップ状やリング状の構造が観察されることはほとんどない．しかし，最近，オートファゴソームに選択的に取り込まれる「積み荷」であるアミノペプチダーゼⅠ（Ape 1．**第9章** 参照）を人為的に高発現させると，Ape 1 が自己集合能を介して巨大な塊を形成し，これを包み込もうとする隔離膜がカップ状に観察されることが示された．このような実験系を利用し，隔離膜上での各 Atg タンパク質のローカルな局在が観察された．隔離膜全体に広がって存在しているもの，隔離膜と液胞の接点に局在化しているもの，隔離膜の開口部辺縁の2〜3箇所に点在しているものなど，Atg タンパク質ごとにユニークな局在を示すことが明らかとなった[21]（**図4-4**）．Atg タンパク質は隔離膜伸張の前段階（PAS の構築）においても重要な役割を果たすと考えられるが，このような局在は，隔離膜の伸張中においてもそれぞれに独自の機能を発揮していることを示唆している．

4-3 オートファゴソームの膜の源：小胞体のオートファゴソーム形成への関与

オートファゴソーム形成における膜の供給源の特定は積年の課題として現在も未解決のまま残されている[22]．これまでひととおりのオルガネラが候補にあがり，議論が重ねられてきたが，コンセンサスが得られた結論はないように思われる．しかし，近年，小胞体が有力な候補として再浮上してきた．まず，哺乳類において，小胞体近傍に Atg タンパク質が集積すると，小胞体の一部が PI3P に富むリング状の構造を形成する様子が蛍光顕微鏡でとらえられ，「オメガソーム」と名づけられた[23]．このリングのなかで隔離膜が形成され，リングの拡張とともにリングから突出するように隔離膜が伸展し，リングの収縮に伴い隔離膜が閉塞するというモデルが提唱されている（図4-5 A）．さらに，電子線トモグラフィーにより，小胞体が隔離膜を内外から挟み込むようにして存在しており，隔離膜と小胞体が数箇所でチューブのような構造を介してつながっている様子が観察された[24, 25]．加えて，新規試料固定法に基づくオメガソームの電子線トモグラフィーによる観察の結果，小胞体と隔離膜の開口部をつなぐ非常に細い（直径30 nm 程度）チューブが多数とらえられた[26]．この IMAT（isolation membrane-associated tubule）と名づけられた構造が，小胞体から隔離膜への膜の流入を媒介しているのだろうか．今後の報告が待たれる．

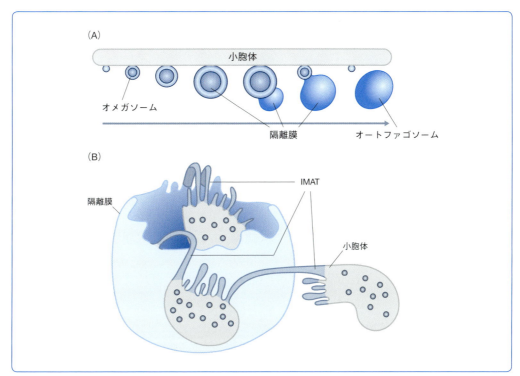

図4-5　小胞体のオートファゴソーム形成への関与
(A) 小胞体の一部が形成するリング状の構造（オメガソーム）から隔離膜が伸び出す．巾着袋の口を閉じるようにリングが収縮してオートファゴソームが完成し，小胞体から遊離する．(B) オメガソームは蛍光顕微鏡では (A) に示したようなリング状に観察されるが，電子線トモグラフィー解析では小胞体と隔離膜の開口部をつなぐ多数の微細管（IMAT）として観察される（詳細は本文参照）．[(A) はAxe EL, et al.: J Cell Biol, 182: 685-701, 2008，(B) はUemura T, et al.: Mol Cell Biol, 34: 1695-1706, 2014を一部改変]

　　出芽酵母においては，オートファゴソームが液胞膜上で形成されることは以前より知られていたが，最近，小胞体も PAS や隔離膜と接していることが明らかになった[21]．さらに，小胞体のなかでも COP Ⅱ小胞（ゴルジ体への輸送小胞）が形成される部位（ER exit site）が隔離膜の開口部辺縁に近接していることが示された[21]（図4-4）．COP Ⅱ小胞の形成やゴルジ体への輸送にかかわる因子の欠損株では，オートファゴソームの形成も欠損する．これらの結果は，COP Ⅱ小胞が隔離膜に融合し，膜が伸展するといったモデルを支持するが，直接的な実験証拠の提示や膜融合装置の特定などが重要な課題である．

　　また，オートファゴソームは，小胞体とミトコンドリアの接触部位で形成されることも示されている[27]．ミトコンドリアがどのようにオートファゴソーム形成に関与するのかは不明であり，今後さらに検証すべき問題である．

おわりに

　　オートファゴソーム形成のメカニズムについては，ここでは記述しきれないほど多くの知見が得られているが，最後に，数理科学的見地からオートファゴソーム形成における膜動態を考察した例を紹介したい[28]．オートファゴソームは，膜小胞を平たく押しつぶしたシートが拡張して形成されるとみなすことができる．この過程でいかにしてシートが湾曲し，球状になり，閉じるかについて，膜全体のエネルギー状態の変化がシミュレートされた．シート状の膜小胞においてもっとも不安定な部分は，疎水的環境である膜内へ水分子のアクセスを許してしまう曲率の高い辺縁部である（図4-1B の拡大部分）．シートが拡張すると辺縁部の面積が増加し，膜が不安定化することになる．その結果，膜は伸展するにしたがって辺縁部の面積が減少するよう，自発的に湾曲し，球状化するというのである．さらには同じ論理で隔離膜の閉塞も自発的に起こりうるという（膜曲率の高い絞り込まれた開口部を解消すべく膜分裂が自発的に起こる）．もちろん，このような膜動態は脂質組成などさまざまな要因の影響を受けるため，細胞内でこのような理論どおりに過程が進行するとは限らない．タンパク質の助けが必要であるかもしれないし，タンパク質により制御されうるものでもある．しかし，従来の研究はタンパク質の機能に基づいて膜動態のメカニズムを理解しようとする試みであり，膜自体がもつ物理的性質はほとんど考慮に入れてこなかったように思われる．オートファゴソームの形成は，非常に多くのタンパク質や脂質分子が織りなす複雑な過程であり，複数の細胞内システムやオルガネラを巻き込んで進行する．この魅力的な生命現象のメカニズムを理解するには，新たな技術，方法論，そして新たな視点を導入しながら，さらに研究を推し進める必要がありそうである．

文　献 ・・・・・

1) Ohsumi Y: Cell Res, 24: 9-23, 2014.
2) Mizushima N, et al.: J Cell Biol, 152: 657-668, 2001.
3) Mizushima N, et al.: Annu Rev Cell Dev Biol, 27: 107-132, 2011.
4) Nakatogawa H, et al.: Nat Rev Mol Cell Biol, 10: 458-467, 2009.
5) Suzuki SW, et al.: Proc Natl Acad Sci U S A, 112: 3350-3355, 2015.
6) Yamamoto H, et al.: J Cell Biol, 198: 219-233, 2012.
7) Kihara A, et al.: J Cell Biol, 152: 519-530, 2001.

8) Obara K, et al.: Mol Biol Cell, 17: 1527-1539, 2006.

9) Araki Y, et al.: J Cell Biol, 203: 299-313, 2013.

10) Obara K, et al.: Genes Cells, 13: 537-547, 2008

11) Cheng J, et al.: Nat Commun, 5: 3207, 2014.

12) Matsunaga K, et al.: Nat Cell Biol, 11: 385-396, 2009.

13) Nakatogawa H: Essays Biochem, 55: 39-50, 2013.

14) Juris L, et al.: EMBO J, 34: 955-973, 2015.

15) Dooley HC, et al.: Mol Cell, 55: 238-252, 2014.

16) Knorr RL, et al.: PLoS One, 9: e115357, 2014.

17) Tsuboyama K, et al.: Science, 354: 1036-1041, 2016.

18) Suzuki K and Ohsumi Y: FEBS Lett, 584: 1280-1286, 2010.

19) Itakura E and Mizushima N: Autophagy, 6: 764-776, 2010.

20) Koyama-Honda I, et al.: Autophagy, 9: 1491-1499, 2013.

21) Suzuki K, et al.: J Cell Sci, 126: 2534-2544, 2013.

22) Lamb CA, et al.: Nat Rev Mol Cell Biol, 14: 759-774, 2013.

23) Axe EL, et al.: J Cell Biol, 182: 685-701, 2008.

24) Hayashi-Nishino M, et al.: Nat Cell Biol, 11: 1433-1437, 2009.

25) Ylä-Anttila P, et al.: Autophagy, 5: 1180-1185, 2009.

26) Uemura T, et al.: Mol Cell Biol, 34: 1695-1706, 2014.

27) Hamasaki M, et al.: Nature, 495: 389-393, 2013.

28) Knorr RL, et al.: PLoS One, 7: e32753, 2012.

4

5 哺乳類細胞におけるオートファゴソーム成熟の分子機構

小山-本田 郁子・水島　昇

SUMMARY

　オートファゴソームは細胞内の分解基質をリソソーム（酵母では液胞）へ運ぶ担い手として，オートファジーの重要な小器官である．これまでオートファゴソームの形成過程初期の分子機構については，第4章で述べられたように多くの研究が行われ，詳細な分子機構が理解されている．しかし最近では，オートファゴソームが完成し，リソソームと融合して内容物を分解する過程，すなわち，成熟の過程についても理解が進んできた．本章では，おもに哺乳類細胞におけるオートファゴソーム成熟についての詳細過程や，リソソームとの融合の分子機構についてこれまでの知見，また，今後の課題を述べる．

KEYWORD
- オートファゴソーム内膜の分解　● SNARE タンパク質　● 細胞のトポロジー

5-1 幕開け：オートファゴソーム成熟の分子機構解明へ

　オートファゴソームが完成してからオートリソソームへと成熟する過程はいくつかのステップに分けられる．まず，伸長して袋状になった隔離膜の縁の部分にあたる穴が閉鎖することで，二重膜のオートファゴソームが完成する（図5-1A，①）．つぎに，オートファゴソームの外膜にリソソームが融合する．リソソームは一重膜の小胞構造で，膜上の V 型 ATP 加水分解酵素（V-ATPase）のはたらきにより内腔は pH 5 程度の酸性に保たれている．内腔には，カテプシンなどのプロテアーゼ，リパーゼ，ホスファターゼ，ヌクレアーゼ，グリコシダーゼなどの加水分解酵素が豊富で，これらの酵素は酸性条件下で活性をもつ．まず，外膜と内膜のあいだにリソソーム酵素が流入する．すると，オートファゴソームの内膜のみが分解され，リソソーム酵素がオートファゴソームの内部に流入する（図5-1A，②）．最後に，取り囲んだ細胞質が分解され，オートリソソームへと成熟する（図5-1A，③）．

　このようなオートファゴソーム成熟への大まかな流れは，電子顕微鏡画像から予想されていた（図5-1B）．しかし，そこに関与する分子については，長いあいだほとんど明らかになっていなかった（一方で，オートファゴソーム形成の初期過程に関与する分子は ATG タンパク質としてつぎつぎに見つかっていた）．オートファゴソーム成熟過程の研究が進まなかった1つの理由は，このオートファゴソームの成熟過程が後期エンドソーム・リソソームの機能に強く影響され，オートファジー特有の分子を抽出することが非常に困難だったためだと考えられる．エンドソーム・リソソーム経路に関与する分子の欠損でオートファジーが抑制されるという報告はたびたびあったが，それらがオートファジー経路にも直接関与しているのか，あるいは二次的にオートファジーに関与しているだけなのかの区別は困難であった．

しかし，最近やっとオートファゴソームの成熟についても知見が集積されるようになってきた．

5-2　オートファゴソームの閉鎖

　オートファゴソームがリソソームと融合する前には，隔離膜は完全に閉じている必要があると考えられている．もし，未閉鎖のオートファゴソームとリソソームが融合して内膜が消化されてしまうと，リソソーム酵素が細胞質中へ漏れ出し，細胞内を危険に曝す恐れがあるからである．隔離膜の多くは楕円体状であるが，隔離膜が閉じた直後にほぼ球状となる[1]（図5-2）．隔離膜の閉鎖によって形態変化が起こっていることが推測されるが，どのような物理的，あるいは化学的変化が形態変化をもたらすかは未知である．

　隔離膜の閉鎖を2次元の断面図で示すと，あたかも隔離膜の先端が「融合(fusion)」するように誤解されることが多い．しかし，実はここで起こっているのは膜の融合ではなく，連続している一重膜の隔離膜が2枚の内膜と外膜に分かれる「膜分裂(fission または scission)」である[2,3]（図5-2）．このように小胞の内腔側にくびれた膜の分裂に関与する分子装置として，ESCRT (endosomal sorting complexes required for transport)タンパク質群が知られている．隔離膜の閉鎖にも ESCRT がかかわっていると予想されているが[4]，これを直接示した報告はまだない．

　哺乳類の ATG 結合系の欠損細胞や ATG4B の優性阻害変異体を導入した細胞では，隔離膜は伸長するがオートリソソームがほとんどできないことから，オートファゴソームの成熟過程，とくに隔離膜の閉鎖に異常があると考えられている[5~7]．最近では，ATG8ファミリーの6種類同時欠損細胞や，全 ATG8ファミリーのホスファチジルエタノールアミン(PE)共有結合が起こらない ATG 結合系欠損細胞では，オートファゴソーム様構造体が形成されることが示されている（リソソームとの融合は，前者では起こらず，後者では起こると報告されている）[1,8]．これらの構造体を観察すると，より楕円体であるため，隔離膜の閉鎖が起こっていないと考えられるが，まだ直接的な証拠はない．出芽酵母（以下，酵母）の ATG8-

---

KEYWORD解説

○ **オートファゴソーム内膜の分解**：オートファゴソームは二重膜の小胞構造であるが，リソソームとの融合後，リソソームの加水分解酵素によって内側の膜（内膜）のみが分解される．外膜が分解されない理由は不明である．

○ **SNARE タンパク質**：細胞内小胞輸送における膜融合装置として，SNARE (soluble *N*-ethylmaleimide-sensitive factor attachment protein receptor)タンパク質が知られている．ターゲット側の脂質膜には Q-SNARE (Qa, Qb, Qc, Qbc-SNARE)が，小胞側には R-SNARE が存在する．動物細胞では30種類以上の異なる SNARE タンパク質が知られており，共通の SNARE モチーフをもつ．Rothman らは，この SNARE モチーフの組み合わせが，小胞を正しいターゲット膜に融合させるという SNARE 仮説を提唱し，2013年のノーベル生理学・医学賞を受賞した．

○ **細胞のトポロジー**：細胞は，細胞膜を境に「細胞質」と「細胞外」とに隔てられている．また，細胞の中では，オルガネラ膜を境に「細胞質」と「内腔」とに隔てられている．内腔は，トポロジーのうえでは「細胞外」と同等である．

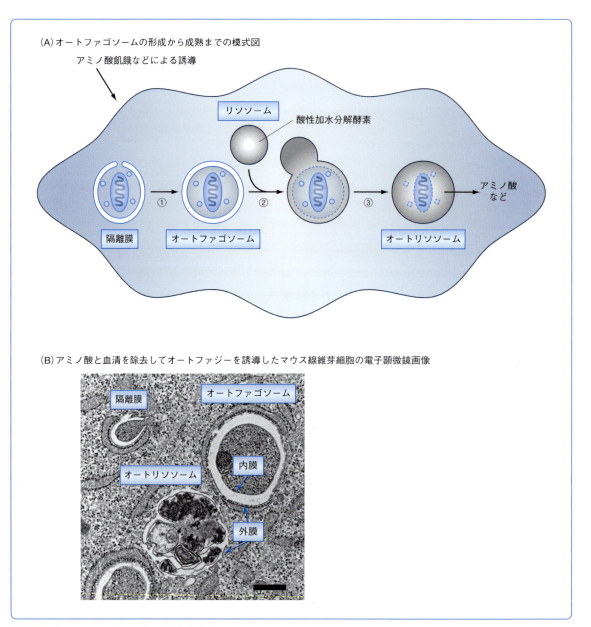

（A）オートファゴソームの形成から成熟までの模式図

（B）アミノ酸と血清を除去してオートファジーを誘導したマウス線維芽細胞の電子顕微鏡画像

図5-1　オートファゴソームの形成と成熟

（A）①隔離膜が細胞質成分を取り囲みながら袋状に伸長する．隔離膜の縁がつくる穴が閉鎖するとオートファゴソームが完成する．②オートファゴソームの外膜にリソソーム膜が融合する．その後，リソソームの酸性加水分解酵素がオートファゴソームの内膜を分解し，オートファゴソーム内部へ流入する．③オートリソソームのなかで取り囲んだ細胞質成分が分解される．分解産物のアミノ酸などは，リソソーム膜のトランスポーターなどを介して細胞質へ運ばれる．（B）隔離膜，オートファゴソーム，オートリソソームを示した電子顕微鏡画像．オートファゴソームは，通常の化学固定ではオートファゴソームの内膜と外膜のあいだが広がってしまい，その領域が白く抜けた構造として観察される（そのため容易に見つけることができる）．スケールバーは100 nm．[画像提供：岸-板倉千絵子氏（Cambridge大学）]．

PE再構成膜の実験では，ATG8-PEが膜のhemifusionを引き起こす機能があることが示されており，これが隔離膜の閉鎖に関与するという説もある[9, 10]．ATG8ファミリーの真の役割を含め，隔離膜の閉鎖の機構の解明は引きつづき今後の課題である．

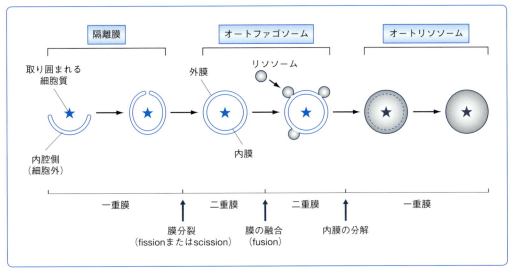

図5-2　オートファゴソーム膜の分裂・融合・内膜分解と隔離された細胞質のトポロジー変化
隔離膜が伸長してつくる袋状構造は楕円体状であるが，穴が閉じた直後にほぼ球状となる．隔離膜は閉鎖によって2枚の内膜と外膜に分かれる．すなわち，ここでは膜分裂(fissionまたはscission)が起こっている．リソソーム膜の融合(fusion)後しばらく二重膜は保たれるが，リソソーム酵素によって内膜が分解されると一重膜になる．細胞の内腔側(細胞外に相当する)を白色で示す．オートファゴソーム内膜が分解されたとき，オートファゴソームに取り囲まれた細胞質(★印)のトポロジーは，内腔側へと変化する．

5-3　オートファゴソームの輸送

　隔離膜が閉鎖して完成したオートファゴソームは，ダイニン依存的逆行性輸送によって微小管に沿ってリソソームへ運ばれる[11]（**図5-3**）．ショウジョウバエでは，低分子量 GTPase (small GTPase)の RAB7 (Ras-related protein in brain 7)は，GEF (GDP exchange factor)である Ccz1と Mon1によってオートファゴソーム膜にリクルートされ，RAB7エフェクターの RILP (RAB-interacting lysosomal protein)，ORP1L (oxysterol-binding protein-related protein 1L)はダイニン依存的逆行性輸送にはたらき，オートファゴソームをリソソームへと輸送する[12, 13]．哺乳類細胞におけるオートファゴソームとダイニンを仲介するタンパク質については複数の報告があるが，まだ定説はない．FYCO1 (FYVE and coiled-coil domain-containing 1)はオートファゴソームの LC3とホスファチジルイノシトール3-リン酸(PI3P)に結合し，オートファゴソームのキネシン依存的順行性輸送(微小管の＋端方向への輸送)にはたらくことが知られている[14]．

5-4　リソソームとの融合

　リソソームの近くまで運ばれたオートファゴソームは，リソソームとの融合へと導かれる．そこでは他の細胞内オルガネラ膜融合と同様に SNARE (soluble *N*-ethylmaleimide-sensitive factor attachment protein receptor)タンパク質がはたらく．哺乳類やショウジョウバエのオートファゴソーム膜に局在する SNARE タンパク質として，SYNTAXIN17 (STX17)が知

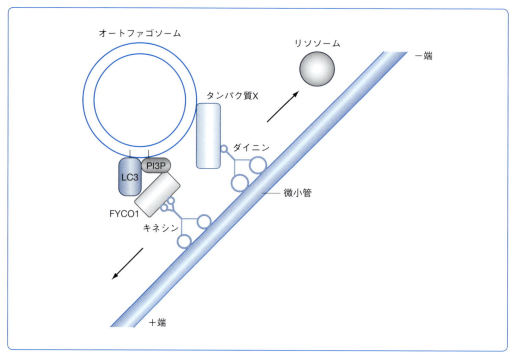

図5-3　オートファゴソームのリソソームへの輸送
オートファゴソームは，微小管上をダイニン依存的に輸送され，リソソームへと運ばれる．オートファゴソームとダイニン間の結合はいろいろなタンパク質によって仲介されているとの報告がある．また，FYCO1を介して逆方向へキネシン依存的に輸送される．

られている[15, 16]．STX17は定常状態では小胞体やミトコンドリアに局在しているが，オートファゴソームが完成する直前あるいは直後にオートファゴソーム膜にリクルートされる．STX17は Qa-SNARE に分類され，パートナーである Qbc-SNARE の SNAP29，リソソーム膜の R-SNARE である VAMP8（あるいは VAMP7）と複合体を形成し，膜融合装置として機能する（**図5-4 A**）．なお，酵母の液胞とオートファゴソームの融合に関与する SNARE タンパク質は，まだわかっていない．

　SNARE 複合体が膜融合を引き起こすためには，オートファゴソーム膜とリソソーム膜が互いに接していなくてはならない．そのための膜どうしの繋留（tethering）因子として，HOPS（homotypic fusion and protein sorting）複合体が知られている．HOPS 複合体はVPS11，VPS16，VPS18，VPS33，VPS39，VPS41で構成される．VPS33は STX17と結合して STX17-SNAP29複合体を安定化する[17, 18]（**図5-4 B**）．リソソーム膜には RAB7が存在し，そのエフェクターである PLEKHM1（pleckstrin homology domain containing protein family member 1）は HOPS 複合体と結合し，同時に，LC3あるいは GABARAP と LIR（LC3-interacting region）モチーフを介して結合して，リソソームとの融合にはたらく[19]．同じく RAB7のエフェクターである EPG5（ectopic p granules protein 5）は，LIR モチーフを介してオートファゴソーム膜上の LC3と，リソソーム膜上の VAMP7あるいは VAMP8と結合することで繋留因子としてはたらく[20]．オートファゴソーム膜上には RAB2も存在しており，HOPS 複合体の VPS39と直接結合してリソソームとの繋留を助けている[21]．オー

5

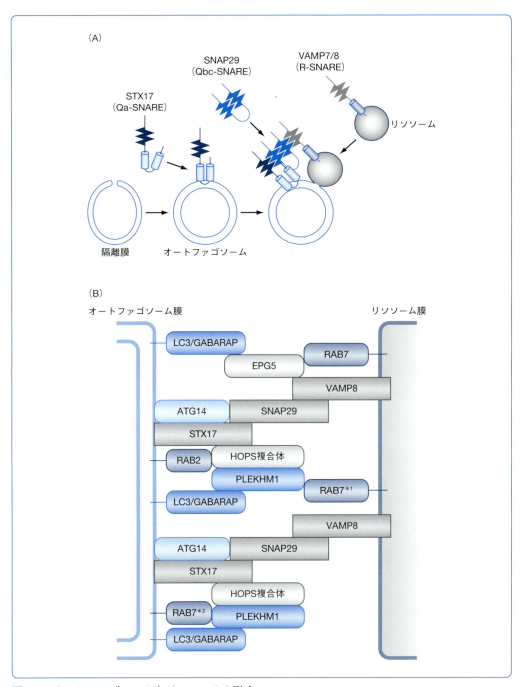

図5-4　オートファゴソームとリソソームの融合

(A) オートファゴソーム膜上のSTX17 (Qa-SNARE)，細胞質のSNAP29 (Qbc-SNARE)，リソソーム膜上のVAMP7あるいはVAMP 8 (R-SNARE) が複合体を形成し，膜融合を引き起こす．(B) HOPS複合体，RAB7，PLEKHM1，EPG5，RAB2，ATG14などが，オートファゴソーム膜とリソソーム膜をつなぎ止め近接させることで，SNARE複合体による膜融合を促進する．＊1　酵母ではRAB7に相当するYpt7が直接HOPS複合体と結合する．＊2　ショウジョウバエではオートファゴソーム膜のRAB7がリソソームとの融合にはたらく．

トファゴソーム形成に必要な ATG 14 も STX 17-SNAP 29複合体を安定化させて繋留因子のようにはたらくとする報告がある[22]．

　しかし，オートファゴソームとリソソームの融合にはたらく RAB タンパク質とエフェク

ター，HOPS複合体の関係については多くの説があり，まだ議論中である．たとえば，酵母ではRAB7にあたるYpt7が液胞膜に局在し，HOPS複合体のVPS39，VPS41と直接結合する．しかし，哺乳類やショウジョウバエのRAB7は，エフェクターPLEKHM1を介して間接的にHOPSと結合する（**図5-4 B**）．また，ショウジョウバエでは，オートファゴソーム膜上のRAB7がHOPS複合体を介してリソソームを繋留し，Rab2がゴルジ体由来小胞をオートファゴソームに運ぶことがリソソームとの融合に必要だという報告もある[23]（**図5-4 B**）．これらの生物種による違いや矛盾点，不明点などは，今後の研究によって明らかにされるだろう．

5-5　リソソーム酵素による分解

　SNARE依存的なリソソーム融合が起こると，リソソーム内の酵素群がまず，内膜と外膜の膜間領域に流入することになるが，この過程は酸性コンパートメント領域の蛍光マーカーであるLysoTracker試薬を用いて可視化することができる．すなわち，リソソームとの融合直後は，LysoTrackerはリング状の構造体として観察される．その数分後にLysoTrackerのシグナルはオートファゴソーム全体に行き渡るので，そのときオートファゴソームの内膜が分解されたと考えられる（**Column**参照）．一方，外膜はリソソーム酵素により分解されない．これは，融合したリソソーム膜の性質を獲得するためである可能性があるが，真の理由は不明である．

　オートファゴソーム内膜が分解された数分後，STX17はオートファゴソーム膜から解離する．STX17はヘアピン構造をとる2つの膜貫通ドメインを有するが，そのようなタンパク

💬 Column　オートファゴソーム内膜の分解をとらえた！

　著者らはオートファゴソームとリソソームの融合過程をモニターすることに長いあいだ苦労していた．これまで，オートファゴソーム後期過程を観察するための唯一のマーカータンパク質はLC3であった．しかし，LC3は隔離膜からオートリソソームまで局在するため，その陽性構造の密度が高く，リソソームとの融合の瞬間を安定してとらえることがむずかしかった．状況が好転したきっかけは，STX17をオートファゴソームマーカーとして利用したことである．STX17はオートファゴソーム完成の直前あるいは直後にオートファゴソームに結合するため，リソソーム融合前後を効率よく抽出することができる．同時に，リソソーム側のマーカーとして酸性コンパートメントマーカーのLysoTrackerを利用したことも幸いした．実際の観察画像を巻頭**写真1**に示す．

　STX17がオートファゴソーム上に出現した数分後，複数のLAMP1陽性構造が周囲にみられるとともに，オートファゴソームはLysoTrackerシグナル陽性に変化した．これはリソソームとの融合を意味しているが，このとき，意外にもLysoTrackerがリング状パターンとして見えたのである．つまり，オートファゴソームの内膜と外膜の狭い膜間領域がまず，酸性化され，内膜が直ちに分解されるわけではなかったのだ．そして，約7分後，オートファゴソーム内部全体がLysoTracker陽性に変化した．このときようやくオートファゴソームの内膜が分解され，リソソームの酸性酵素がオートファゴソーム内に流入できたことを意味している．このように，STX17とLysoTrackerを注意深く観察した結果，「リソソームとの融合」と「オートファゴソーム内膜の分解」という，2つのオートファゴソーム成熟過程の瞬間を検出することに成功したのだった．

質がどのようにして細胞基質（サイトゾル cytosol）で可溶性の状態に保持され，どのように閉鎖の直前あるいは直後のオートファゴソーム膜に挿入され，どのようにオートリソソームから引き抜かれるかについてのメカニズムはほとんどわかっていない．

　内部が分解され始めたオートリソソームは，電子顕微鏡法によって内膜の一部が不連続で内部の電子密度が高い構造として観察される（図5-1 B）．分解産物のアミノ酸などは，リソソーム膜のトランスポーターなどを介して細胞質へ運ばれる．最後に LC3 が ATG4 による脱結合を受けてオートリソソーム膜から解離する．オートリソソームはその後，分裂などを経てリソソームへと再生される[24]．

　内膜が完全に分解されたオートリソソームは一重膜となる．このとき，内膜で取り囲まれた細胞質成分のトポロジーはサイトゾル側（細胞の内側）から細胞内腔側（細胞の外側）へ変化することになる（図5-2）．つまり，オートファジーとは細胞質成分のトポロジーを変化させて内腔側で分解する巧みなシステムなのである．

5-6　オートファゴソームの成熟機構に残された課題

　本章では，これまでわかっているオートファゴソームの成熟機構を概説した．オートファゴソーム成熟の分子機構の研究は幕が開けたところであり，未解決の課題は山積している．隔離膜の閉鎖に関与していると考えられている ESCRT タンパク質と ATG8結合系の関係，閉鎖による球状化の背景，STX17のリクルートと解離機構，オートファゴソーム内膜分解の選択的分解機構，など枚挙に暇がない．このような課題に挑戦するには，隔離膜，オートファゴソーム，オートリソソームをより精度よく分離精製する方法や，成熟プロセスの試験管内再構成，生きた細胞内で膜の化学的・物理的性質の変化を測定する技術などが必要になると思われる．総力をあげて，これらの問題が近い将来に解かれることを期待する．

文　献 ・・・・・
 1) Tsuboyama K, et al.：Science, 354：1036-1041, 2016.
 2) Knorr RL, et al.：Autophagy, 11：2134-2137, 2015.
 3) Nguyen N, et al.：J Mol Biol, 429：457-472, 2017.
 4) Rusten TE and Stenmark H：J Cell Sci, 122：2179-2183, 2009.
 5) Sou YS, et al.：Mol Biol Cell, 19：4762-4775, 2008.
 6) Kishi-Itakura C, et al.：J Cell Sci, 127：4089-4102, 2014.
 7) Fujita N, et al.：Mol Biol Cell, 19：4651-4659, 2008.
 8) Nguyen TN, et al.：J Cell Biol, 215：857-874, 2016.
 9) Nakatogawa H, et al.：Cell, 130：165-178, 2007.
10) Yu S and Melia TJ：Curr Opin Cell Biol, 47：92-98, 2017.
11) Kimura S, et al.：Cell Struct Funct, 33：109-122, 2008.
12) Hegedüs K, et al.：Mol Biol Cell, 27：3132-3142, 2016.
13) Hyttinen JM, et al.：Biochim Biophys Acta, 1833：503-510, 2013.
14) Pankiv S, et al.：J Cell Biol, 188：253-269, 2010.
15) Itakura E, et al.：Cell, 151：1256-1269, 2012.
16) Takáts S, et al.：J Cell Biol, 201：531-539, 2013.

17）Jiang P, et al.：Mol Biol Cell, 25：1327-1337, 2014.

18）Takáts S, et al.：Mol Biol Cell, 25：1338-1354, 2014.

19）McEwan DG, et al.：Mol Cell, 57：39-54, 2015.

20）Wang Z, et al.：Mol Cell, 63：781-795, 2016.

21）Fujita N, et al.：Elife, 6, pii：e23367, 2017.

22）Diao J, et al.：Nature, 520：563-566, 2015.

23）Lörincz P, et al.：J Cell Biol, 216：1937-1947, 2017.

24）Yu L, et al.：Nature, 465：942-946, 2010.

6 オートファゴソームの内膜分解と 分解産物の再利用に機能する 分子装置

関藤 孝之

SUMMARY

オートファジーはオートファゴソームにタンパク質やオルガネラといった細胞内成分を包含し，液胞またはリソソーム内で分解するシステムである．しかし，そこで終わりではなく，分解によって生じたアミノ酸などは細胞基質（サイトゾル cytosol）へと排出され再利用される．オートファジーの誘導から，オートファゴソームの形成，液胞/リソソーム膜との融合に至る分子機構については，出芽酵母でのオートファジー必須因子の同定を起点に，動物細胞を用いた研究も加わり，飛躍的に理解が進んだ．それに対して，分解から再利用に至る分子機構は依然として多くが未知である．本章ではこのオートファジー後半の過程の分子装置について，出芽酵母の研究で得られた知見を中心に，現状における課題および将来の展望を交えながら解説する．

KEYWORD

- オートファジックボディ（AB）　● アミノペプチダーゼⅠ（Ape 1）　● multivesicular body
- リポファジー　● ピースミールミクロオートファジー

6-1 オートファゴソーム内膜小胞の分解

① Atg15

　二重膜であるオートファゴソームはその外膜が液胞またはリソソーム（以下，液胞/リソソーム）膜と融合し，内膜小胞が液胞/リソソーム内で分解される（図6-1 A，B）．出芽酵母では，液胞プロテアーゼ遺伝子の破壊やプロテアーゼ阻害剤を培養液に加えるだけで，この一重膜小胞〔オートファジックボディ（AB）〕が液胞内に蓄積する様子を光学顕微鏡で簡単に観察できる（図6-1 C）．また，動物細胞においてもプロテアーゼ阻害剤（ペプスタチン A や E-64 d）の添加によってリソソーム内での分解を抑制できる．液胞/リソソームプロテアーゼがオートファゴソーム内容物の分解に寄与するのは明白だが，その前段階としてオートファゴソーム内膜が分解される必要がある（図6-1 A, B）．しかも，液胞/リソソーム膜は分解せず，内膜のみを分解する仕組みが必要である．

　出芽酵母の *ATG 15* 破壊株では液胞プロテアーゼが野生株と同様に発現し，液胞内腔が酸性化するにもかかわらず，AB が分解されず液胞内に蓄積し（図6-2 A），積荷であるアミノペプチダーゼⅠ（Ape 1）もほとんど成熟型とならない[1, 2]（図6-2 B）．さらに，*ATG 15* は後期エンドソーム（multivesicular body）内に形成された内腔小胞の分解にも関与することが示されている．Atg 15 は液胞内腔に C 末端が存在する1回膜貫通型タンパク質と予想され（図6-3），内腔側にはリパーゼモチーフ配列〔Gly-X-Ser-X-Gly（GXSXG）〕が存在する．この配列への変異導入によって AB が液胞内に蓄積したことから，Atg 15 はオートファゴソーム内膜を分解

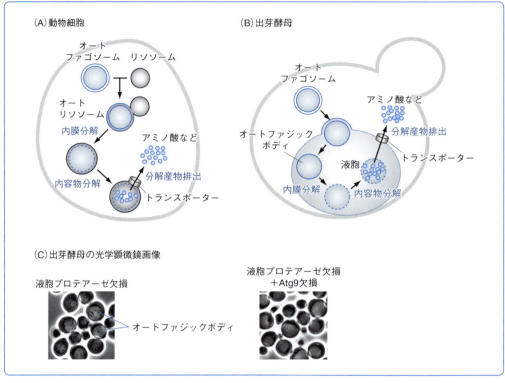

図6-1　オートファゴソームの内膜分解と分解産物の再利用

(A)動物細胞においてオートファゴソームはリソソームと融合しオートリソソームとなる．オートリソソーム内ではオートファゴソーム内膜と取り込まれた細胞質成分が分解され，生じたアミノ酸などがトランスポーターを介して細胞質へと排出され，再利用される．(B)出芽酵母ではリソソームに相当する分解オルガネラとして液胞が発達している．オートファゴソームが液胞と融合すると内膜に包まれた小胞（オートファジックボディ）が内腔に放出され，すみやかに分解される．アミノ酸などの分解産物はトランスポーターを介して細胞質へと排出され再利用される．(C)出芽酵母の液胞プロテアーゼ欠損株を窒素飢餓条件で培養すると，液胞内にオートファジックボディが蓄積する（左）．しかし，さらにオートファゴソームの形成に必要なAtg9を欠損するとオートファジックボディは蓄積しない（右）．

するリパーゼであると考えられている[1, 2]．最近，*ATG15* を破壊すると細胞内のリン脂質量が増加し，精製 Atg15 が *in vitro* でホスファチジルセリン（PS）を特異的に分解するホスホリパーゼ活性を有することが報告されている[3]．

KEYWORD解説

○ **オートファジックボディ（AB）**：出芽酵母において二重膜小胞であるオートファゴソームの外膜と液胞膜の融合によって液胞内腔へと放出される内膜小胞．野生株では液胞内の分解酵素によってすみやかに分解される．

○ **アミノペプチダーゼⅠ（Ape1）**：出芽酵母の液胞内に存在する加水分解酵素で，栄養豊富条件ではCvt経路，窒素飢餓条件ではオートファジーによって液胞内へと輸送される．プロペプチドをもつ前駆体として合成され，液胞内でプロペプチドが切断されて成熟型となる．

○ **multivesicular body**：多胞体ともよばれる．後期エンドソーム膜の陥入によって内腔に多数の小胞を生じたもの．エンドソーム膜は液胞膜と融合し，内腔小胞は液胞内へと放出され分解される．

○ **リポファジー**：脂肪滴を液胞/リソソーム内へと選択的に取り込み，分解する現象．

○ **ピースミールミクロオートファジー**：出芽酵母において核と液胞の接触部分が液胞内腔へと陥入し，核の一部を取り込んだ小胞が液胞内腔へと放出され，分解される現象．

(A) 窒素飢餓条件で培養6時間後に撮影した
野生株と*ATG15*破壊株の光学顕微鏡画像

野生株　　　*ATG15* 破壊株

オートファジックボディ

(B) アミノペプチダーゼI (Ape1) の液胞内でのプロセシング

WT：野生株，15Δ：*ATG15*破壊株，22Δ：*ATG22*破壊株，9Δ：*ATG9*破壊株

図6-2　出芽酵母*ATG15*および*ATG22*破壊株の解析

(A) *ATG15*破壊株の液胞内にはオートファジックボディ (AB) が蓄積する．スケールバーは5μm．(B) 栄養豊富条件で対数増殖初期まで培養，もしくは窒素飢餓条件に移してさらに6時間培養した野生株と*ATG*破壊株からタンパク質を抽出し，抗Ape1抗体を用いたイムノブロットによりApe1を検出した．野生株では栄養豊富条件で前駆体と成熟型の両方のApe1が検出され，窒素飢餓条件では前駆体Ape1はほとんど検出されない．*ATG9*破壊株では両条件で成熟型Ape1はほとんど検出されず，*ATG15*破壊株においても成熟型Ape1は大幅に減少する．一方，*ATG22*破壊株では窒素飢餓条件で前駆体Ape1がわずかに検出されるが，ほとんどがプロセシングを受けて成熟型となる．

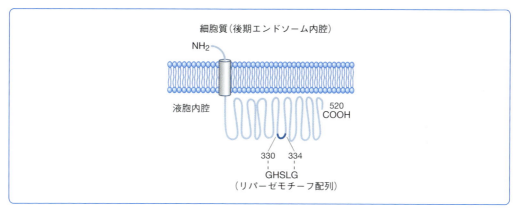

図6-3　出芽酵母Atg15の推定トポロジーとリパーゼモチーフ配列

TMHMMプログラムによりAtg15はC末端側が液胞内腔に位置する1回膜貫通型タンパク質であると予想される．内腔側のリパーゼモチーフ配列〔Gly-X-Ser-X-Gly (GXSXG)〕を示した．

❷ Atg15と脂質代謝

Atg15はリポファジー lipophagy によって液胞内へと輸送された脂肪滴の分解にも関与する．脂肪滴はトリアシルグリセロール(TAG)やエステル型ステロールといった中性脂肪がリン脂質の一重層におおわれた構造である．*ATG15*破壊株では液胞画分の TAG リパーゼ活性が低下することが報告されている[4]．その一方で，サイトゾル TAG リパーゼである Tgl3と Tgl4の活性が亢進し，細胞質中の脂肪滴が減少することも示されている[5]．脂肪滴はエネルギー貯蔵だけでなく，膜脂質の供給源として細胞内の脂質恒常性の維持に重要な役割を果たすといわれている．Atg15は脂肪滴の合成・分解のダイナミクスに直接的，あるいは間接的に作用して細胞内脂質レベルの維持に機能する可能性がある．

❸ Atg22

Atg15のほかに Atg22が出芽酵母での AB 分解に関与することが報告されている．ただ

し，*ATG22*破壊株での AB の蓄積は一過的で，検出される成熟型 Ape 1 も野生株とほぼ同程度であることから（**図6-2 B**），Atg 15 に比べると影響は部分的である[6]．Atg 22 は液胞からのアミノ酸排出に機能することが示唆されており，この点については**§6-2**で解説する．

❹ オートファゴソームの内膜分解機構の解明に向けて

現段階で高等生物でのオートファゴソームの内膜分解に関与するリパーゼは不明である．出芽酵母でも Atg 15 は初期のスクリーニングで同定されたにもかかわらず，その作用機序はいまでも未知の部分が多い．精製 Atg 15 タンパク質は PS 分解活性を有するが，その一方で中性脂肪の分解活性を示さないことも報告されている[3]．このことはすでに述べたリポファジー研究で示された *ATG15* 破壊株の液胞画分での TAG 分解活性低下[4]と矛盾する．この問題を解くには，*in vivo* で Atg 15 とともに機能するコファクターの有無や Atg 15 の立体構造情報に基づいた基質特異性に関する検討が必要と考える．

また，液胞/リソソーム膜を維持しつつ，オートファゴソーム内膜のみを分解する仕組みは，依然として大きな課題として残っている．PS が脂質二重層のサイトゾル側に偏在することを考えると，Atg 15 が PS を特異的に分解することは液胞/リソソーム膜が分解されず，内膜だけが分解されることを説明できるように思える．しかし，ピースミールミクロオートファジーのように，液胞膜が直接陥入して形成された液胞内小胞も *ATG15* 依存的に分解されることから，脂質局在の非対称性とは別の仕組みも存在する可能性がある[7]．オートファゴソーム内膜を特異的に分解する機構の解明には液胞/リソソーム膜の脂質組成・分布の詳細や，リン脂質のフリップ・フロップに関与する因子の解析なども重要な情報を提供すると考えられる．

6-2　液胞/リソソームからの分解産物の排出・再利用

❶ リソソームにおけるアミノ酸トランスポーターの発見

「タンパク質分解によって生じたアミノ酸を再利用する」というのは当初からオートファジーの重要な生理機能と考えられている．その裏づけとして，出芽酵母のオートファジー欠損株では窒素飢餓条件でのタンパク質合成活性が低下する[8]．また，動物においても，オートファジー欠損による胚発生初期段階でのタンパク質合成の低下が報告されている．

オートファジーによって生じた液胞/リソソーム内のアミノ酸をリボソームでのタンパク質合成に再利用するためには，アミノ酸が液胞/リソソーム膜を通過するための輸送タンパク質（トランスポーター）が機能しているはずである（**図6-1**）．1980年代には出芽酵母や動物細胞から単離された液胞/リソソーム膜のアミノ酸輸送活性に対する生化学的解析が大きく進展したが，その分子実体は長らく不明であった．しかし，1990年代後半になって神経細胞のシナプス小胞の研究を皮切りにこの取り残された領域にも少しずつ進展がみられるようになってきた．シナプス小胞は液胞/リソソーム同様，V-ATPase による ATP 加水分解に共役したプロトン輸送によって内腔が酸性化する．まずは SLC 32 ファミリーに属する線虫 unc-47 とその哺乳類ホモログ VIAAT/VGAT が神経伝達物質である GABA やグリシンをシナプス小胞内へ取り込むことが報告された．SLC 32 ファミリーは SLC 36 および SCL 38 ファミリーとともに AAAP（amino acid/auxin permease）とよばれるスーパーファミリーを形成

表6-1 動物細胞のリソソームアミノ酸トランスポーターとそのホモログ

スーパーファミリー	ファミリー	遺伝子	タンパク質[*1]	輸送基質[*2]	方向[*4]
AAAP	SLC32	*SLC32A1*	VIAAT/VGAT	GABA/Gly	in
	SLC36	*SLC36A1*	PAT1/LYAAT1	GABA, Pro, Gly, β-Ala	out
		SLC36A2	PAT2（細胞膜，小胞体，リサイクリングエンドソーム）	Pro, Gly, Ala, Hydroxyproline	——
		SLC36A3	——	——	——
		SLC36A4	PAT4（細胞膜）	Pro, Trp	——
	SLC38	*SLC38A1*	SNAT1/ATA1/SAT1/NAT2（細胞膜）	Gln, Ala, Asn, Cys, His, Ser	——
		SLC38A2	SNAT2/ATA2/SAT2（細胞膜）	Ala, Gln, Cys, Asn, Gly, His, Met, Pro, Ser	——
		SLC38A3	SNAT3/SN1（細胞膜）	Gln, His, Ala, Asn	——
		SLC38A4	SNAT4/ATA3/NAT3/PAAT（細胞膜）	Ala, Asn, Cys, Gly, Ser, Thr	——
		SLC38A5	SNAT5/SN2（細胞膜）	Gln, Asn, His, Ser	——
		SLC38A6	——	——	——
		SLC38A7	SNAT7	Gln, Asn	out
		SLC38A8	——	——	——
		SLC38A9	SNAT9	Arg, Gln（極性アミノ酸全般）	out/in[*5]
		SLC38A10	——	——	——
		SLC38A11	——	——	——
TOG	PQループタンパク質	*CTNS*	Cystinosin	Cystine	out
		PQLC1	——	——	——
		PQLC2	PQLC2	Lys, His, Arg	out
		PQLC3	——	——	——
		MPDU1	——	[*3]	——

＊1　リソソーム以外に局在するアミノ酸トランスポーターは局在をカッコ内に示す．——は局在不明であることを示す．
＊2　——は機能未知であることを示す．
＊3　Mannose-P-dolicholの合成に関与．
＊4　in：リソソーム内への取り込み，out：リソソーム外への排出，——：リソソーム膜以外に局在，もしくは不明．
＊5　プロテオリポソームでの輸送活性測定結果．*in vivo* での輸送方向は不明．

する[9]（**表6-1**）．そこで AAAP の研究が進められ，リソソームからアミノ酸を排出するトランスポーターとして SLC36ファミリーの PAT1/LYAAT1 が初めて同定された[9]．

❷ AAAPトランスポーター

PAT1/LYAAT1 とほぼ同時期に出芽酵母の AAAP 全7種類（Avt1～7）の解析が進められ，単離液胞膜小胞のアミノ酸輸送活性測定により，Avt1がグルタミン（Gln），チロシン（Tyr），イソロイシン（Ile）を ATP 依存的に液胞膜小胞内へと取り込むことが示された．また，Avt3と Avt4はこれらアミノ酸を小胞外に排出することが示唆され，Avt6はグルタミン酸（Glu）とアスパラギン酸（Asp）を ATP 依存的に小胞外へ排出することが示された[10]（**表6-2**）．さらに，遺伝子破壊による液胞内アミノ酸含量の変化を検出することにより，Avt3と Avt4が幅広い基質特異性を有することが示唆され（**図6-4 A**），実際に中性アミノ酸の多くが Avt3もしくは Avt4依存的に液胞膜小胞から排出されることが示された[11]．窒素飢餓条件では液胞内のアミノ酸含量が減少するが，*AVT3* と *AVT4* の二重破壊株では野生株より中性アミノ酸

表6-2　出芽酵母および分裂酵母の液胞アミノ酸トランスポーターとそのホモログ

スーパーファミリー	ファミリー	出芽酵母 (*Saccharomyces cerevisiae*)			分裂酵母 (*Schizosaccharomyces pombe*)		
		タンパク質	輸送基質	方向[*1]	タンパク質	輸送基質	方向[*1]
AAAP	AVT	Avt1	中性アミノ酸, His	in			
		Avt2	不明	—	SpAvt3	中性, 塩基性アミノ酸	out
		Avt3	中性アミノ酸	out			
		Avt4	中性, 塩基性アミノ酸	out			
		Avt5	不明	—	SpAvt5	His, Tyr, Glu, Lys, Arg (輸送活性は未検討)	in
		Avt6	酸性アミノ酸	out			
		Avt7	中性アミノ酸				
MFS	—	Atg22	Tyr, Leu (輸送活性は未検討)	out	SpAtg22	塩基性アミノ酸, Tyr (輸送活性は未検討)	in
TOG	PQ ループタンパク質	Ers1	不明	—	Stm1	不明 (栄養シグナル伝達に関与)	—
		Ypq1	Lys, Arg	in			
		Ypq2	Arg	in[*2]	C2E12.03c	不明	—
		Ypq3	His	in			
		Cfs1	不明 (リン脂質の非対称分布に関与)	—	C4C5.03	不明	—
		Ydr090c	不明				

*1　in：液胞膜小胞内への取り込み, out：液胞膜小胞外への排出, ——：不明.
*2　カナバニン耐性に対する影響評価では液胞外へ排出することが示唆されている.

含量が高いことから, Avt3 と Avt4 がオートファジーによって液胞内に生じた中性アミノ酸全般の排出に重複して機能することが示唆された（**図6-4 B**）. さらに, *AVT4* 単一破壊によって液胞内塩基性アミノ酸〔リジン（Lys）, ヒスチジン（His）, アルギニン（Arg）〕含量の減少が大幅に抑制されることから, Avt4 が塩基性アミノ酸の排出にも関与することが示された[11]（**図6-4 B**）. また, 新規液胞アミノ酸トランスポーターとして Avt7 が中性アミノ酸を液胞外へと排出することも報告されている（**表6-2**）.

　動物細胞では近年, AAAP から SNAT9 と SNAT7 がリソソームに局在し, アミノ酸を排出することが報告された[12, 13]（**表6-1**）. SNAT9 は幅広いアミノ酸基質をリソソームから排出するが, アミノ酸輸送活性は低い. むしろ栄養シグナルを媒介する受容体としての機能が注目されており, リソソーム膜上で mTORC1（mammalian target of rapamycin complex 1）の制御因子（Ragulator-RAG GTPase）との相互作用を介してアルギニン存在下で mTORC1 を活性化することが示唆されている. すでに述べた PAT1/LYAAT1 も mTORC 活性調節に関与するとの報告もあり, リソソームがアミノ酸栄養シグナルの起点として現在注目されている. 一方の SNAT7 はアスパラギンとグルタミンを特異的にリソソーム外へと排出する. 血液からのグルタミン供給が遮断された環境下の癌細胞は, 生存・増殖のためにリソソームでの分解産物を栄養源とするが, SNAT7 を抑制もしくは欠損すると癌細胞の増殖が抑えられることから, 新たな薬剤標的となる可能性がある.

❸ Atg22

Atg22 は液胞膜に局在する多重膜貫通型タンパク質で, MFS（major facilitator superfamily）とよばれるトランスポータースーパーファミリーに属する. MFS には多様なトランスポー

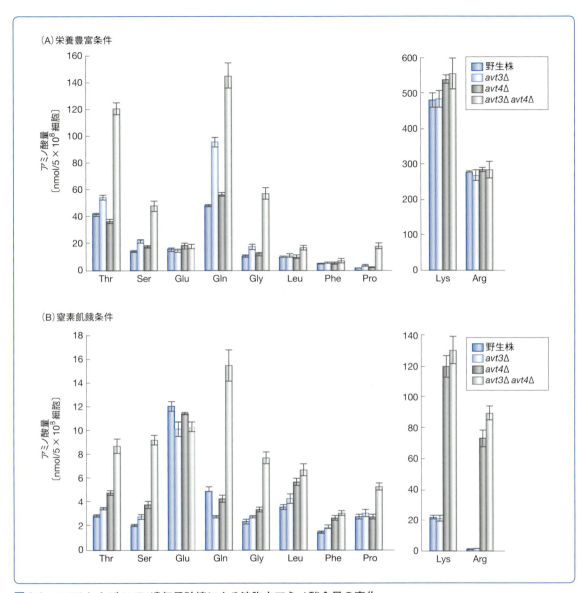

図6-4 *AVT3* および *AVT4* 遺伝子破壊による液胞内アミノ酸含量の変化

(A) 出芽酵母野生株，*AVT3* 破壊株 (*avt3Δ*)，*AVT4* 破壊株 (*avt4Δ*)，*AVT3* と *AVT4* の二重破壊株 (*avt3Δ avt4Δ*) をそれぞれ栄養豊富条件で対数増殖初期まで培養し，液胞内のアミノ酸含量を測定した．(B) (A) と同様に培養した各酵母株を窒素飢餓培地に移し，さらに6時間培養したのち，液胞内のアミノ酸含量を測定した．

ターが含まれており，薬剤，糖，リン酸およびアミノ酸などを輸送する．栄養豊富条件で *ATG22* 破壊株の液胞内中性アミノ酸含量が増加したことから Atg22 はアミノ酸を液胞外へ排出することが示唆されている．そのため，すでに述べた *ATG22* 破壊株での AB 蓄積は，窒素飢餓による細胞基質(サイトゾル cytosol)中のアミノ酸枯渇が重篤化し，液胞プロテアーゼ合成が低下したためであると考えられている[6]．しかし，Atg22 の輸送基質がアミノ酸であるという決定的な証拠はまだ示されていない．動物細胞では同じく MFS に属するスピンスターがオートリソソーム内容物分解に関与することが示されている[14]．スピンスターは糖輸送体と考えられているが，こちらも生理的な輸送基質についてさらなる検討が必要である．

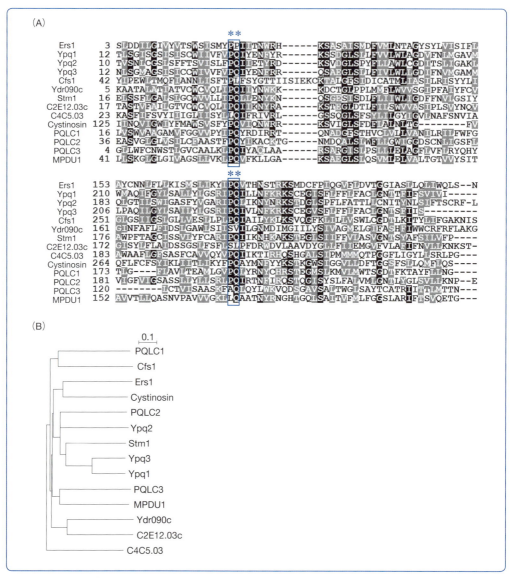

図6-5　PQループタンパク質の比較

(A) 出芽酵母（Ers1，Ypq1，Ypq2，Ypq3，Cfs1，Ydr090c），分裂酵母（Stm1，C2E12.03c，C4C5.03），動物（シスチノシン，PQLC1，PQLC2，PQLC3，MPDU1）のPQモチーフ近傍のアミノ酸配列のアライメント．＊印は保存されているPQ配列を示す．（B）PQループタンパク質の系統樹．スケールバーはサイトあたりの置換数を示す．

❹ PQループタンパク質

　PQ ループタンパク質は進化的に保存されたプロリン-グルタミン（PQ）連続配列を含む PQ モチーフを有する6〜8回膜貫通型のタンパク質である（**図6-5 A**）．ヒトのシスチノシンはシスチンをリソソーム外へと排出するはたらきを有し，欠損が生じると，リソソーム中にシスチンが蓄積してシスチン症とよばれる先天代謝異常症を発症する．一方，線虫 PQ ループタンパク質 LAAT-1とそのヒトホモログ PQLC2は，いずれも塩基性アミノ酸をリソソームから排出することが報告されている[15, 16]（**表6-1**）．*laat-1*変異線虫の胚においてはタンパク質合成活性低下に伴う発生遅延がリジンとアルギニンの投与によって解消したことから，サイトゾ

ル中でこれらアミノ酸が枯渇したと考えられる．この結果はオートファジーの最終ステップとして塩基性アミノ酸の再利用が胚発生の進行に寄与することを示唆している．出芽酵母ゲノムにも6種類の PQ ループタンパク質がコードされ（**表6-2**），このうち Ers1は欠損株のハイグロマイシン感受性が，シスチノシン発現によって相補されることから機能的にも保存されている可能性がある．一方，Ypq1，Ypq2，Ypq3はいずれも液胞膜に局在し，PQLC2と比較的近縁である（**図6-5 B**）．アルギニンアナログであるカナバニン耐性への影響から，Ypq2は PQLC2同様，液胞からの塩基性アミノ酸排出への関与が示されている[16]．しかし，液胞膜小胞を用いた *in vitro* での活性測定では Ypq タンパク質はいずれも液胞内へ塩基性アミノ酸を取り込むことが示唆されており[17]，生理条件下での活性および機能の検討が必要となっている（**表6-2**）．Cfs1と Ydr090c はどちらも PQ ループを1箇所のみ有する6〜8回膜貫通型のタンパク質である（**図6-5 A**）．Cfs1は脂質二重層におけるリン脂質の非対称分布に関与することが最近報告されており，PQ ループタンパク質は多様な機能を有する可能性がある．

⑤ オートファジー分解産物の再利用に関する研究の展望

　出芽酵母 *AVT3*，*AVT4*，*AVT6*，*AVT7*四重破壊株では，窒素飢餓条件において液胞内アミノ酸含量が野生株より大幅に高いことから，オートファジーによって産生したアミノ酸の液胞外への排出が大きく低下すると考えられる（未発表データ）．しかし，同条件でオートファジー欠損株の生存率が大幅に低下するのとは対照的に，*AVT3*，*AVT4*，*AVT6*，*AVT7*四重破壊株は野生株とほぼ同程度の生存率を維持する（未発表データ）．このことは，依然として別経路を介して液胞内アミノ酸が再利用されることを示唆しており，この未知の液胞アミノ酸トランスポーターの同定が現在進められている．トランスポーター間で機能が重複すると，単一欠損では効果が小さく，生理機能解明のためのヒントを得ることが困難だが，分裂酵母 *Schizosaccharomyces pombe* のようなトランスポーター遺伝子の少ない生物種を研究材料とすることでこの問題を解決できるかもしれない．分裂酵母ゲノムにコードされる Avt トランスポーターは2種類，PQ ループタンパク質は3種類と出芽酵母に比べると少ない（**表6-2**）．実際，分裂酵母では Avt3ホモログ遺伝子の単一破壊によって胞子形成効率の顕著な低下が示されている[18]．また，脂質や核酸などの分解産物の再利用も考慮する必要がある．最近，出芽酵母では定常期での好気増殖への移行にオートファジーによる鉄のリサイクルが必要であることが示されている[19]．核酸の分解・再利用についても興味深い知見が得られており，本書の他章の解説を参照いただきたい．

　オートファジーは窒素飢餓に応答した mTORC1（出芽酵母では TORC1）活性の低下によって誘導されるが，動物細胞ではその後 mTORC1が再び活性化することによってオートリソソームからリソソームが再生する[20]．この mTORC1の再活性化はオートファジー依存的であることから，リソソームから排出されたアミノ酸の関与も考えられる．オートファジー活性の持続と減衰の機構は現在でもほぼ未知であるが，すでに述べた SNAT9のようにアミノ酸センサーとして機能するものも含め，液胞/リソソームアミノ酸トランスポーターの研究の進展がその解明の鍵を握るのかもしれない．

　現在，オートファジー分解産物再利用の生理的意義を検討するには，出芽酵母では *ATG15* 破壊株や液胞プロテアーゼ欠損株，動物細胞ではプロテアーゼ阻害剤やリソソーム機能阻害剤（V-ATPase 阻害剤など）が用いられているが，液胞/リソソームアミノ酸トランスポーター

> **Column　液胞を巡る研究**
>
> 　旅をつづけてたどりついた場所が結局スタート地点だったというのはどこかで聞いたような話である．私は幸運にも大隅良典先生のもとでポスドクとしてオートファゴソーム形成初期の分子機構を研究するチャンスをいただいた．楽しくかつ刺激的な日々だったが，研究を完結できず悔しい思いで10年前に愛媛に移ることになった．幸い，愛媛でも液胞膜を介したアミノ酸輸送を対象に，オートファジーに少なからず関連した研究をつづけることができた．この研究は大隅先生が，東京大学の安楽泰宏先生の研究室で助手時代に取り組んでいたテーマであり，不思議な縁を勝手に感じている．安楽研からは，液胞膜を介した物質輸送の生化学的解析により，先駆的な知見が数多く報告されている．その30年後，私はアミノ酸輸送活性の分子実体を明らかにするべく研究を行っている．当時の地道かつ緻密な成果の積み上げの恩恵を受け，答えは半分あるようなものだが，なかなかゴールが見えてこない．足踏みしているうちに，液胞/リソソームがアミノ酸シグナル伝達の起点となるというモデルが提唱され，動物リソソームアミノ酸トランスポーターが直接関与することが報告された．そうすると液胞アミノ酸トランスポーターはオートファジーの誘導にかかわるのかもしれない．ルーツをたどっていると，またスタートに戻ったような気分で，ワクワクさせられている．旅はまだまだつづきそうである．

の欠損株を使えば，より直接的な評価が可能となる．すでに述べた動物 SNAT7 や線虫 LAAT-1 のように細胞レベルまたは個体レベルでリソソームアミノ酸トランスポーターの生育や分化への関与が示され，液胞/リソソームからのアミノ酸リサイクルの生理的意義が少しずつ明らかになり始めている．アミノ酸以外の核酸や脂質などの分解産物の再利用を含め，オートファジーの後半過程に機能する分子装置の包括的な理解が進めば，オートファジーの生理的意義を今よりも正確に議論できるだけでなく，新たな生理機能が見えてくるかもしれない．

文　献 ・・・・・

1) Epple UD, et al.: J Bacteriol, 183: 5942-5955, 2001.
2) Teter SA, et al.: J Biol Chem, 276: 2083-2087, 2001.
3) Ramya V and Rajasekharan R: FEBS Lett, 590: 3155-3167, 2016.
4) van Zutphen T, et al.: Mol Biol Cell, 25: 290-301, 2014.
5) Maeda Y, et al.: Autophagy, 11: 1247-1258, 2015.
6) Yang Z, et al.: Mol Biol Cell, 17: 5094-5104, 2006.
7) Krick R, et al.: Mol Biol Cell, 19: 4492-4505, 2008.
8) Onodera J and Ohsumi Y: J Biol Chem, 280: 31582-31586, 2005.
9) Schiöth HB, et al.: Mol Aspects Med, 34: 571-585, 2013.
10) Russnak R, et al.: J Biol Chem, 276: 23849-23857, 2001.
11) Sekito T, et al.: Biosci Biotechnol Biochem, 78: 969-975, 2014.
12) Jin M and Klionsky DJ: Autophagy, 11: 1709-1710, 2015.
13) Verdon Q, et al.: Proc Natl Acad Sci U S A, 114: E3602-E3611, 2017.
14) Rong Y, et al.: Proc Natl Acad Sci U S A, 108: 7826-7831, 2011.
15) Liu B, et al.: Science, 337: 351-354, 2012.
16) Jézégou A, et al.: Proc Natl Acad Sci U S A, 109: E3434-E3443, 2012.
17) Manabe K, et al.: Biosci Biotechnol Biochem, 80: 1125-1130, 2016.
18) Mukaiyama H, et al.: Microbiology, 155: 3816-3826, 2009.
19) Horie T, et al.: J Biol Chem, 292: 8533-8543, 2017.
20) Yu L, et al.: Nature, 465: 942-946, 2010.

7 ATG分子群の構造と機能

野田 展生

SUMMARY

オートファゴソーム形成にかかわる主要ATGタンパク質の構造研究は，近年急速に進展した．本章では主要ATGタンパク質が構成する6つの機能グループのうち，構造基盤の全容がわかってきたAtg1/ULK複合体，PI3K複合体，Atg12結合系，そしてAtg8結合系の4つのグループについて，構造的知見を概説する．また，構造研究から明らかとなってきたPAS (pre-autophagosomal structure) の構築原理や，結合反応系のメカニズム，選択的オートファジーにおけるAtg8の役割についても述べる．

KEYWORD
- コイルドコイル
- 天然変性タンパク質
- HORMA ドメイン
- MIT ドメイン

7-1 Atg1/ULK複合体

出芽酵母の Atg1 複合体は Atg1, Atg13, Atg17, Atg29, Atg31 の5つの因子からなる．哺乳類では Atg1 のオルソログ（相同分子種）である ULK1 もしくは ULK2 からなる ULK 複合体が同等の機能を担うと考えられている．主要な Atg 因子は進化上，高度に保存されているが，Atg1/ULK 複合体の構成因子のみが例外であり，分裂酵母や哺乳類では Atg29 および Atg31 を欠いており，代わりに Atg101 が保存されている．ここでは構造研究が進展した出芽酵母 Atg1 複合体の各因子の構造および相互作用を中心にまとめるとともに，Atg1 複合体における PAS (pre-autophagosomal structure) の構築機構についても述べる．

❶ Atg1 複合体の構成因子の構造

Atg1 は，N 末端にキナーゼドメイン，C 末端に Atg13 結合ドメインをもっており，両ドメインのあいだは約250個のアミノ酸残基からなる天然変性領域 intrinsically disordered region (IDR) と予想されている．キナーゼドメインに関しては，ヒト ULK1 について構造が決定されており，N-lobe，C-lobe の2つの領域からなるプロテインキナーゼスーパーファミリーに保存された構造をもつことと，活性アミノ酸残基や ATP 結合部位なども他のプロテインキナーゼと共通していることが示されている[1]（**図7-1 A**）．活性化セグメントに存在するスレオニンの自己リン酸化が活性化に必須と報告されているが，この種のリン酸化による制御もまた，他のプロテインキナーゼと類似している．Atg13 結合ドメインは3本のαヘリックスからなる MIT (microtubule interacting and transport) ドメインが2つ並んだ構造をもつ[2]．

Atg13 は N 末端側に HORMA ドメインをもち[3]，それ以外の領域（出芽酵母では約470個のアミノ酸残基）は IDR であることが，高速原子間力顕微鏡による観察で示されている[4]

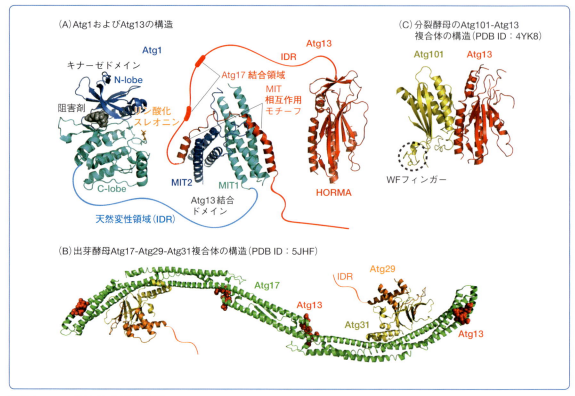

図7-1　Atg1複合体の構造基盤
（A）キナーゼドメインはヒトULK1の構造（PDB ID：5CI7）を，MITドメインは出芽酵母の構造（Atg13との複合体．PDB ID：4P1N）を，HORMAドメインは出芽酵母の構造（PDB ID：4J2G）を示す．本章を通して構造モデルはPyMOLを用いて作製した．

（**図7-1 A**）．Atg13のIDRはセリン残基およびスレオニン残基に富んでおり，それらは高度にリン酸化を受ける．Atg13はAtg1とAtg17-Atg29-Atg31複合体をつなぐことでAtg1複合体の構築に中心的な役割を担っている．Atg13のIDRにはN末端側から2つのAtg17結合領域とAtg1結合を担うMIT相互作用モチーフが存在する[4]．また，分裂酵母やヒトでは

Atg 13 の HORMA ドメインに Atg 101 が結合する[5].

Atg 17 は 4 本の α ヘリックスからなる弓状に伸びたコイルドコイル構造をもち, ホモ二量体を形成することで特徴的な S 字状の構造をとる[6]（**図 7-1 B**）. S 字の凹面には Atg 31 が C 末端ヘリックスを用いて結合する. Atg 31 の N 末端側は 7 本の β ストランドをもち, Atg 29 の N 末端の β ストランド 1 本を組み込むことで β サンドイッチ構造をとる. Atg 29 の残りの領域は 3 本の α ヘリックスおよび IDR からなる. 分裂酵母やヒトでは Atg 29 と Atg 31 の代わりに Atg 101 が存在し, オープン型の HORMA ドメイン構造を用いて Atg 13 のクローズ型 HORMA 構造に結合し, 安定化を行う[5]（**図 7-1 C**）. また, Atg 101 はトリプトファンおよびフェニルアラニンを保存した特徴的なループ（WF フィンガー）をもち, WF フィンガーを用いて下流因子のオートファゴソーム形成場へのリクルートを担う[5].

❷ Atg1/ULK 複合体の構築基盤

富栄養条件下での Atg 1 複合体の形成は, 栄養センサーである TORC 1（target of rapamycin complex 1）による Atg 13 のリン酸化により抑制されている. 具体的には, Atg 13 の Atg 1 結合領域である MIT 相互作用モチーフの複数のセリン残基のリン酸化により Atg 1 との結合が低く抑えられ, Atg 17 結合領域の 429 番目のセリン残基のリン酸化により Atg 17 との結合が強く抑制されている[2]. 一方, Atg 17 は Atg 29, Atg 31 と恒常的に複合体を形成している[7]. 飢餓時に TORC 1 の活性が抑制されると Atg 13 はすみやかに脱リン酸化され, Atg 1 および Atg 17 と強く結合し, 5 つの因子からなる Atg 1 複合体が形成される[2]（**図 7-2 A**）. 一方, 哺乳類の ULK 複合体は栄養状態にかかわらず恒常的に複合体を形成する[8]. ただし, ULK 複合体もまた, 哺乳類 TORC 1 によりリン酸化を受けることから, Atg 1 複合体と同様, 複合体内での相互作用様式がリン酸化により制御されている可能性もありうる.

❸ 高次会合体の形成機構

出芽酵母の PAS では Atg 1 複合体が数十コピー存在することが報告されている[9]. すなわち, 飢餓時に Atg 1 複合体が形成された際, 複合体どうしの会合が進むことが示唆される. Atg 13 は異なる 2 箇所で Atg 17 と結合するが, Atg 17 側の結合部位が互いに離れていること, Atg 29 - Atg 31 による立体障害があることから, 2 箇所での結合は同一の Atg 17 分子では起こらず, 異なる 2 分子の Atg 17 を橋渡しするかたちが生じる. その結果, Atg 13 は Atg 1 複合体どうしをつなぐことで Atg 1 複合体の高次会合体の形成を引き起こすことが明らかとなった[4]（**図 7-2 B**）. 高次会合体の形成の意義解明には今後のさらなる解析が必要であるが, 少なくとも 2 つの機能, すなわち, 局所濃度の上昇による Atg 1 の自己リン酸化の促進と, Atg 13 を介した Atg 9 小胞のリクルートを担うと考えられる[4].

7-2 オートファジー特異的PI3K複合体

主要な Atg 因子のうち, Atg 6/Vps 30 および Atg 14 は, ホスファチジルイノシトール 3-キナーゼ〔PI3 キナーゼ（PI3K）〕である Vps 34, ならびに活性化因子 Vps 15 と複合体を形成し, オートファジー特異的な PI3K 複合体 I を形成する. Atg 6 は N 末端側から IDR に富

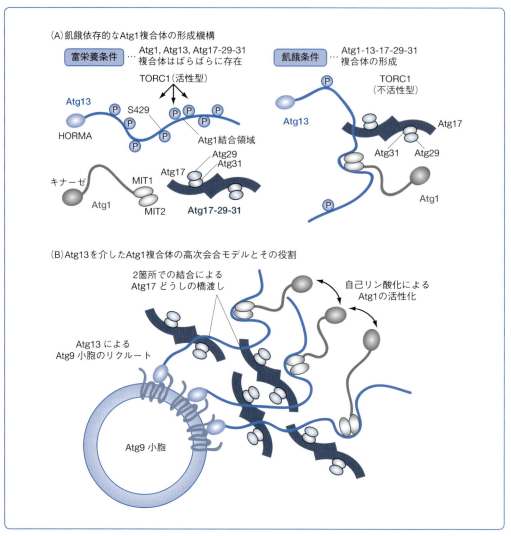

図7-2　飢餓によるPASの構築モデル

む領域，コイルドコイル領域，および BARA（beta-alpha-repeated, autophagy-specific）ドメインからなり，コイルドコイル領域が Atg14 との結合を，BARA ドメインが PAS 局在を担う[10]．一方，Atg14 は N 末端側に Atg6 との結合を担うコイルドコイル領域，C 末端側に膜結合を担う BATS（Barkor/Atg14 autophagosome targeting sequence）配列をもつ[11]．電子顕微鏡による PI3K 複合体 I の低分解能構造解析および，Atg14 の代わりに Vps38 を構成因子とし，エンドソーム経路に機能する PI3K 複合体 II の結晶構造解析から，PI3K 複合体は I，Ⅱどちらも V 字形の全体構造をもつことが示され，さらに各構成因子がどの向きでどの位置を占めるのかが明らかとなった[12, 13]（**図7-3 A**）．Atg6 および Atg14 は平行のコイルドコイル二量体を形成し，伸びた構造をとって V 字の一方の腕を構成する．V 字の一端に Atg6 の BARA ドメインおよび Atg14 の BATS 配列が，V 字のもう一方の端に Vps34 のキナーゼドメインが位置する．すなわち，PI3K 複合体は V 字の開いたほうで膜に結合し，ホスファチジルイノシトール（PI）の3位をリン酸化すると予想され，Atg6 と Atg14 の役割

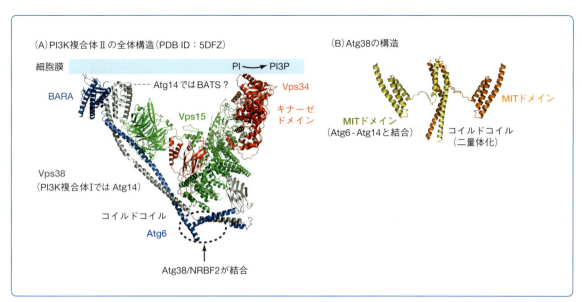

図7-3　オートファジー特異的PI3K複合体の構造基盤
(A) オートファジーに機能するPI3K複合体ⅠではVps38の代わりにAtg14が組み込まれる．(B) MITドメインはヒトホモログである
NRBF2の構造（PDB ID：4ZEY）を，コイルドコイルは出芽酵母の構造（PDB ID：5KC1）を示す．

の1つは，PI3K複合体を適切な細胞膜上に局在化させることだと考えられる（**図7-3 A**）．最近になって，PI3K複合体Ⅰの第5の因子であるAtg38が同定された[14]．Atg38はMITドメインとコイルドコイル領域からなり，前者でAtg6-Atg14に結合し，後者でホモ二量体を形成する[14]（**図7-3 B**）．Atg38は哺乳類にも保存されており（NRBF2），どちらもPI3K複合体Ⅰの V 字の中央の凸部に結合する[15, 16]．出芽酵母Atg38はPI3K複合体Ⅰの構築自体に重要であるのに対し，哺乳類NRBF2はPI3K複合体Ⅰの二量体化を担う[14〜16]．

7-3　Atg結合系

ユビキチン様タンパク質Atg8は，脂質ホスファチジルエタノールアミン（PE）と可逆的に結合するきわめてユニークな反応を受けることでオートファジー関連膜に局在し，オートファジーにおいてさまざまな機能を担っている．この反応系のために，実に8種類ものAtg因子が用意されており，それらはすべて出芽酵母から哺乳類まで高度に保存されている．さらに，特筆すべきはAtg8とPEとの結合を促進するE3様酵素として，もう1つ別の結合反応系（Atg12結合系）が用意されている点である．ここでは構造生物学的研究から明らかとなったAtg8とPEの結合・脱結合反応のメカニズムと，選択的オートファジーにおけるAtg8の役割について述べる．

❶ Atg8の構造とターゲット認識機構

Atg8は，βシート1つとαヘリックス2本からなるユビキチンフォールドと，その N 末端に固有のαヘリックス2本が付加された構造をもち，この構造的特徴は進化上高度に保存

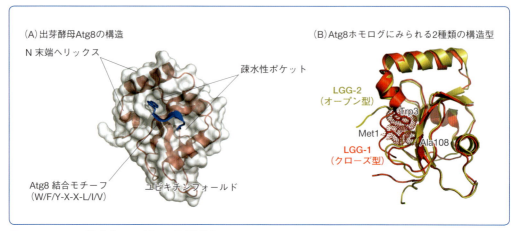

図7-4　Atg8の構造とターゲット認識基盤

(A) 典型的なAtg8結合モチーフであるTrp-X-X-Leuペプチドとの複合体構造（PDB ID：2ZPN）を示す．（B）オープン型の例として線虫LGG-2の構造（PDB ID：5E6O）を，クローズ型の例として線虫LGG-1の構造（PDB ID：5AZF）を示す．クローズ型は保存された1番目のメチオニン残基（Met1），3番目のトリプトファン残基（Trp3），108番目のアラニン残基（Ala108．側鎖をスティックおよびドットで表示）により形成される疎水性相互作用で安定化されている．

されている[17]（**図7-4 A**）．N 末端ヘリックスとユビキチンフォールドのあいだと，ユビキチンフォールド内に1つずつ疎水性ポケットが存在し，これら2つの疎水性ポケットが Trp/Phe/Tyr（W/F/Y）-X-X-Leu/Ile/Val（L/I/V．X は任意のアミノ酸）の4個のアミノ酸残基からなる Atg8結合モチーフの結合部位を形成する[17]（**図7-4 A**）．選択的オートファジーにおいて，Atg8 - PE は Atg8結合モチーフとの結合を通して隔離膜と積荷の繋留にはたらく．高等生物には Atg8ホモログが複数存在し，哺乳類では LC3ファミリーと GABARAP ファミリーに二分できるが，線虫 Atg8ホモログ LGG-1，LGG-2の構造研究から Atg8ホモログの N 末端はオープン型（LGG-2，LC3），クローズ型（LGG-1，GABARAP）の2種類に分別される[18]（**図7-4 B**）．この構造の違いが高等生物における何らかの機能分担に寄与すると予想されるが，詳細はわかっていない．

❷ E1酵素のAtg7の構造とAtg8の活性化機構

前駆体として翻訳された Atg8は，システインプロテアーゼ Atg4によってプロセシング（C 末端領域の切断）を受けたのち，まず，E1酵素の Atg7により活性化を受ける．Atg7は2つの球状ドメインが短いリンカーでつながれた構造をとり，C 末端側のドメインを介してホモ二量体構造をとる[19]（**図7-5 A**）．他の E1酵素とは顕著に異なる構造をもっており，独自の N 末端ドメインで E2酵素である Atg3および Atg10に結合する一方，C 末端ドメインで Atg8および Atg12に結合する．Atg7による Atg8の認識は少なくとも2段階，すなわち，まず，最 C 末端の IDR で Atg8を捕らえたのち，C 末端ドメインに含まれるアデニル化ドメインへと受け渡す[19]（**図7-5 B**）．Atg8の C 末端の116番目のグリシン残基は Atg7の部位に結合した ATP と反応してアデニル化され，つづいて近傍のループに位置する507番目の活性システイン残基による求核攻撃を受け，両者はチオエステル結合でつながれる．

Atg8はつぎに E2酵素の Atg3の活性システインへと受け渡される．Atg7はホモ二量体であるため，同時に2つの Atg3が結合しうるが，Atg8は自身がチオエステル結合で結ばれた Atg7に結合した Atg3ではなく，ホモ二量体のもう一方の Atg7に結合した Atg3へと受け

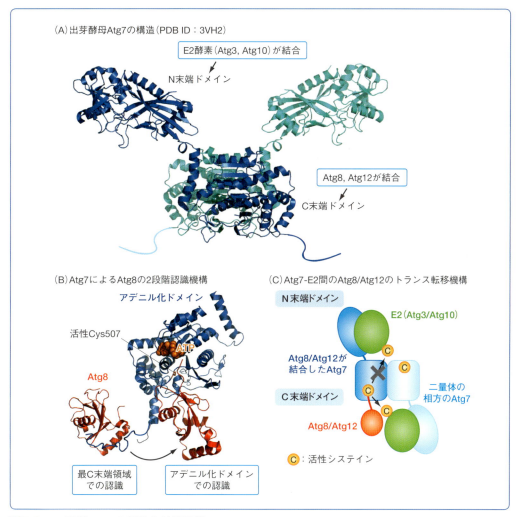

（A）出芽酵母Atg7の構造（PDB ID：3VH2）

E2酵素（Atg3, Atg10）が結合

N末端ドメイン

Atg8, Atg12が結合

C末端ドメイン

（B）Atg7によるAtg8の2段階認識機構

アデニル化ドメイン

活性Cys507

ATP

Atg8

最C末端領域での認識

アデニル化ドメインでの認識

（C）Atg7-E2間のAtg8/Atg12のトランス転移機構

N末端ドメイン

E2（Atg3/Atg10）

Atg8/Atg12が結合したAtg7

二量体の相方のAtg7

C末端ドメイン

Atg8/Atg12

Ⓒ：活性システイン

図7-5　E1酵素Atg7の構造と触媒機構
（B）はAtg8と最C末端領域との複合体構造（PDB ID：2LI5）およびC末端ドメインとの複合体構造（PDB ID：3VH4）を示す．

渡される[19]（**図7-5 C**）．この「トランス」の受け渡し反応は他のE1酵素ではみられないメカニズムであり，Atg7がホモ二量体を形成することに起因するが，その生物学的意義についてはよくわかっていない．

❸ E2酵素のAtg3およびAtg10の構造と機能

　Atg3はAtg8特異的なE2酵素であるが，一般的なE2酵素とは顕著に異なる構造をとる．E2酵素に保存されたドメインに，約80個のアミノ酸残基からなるフレキシブル領域と，αヘリックスが長く突き出したハンドル領域が挿入され，全体としてハンマーのような形状をとる[20]（**図7-6 A**）．フレキシブル領域はNMR法によりIDRであることが示されており，Atg7のN末端ドメインおよびAtg12に結合する．一方，ハンドル領域にはAtg8結合モチーフがあり，Atg8と結合する．Atg3のN末端は両親媒性のヘリックスを形成すると予想されており，PE含量の高いリポソームや曲率の強いリポソームに結合する[21]．*in vitro* では

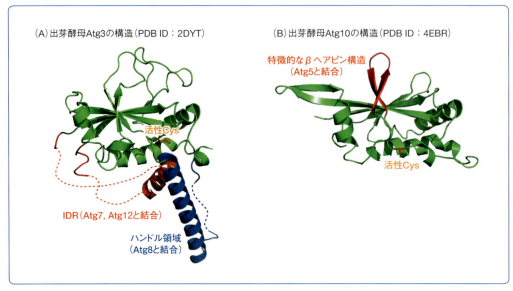

（A）出芽酵母Atg3の構造（PDB ID：2DYT）

活性Cys

IDR（Atg7, Atg12と結合）

ハンドル領域
（Atg8と結合）

（B）出芽酵母Atg10の構造（PDB ID：4EBR）

特徴的なβヘアピン構造
（Atg5と結合）

活性Cys

図7-6　E2酵素のAtg3およびAtg10の構造

E3酵素不在でも Atg3 は Atg8 - PE 結合反応を触媒できるが，その際，両親媒性ヘリックスによる膜結合が必須の役割を担う．細胞内では E3酵素である Atg12 - Atg5 - Atg16複合体が必須であることから，両親媒性ヘリックスの細胞内での意義はさらなる検証が必要である．

　Atg10は Atg12特異的な E2酵素であり，一般的な E2酵素と類似した構造をもち，Atg3のような挿入領域はみられない[22]（**図7-6 B**）．その結果，独自の Atg7結合領域をもつ Atg3と比べて Atg7への親和性が低く，Atg3存在下では Atg10は Atg7にほとんど結合できない．オートファジー誘導時には Atg8の発現レベルが上昇し，Atg8 - PE 結合体の形成を増やす必要があるのに対し，Atg12 - Atg5結合体は恒常的に低いレベルで形成されればよいことから，Atg10は Atg7への親和性があえて低く抑えられているのであろう．Atg10は Atg12に対する親和性もほとんどもたない．一方で，Atg10は基質である Atg5に直接結合する能力があり，それは独自のβヘアピン構造が担っている[22]．この結合能により，Atg10は E3酵素なしで Atg12-Atg5結合反応を触媒する．

❹ E3様酵素のAtg12-Atg5-Atg16複合体の構造と機能

　Atg5は Atg12が結合するリジンを含んだヘリックスに富むドメインと，それを両側から挟むかたちで2つのユビキチンフォールドをもち，ユビキチンフォールド1つからなる Atg12がイソペプチド結合すると互いに相互作用して1つの球状構造を形成する[23]（**図7-7 A**）．Atg16は Atg5との結合を担う N 末端側のヘリックスと，ホモ二量体化を担う C 末端側のコイルドコイルからなる[24]．高等生物ではさらに C 末端に WD40ドメインをもつが，それは飢餓誘導のオートファジーには不要である．Atg5上の Atg16結合面は Atg12結合面の裏側に位置しており，両者の結合は互いに干渉しない[22]（**図7-7 A**）．Atg12は直接 Atg3と結合することが示されており[25]，その相互作用で E2 - E3間がつながれ，Atg8 - PE 結合反応が促進される（**図7-7 B**）．促進機構の詳細は依然として未解明の部分が多いが，以下の2つのメカニズムが関与すると考えられている．1つめは Atg3の活性部位の構造変化であり，E3酵

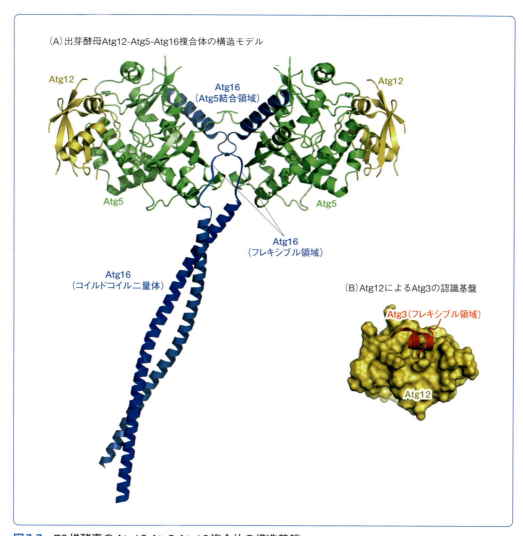

（A）出芽酵母Atg12-Atg5-Atg16複合体の構造モデル

Atg12

Atg16
（Atg5結合領域）

Atg12

Atg5

Atg5

Atg16
（フレキシブル領域）

Atg16
（コイルドコイル二量体）

（B）Atg12によるAtg3の認識基盤

Atg3（フレキシブル領域）

Atg12

図7-7　E3様酵素のAtg12-Atg5-Atg16複合体の構造基盤
（A）Atg12-Atg5結合体とAtg16のN末端領域との複合体の構造（PDB ID：3W1S）およびAtg16単体の構造（PDB ID：3A7P）を線でつないで示す．（B）ヒトAtg12-Atg5結合体とAtg16のN末端領域との複合体にAtg3のフレキシブルな領域が結合した構造（PDB ID：4NAW）に関して，Atg12とAtg3の部分のみを示す．

素が結合することで Atg3 の活性部位の構造変化が起こり，活性システイン（Cys）が活性化状態へと変化し，転移反応を促進する[26]．2つめは Atg3 の細胞内局在の変化であり，Atg12 - Atg5 - Atg16 複合体がオートファジー関連膜に結合することで Atg3 を膜の近傍へとリクルートし，膜中の PE への転移反応を促進する．Atg12 - Atg5 - Atg16 複合体が膜局在するメカニズムや，Atg3 の活性部位の構造変化を誘起するメカニズムはわかっておらず，今後のさらなる解析が必要である．

　Atg12 - Atg5 - Atg16 複合体は，E3酵素としての機能以外にもオートファジーにはたらくと考えられてきたが，その具体的な機能はよくわかっていない．Atg12 を介して Atg8 - PE と結合し，隔離膜の凸面側に網目状の構造を形成してコートタンパク質のように機能するというモデルが提唱されているが[27]，Atg12 - Atg8 間相互作用は生化学的に検出できないなど問題点も多く，さらなる検証が必要である．

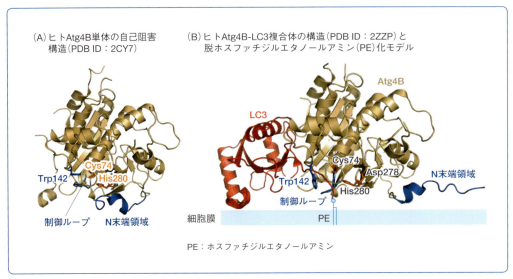

（A）ヒトAtg4B単体の自己阻害
構造（PDB ID：2CY7）

（B）ヒトAtg4B-LC3複合体の構造（PDB ID：2ZZP）と
脱ホスファチジルエタノールアミン（PE）化モデル

PE：ホスファチジルエタノールアミン

図7-8 システインプロテアーゼAtg4の構造基盤

❺ システインプロテアーゼAtg4の構造と機能

　Atg4はAtg因子中で唯一のプロテアーゼであり，Atg8前駆体のプロセシングとAtg8-PEの脱PE化の両方の反応を担う．Atg4の構造研究はヒトのオルソログであるAtg4Bを中心に行われてきた．Atg4Bの構造は代表的なシステインプロテアーゼであるパパインに類似しており，システイン，ヒスチジン，アスパラギン酸からなる触媒3を保存している[28]．Atg4B単体の構造では活性部位が制御ループおよび142番目のトリプトファン残基（Trp142）によりおおわれており，外部から近づけない自己阻害構造となっている（図7-8 A）．さらに，N末端領域が活性部位の出口を塞ぐかたちで結合している．制御ループによる自己阻害構造はAtg4Aの単体構造でも同様にみられる（PDB ID：2P82）．一方，LC3が結合した構造では，これらの領域に大規模な構造変化がみられ，活性部位へと導くトンネルを通ってLC3のC末端が活性部位へと結合する（図7-8 B）．また，N末端領域も出口付近から離れ，結晶中では隣接したLC3分子に結合していた[29]．すなわち，基質であるAtg8自体にAtg4の自己阻害を解除する活性があると考えられ，Atg4のAtg8に対する高い特異性を担保するメカニズムとなっていると思われる．脱PE化反応を行う際は，Atg4は膜表面に接近する必要がある．Atg4Bの単体構造ではN末端領域が膜への接近を邪魔する位置にきていることから（図7-8 B），この領域が脱PE化活性の制御にはたらいている可能性がある．Atg4の脱PE化活性はオートファゴソーム形成時に時空間的に制御を受けていると思われるが，その分子機構は今後明らかにしなければならない課題のひとつである．

おわりに

　主要なAtg因子の構造研究は近年著しく進展したが，最後の難題としてAtg9およびAtg2-Atg18複合体が残されている．これらの因子の構造基盤を確立し，構造情報に基づいた機能解析を進めることで，オートファゴソーム形成にかかわるメカニズムの解明が加速されることが期待される．

文　献 ·····

1) Lazarus MB, et al.: ACS Chem Biol, 10: 257-261, 2015.

2) Fujioka Y, et al.: Nat Struct Mol Biol, 21: 513-521, 2014.

3) Jao CC, et al.: Proc Natl Acad Sci U S A, 110: 5486-5491, 2013.

4) Yamamoto H, et al.: Dev Cell, 38: 86-99, 2016.

5) Suzuki H, et al.: Nat Struct Mol Biol, 22: 572-580, 2015.

6) Ragusa MJ, et al.: Cell, 151: 1501-1512, 2012.

7) Kabeya Y, et al.: Biochem Biophys Res Commun, 389: 612-615, 2009.

8) Hosokawa N, et al.: Mol Biol Cell, 20: 1981-1991, 2009.

9) Geng J, et al.: J Cell Biol, 182: 129-140, 2008.

10) Noda NN, et al.: J Biol Chem, 287: 16256-16266, 2012.

11) Fan W, et al.: Proc Natl Acad Sci U S A, 108: 7769-7774, 2011.

12) Rostislavleva K, et al.: Science, 350: aac7365, 2015.

13) Baskaran S, et al.: eLife, 3: e05115, 2014.

14) Araki Y, et al.: J Cell Biol, 203: 299-313, 2013.

15) Ohashi Y, et al.: Autophagy, 12: 2129-2144, 2016.

16) Young LN, et al.: Proc Natl Acad Sci U S A, 113: 8224-8229, 2016.

17) Noda NN, et al.: Genes Cells, 13: 1211-1218, 2008.

18) Wu F, et al.: Mol Cell, 60: 914-929, 2015.

19) Noda NN, et al.: Mol Cell, 44: 462-475, 2011.

20) Yamada Y, et al.: J Biol Chem, 282: 8036-8043, 2007.

21) Nath S, et al.: Nat Cell Biol, 16: 415-424, 2014.

22) Yamaguchi M, et al.: Structure, 20: 1244-1254, 2012.

23) Noda NN, et al.: EMBO Rep, 14: 206-211, 2013.

24) Fujioka Y, et al.: J Biol Chem, 285: 1508-1515, 2010.

25) Metlagel Z, et al.: Proc Natl Acad Sci U S A, 110: 18844-18849, 2013.

26) Sakoh-Nakatogawa M, et al.: Nat Struct Mol Biol, 20: 433-439, 2013.

27) Kaufmann A, et al.: Cell, 156: 469-481, 2014.

28) Sugawara K, et al.: J Biol Chem, 280: 40058-40065, 2005.

29) Satoo K, et al.: EMBO J, 28: 1341-1350, 2009.

7

8 ミクロオートファジー

奥　公秀・阪井 康能

SUMMARY

　ミクロオートファジーとは，リソソーム（または液胞），あるいはエンドソームが変形してタンパク質集合体やオルガネラなどを包み込み，分解へと導く過程を指す．本過程は多くの真核生物にみられる一方で，その分子機構は長く未解明であった．近年の研究から，酵母のミクロオートファジーに機能する多様な分子群が明らかになりつつあるほか，哺乳類の胚発生やショウジョウバエの神経機能の維持において，ミクロオートファジーの機能と分子機構の一端が明らかとなった．本章では，ミクロオートファジー研究のこれまでの流れを紹介したのち，酵母細胞，哺乳類細胞などを対象とした研究について，最新の研究結果を紹介し，今後の研究で解明されるべき点を示すことで，研究の全体像について概説する．

KEYWORD

○ ミクロオートファジー　　○ ESCRT タンパク質　　○ シャペロン介在性オートファジー（CMA）

8-1　ミクロオートファジー研究の流れ

① 電子顕微鏡解析を中心とした哺乳類細胞におけるミクロオートファジー研究

　ミクロオートファジーという用語は，オートファジー研究の黎明期にあたる1966年，C. de Duve らが行った電子顕微鏡を用いた細胞内微細構造の観察による[1]．細胞質の「小さな」部分がリソソームにより直接囲まれて内部へと取り込まれる様子から，この一連の過程が細胞質の構成成分をリソソームへと輸送して分解するオートファジー様式のひとつとして認識され，「ミクロオートファジー」と命名された．

　その後の形態学的研究から，さまざまな組織由来の細胞（おもに肝細胞やマクロファージ）において，ミクロオートファジーを示すリソソーム形態が観察された[2]．それらの観察像を大別すると，リソソーム膜の一部分が腕を伸ばすようなかたちに伸長しているもの，そして伸長した先端の部分がリソソーム本体と再び近接・接触しているもの（**図8-1 A**），または，リソソーム全体が扁平状な構造に変化して湾曲し，その先端部分どうしが接して細胞質成分を内部に隔離するもの（**図8-1 B**）である．G. Mortimore らは，このような電子顕微鏡観察と放射性同位体標識されたタンパク質からのアミノ酸遊離速度（タンパク質分解速度）の測定とを組み合わせて行うことで，肝細胞においては，長寿命タンパク質の基底レベルでの分解はおもにミクロオートファジーにより行われると主張した[2]．このような知見は，鍵となる遺伝子の発見がつづかなかったことから，マクロオートファジー研究における *ATG* 遺伝子群の発見と，その欠損マウスを利用した解析の進展とは対照的に，分子レベルで実証することがかなわず現在に至っている．

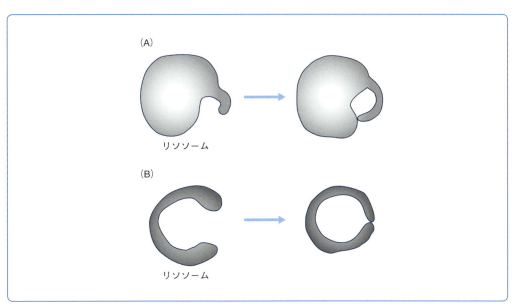

図8-1 哺乳類細胞におけるミクロオートファジーの形態模式図
（A）リソソーム膜の一部が伸長し（左），伸長部分の先端が融合することで（右）細胞質成分をリソソーム内部に取り込む．
（B）リソソーム全体が湾曲し（左），湾曲の先端部分での膜融合（右）が細胞質成分の取り込みを引き起こす．

❷ 酵母におけるミクロオートファジーとその機能分子群の発見

　酵母においてリソソームに相当するオルガネラである液胞は，細胞内の大きな部分を占めており，大隅良典らのマクロオートファジー研究の出発点においては，液胞内部の構造体の観察が鍵となっていた．同様に，液胞形態の観察に適した酵母は，液胞膜の変形による細胞質成分の取り込み機構であるミクロオートファジーを検出するのにも適している．1990年代に入り，酵母において，さまざまなオルガネラがミクロオートファジーにより液胞内部へと輸送され，分解されることが見いだされてきた．また，細胞質のミクロオートファジーによる非特異的な液胞内への取り込みに関しては，単離した液胞を用いた生化学的解析が可能となったことから，機能因子の特定が進んだ．さらに，遺伝学的手法を用いたスクリーニン

KEYWORD解説

○ **ミクロオートファジー**：リソソーム・液胞膜，あるいはエンドソーム膜が変形してタンパク質集合体やオルガネラなどを包み込み，分解へと導く過程．新生膜が分解対象を包むマクロオートファジーと対比して命名された．

○ **ESCRTタンパク質**：エンドソームにおける多胞体 multivesicular body 形成に機能するタンパク質群．ESCRT（endosomal sorting complex required for transport）複合体0からⅢまでを構成するタンパク質と，複合体を膜から解離させる ATPase 複合体，その他アクセサリータンパク質群からなる．

○ **シャペロン介在性オートファジー（CMA）**：細胞質タンパク質の特定アミノ酸配列（KFERQ様配列）がHsc70（heat shock cognate 70）タンパク質に結合したのちに，リソソーム膜タンパク質LAMP2-A に受け渡され，リソソーム内へ輸送され分解される機構で，哺乳類細胞にのみ見いだされている．

グ実験などから，ミクロオートファジーに機能する分子群がつぎつぎと明らかになった．

　しかし，後述するように，研究が進展するにつれ，酵母におけるミクロオートファジーと，その分子機構の多様性，複雑性が明らかとなりつつある．これは，マクロオートファジーにおいてオルガネラの種類や分解対象の特異性の有無にかかわらず，核となる *ATG* 遺伝子群が共通して機能することとは対照的であり，ミクロオートファジーの包括的な理解をむずかしくしている．

③ エンドソーム・ミクロオートファジーの発見と哺乳類細胞におけるミクロオートファジーの機能理解

　2010年代に入り，哺乳類細胞における新たなミクロオートファジー様式の発見が相次いだ．1つめの発見は，リソソームではなくエンドソーム膜の陥入によるミクロオートファジー（エンドソーム・ミクロオートファジー）の発見である[3]．この過程はエンドソームにおける多胞体形成機構を用いた細胞質成分の取り込みであり，加えて，Hsc70タンパク質を必要とする．また，シャペロン介在性オートファジー chaperone-mediated autophagy（CMA）とよばれる，哺乳類細胞のみに見いだされている別のオートファジー様式にも Hsc70 は必要であり，分解対象となるタンパク質もエンドソーム・ミクロオートファジーとシャペロン介在性オートファジーとは重複している．エンドソーム・ミクロオートファジーは分裂酵母でも見いだされ[4]，ショウジョウバエを対象とした研究により，シナプス近傍での神経細胞内タンパク質の分解に重要であることがわかる[5]など，その研究が急速に進展しており，その分子機構については後述する．

　もう1つの発見は，すでに述べたものとは逆に，エンドソームがミクロオートファジーの分解対象となる，という発見である[6]．この現象はマウスの胚発生時に臓側内胚葉という名称の細胞群でみられるものであり，頂端液胞 apical vacuole とよばれるリソソーム様のオルガネラがエンドソームを包み込んで取り込み，その後，リパーゼ活性依存的に取り込まれたエンドソームが分解される（図8-2）．この過程に機能する Rab7 タンパク質の欠損が胚致死

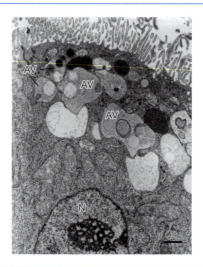

AV：頂端液胞（apical vacuole）
N：核
スケールバー：1μm

図8-2　マウス胚発生時の臓側内胚葉細胞の電子顕微鏡写真

［写真提供：孫-和田戈虹博士（同志社女子大学薬学部）］

性をもたらすことから，ミクロオートファジーによるエンドソームの分解および頂端液胞そのものの膜の分解が，臓側内胚葉細胞の胚発生における機能に重要であることが強く示唆された．このように，形態学的に早くから認識されていたミクロオートファジーの分子機構や生理機能は，最近ようやく理解され始めたところである．

8-2　ミクロオートファジーの分子機構

❶ 酵母におけるミクロオートファジーの分子機構：*ATG*遺伝子群の関与

　酵母においては，ミクロオートファジーによる細胞質成分の非特異的な分解[7, 8]のほかに，ペルオキシソーム[9~12]，ミトコンドリア[13]，核の一部[14]，小胞体[15]，脂肪滴[16~18]がミクロオートファジーにより特異的に分解されることがわかっている（**図8-3**）．ほぼすべての研究が出芽酵母 *Saccharomyces cerevisiae* を対象としたものであるが，ペルオキシソームに対するミクロオートファジー（ミクロペキソファジー）については，筆者らのグループによるものを含め，メタノール資化性酵母 *Pichia pastoris* を対象に解析が進められている．これは，*P. pastoris* においてメタノールを炭素源にして培養した際に誘導されるペルオキシソームが，炭素源をグルコースに変えることにより，すみやかに（数時間で）ミクロペキソファジーにより液胞へ輸送されることから，形態学的解析が容易であるためである．

　それぞれのオルガネラに対するミクロオートファジー研究からわかったことは，酵母には *ATG* 遺伝子を必要とするミクロオートファジーと，必要としないミクロオートファジーの両方が存在するということである（**図8-3**，*ATG* 遺伝子依存性）．*S. cerevisiae* のミクロオートファジーでは，核の一部を分解するもの，および脂肪滴を分解するものが *ATG* 遺伝子を必要とする[14, 17]．細胞質成分を非特異的に分解するミクロオートファジーには *ATG* 遺伝子は「部分的に」必要であるとされる[8]．一方で，ミトコンドリア，小胞体を分解対象とするも

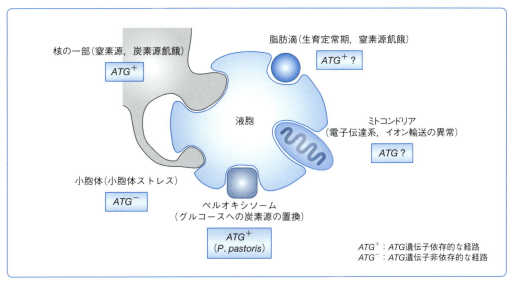

図8-3　酵母細胞におけるさまざまなオルガネラを対象とした選択的ミクロオートファジーの模式図
カッコ内にそれぞれのミクロオートファジー誘導条件を記す．

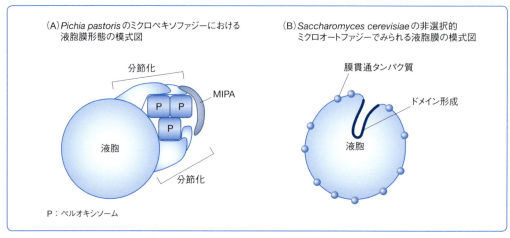

図8-4　酵母におけるミクロオートファジー誘導時の液胞膜変形

のに関しては，*ATG* 遺伝子の必要性は報告されていない．

　ATG 遺伝子のほとんどは，マクロオートファジーにおける新たな膜構造（隔離膜，オートファゴソーム膜）の形成に必要なものである．ゆえに，液胞（またはリソソーム）が変形して対象物を取り込むミクロオートファジーにとっては一見，必要のないものに思える．しかし，*P. pastoris* のミクロペキソファジーにおいては，ペルオキシソームを取り囲んで伸長した液胞膜の先端部分の近傍に，二重膜構造〔MIPA（micropexophagic membrane apparatus）〕が，あたかもシールのように形成されたあとで液胞膜と融合し，ペルオキシソームを完全に細胞質から隔離することがわかっている[10]（**図8-4 A**）．ゆえに，この過程に新膜構造形成に機能する *ATG* 遺伝子が必要であることは理解しやすい[9]．一方，すでに述べた *ATG* 遺伝子を必要とする *S. cerevisiae* のミクロオートファジーのいずれにおいても，新たな膜構造の形成は観察されない．注目すべきは，これらのミクロオートファジー誘導がいずれも栄養源（窒素源，または炭素源）飢餓条件，すなわち，マクロオートファジーも同時に誘導される条件でみられることである．マクロオートファジー誘導時には，新たに形成されたオートファゴソームが液胞膜と融合し，オートファゴソーム由来の脂質・タンパク質が液胞膜に流入する．このことが液胞膜の変形にとって重要なはたらきをもつ可能性がある．実際，脂肪滴に対するミクロオートファジーが高頻度に起こるためには，液胞膜が脂質流動性の低い領域（ordered domain）と高い領域（disordered domain）に明瞭に分離し，サッカーボールの表面のような格子状の構造をとることが重要であるが，この構造の形成には *ATG* 遺伝子が必要である[17, 18]．

❷ 酵母におけるミクロオートファジーの分子機構：液胞膜の変形に機能するタンパク質・脂質

　酵母ミクロオートファジーのほとんどは液胞膜の陥入により分解対象を取り込むが，*P. pastoris* のミクロペキソファジーでは液胞膜の一部分が伸長してペルオキシソームを取り囲むため，電子顕微鏡解析により見いだされた哺乳類細胞におけるリソソーム膜の変形と似た変形が起こる．この際，液胞膜の一部分は分節化（septation）し（**図8-4 A**），この分節化・膜

伸長に機能するタンパク質として，筆者らは Vac 8[11] と Atg 18[12] を見いだしている．Vac 8は脂質化により液胞膜にアンカーされるタンパク質で，細胞分裂時の母細胞から娘細胞への液胞の継承（inheritance）に機能するタンパク質として同定されたものである．この液胞継承の際にも Vac 8に依存した液胞膜分節化が起こることから，ミクロオートファジーと液胞継承とで同様の液胞膜動態が起こっている．また，Atg 18はマクロオートファジーにも機能するが，液胞膜変形には，Atg 18が液胞膜上で合成されるイノシトールリン脂質であるホスファチジルイノシトール 3,5-ビスリン酸〔PI (3,5) P$_2$〕を認識して液胞膜に局在する必要がある．この認識が Atg 18のリン酸化により阻害されることで，液胞膜の変形が制御される[12]．

　酵母ミクロオートファジーの大半でみられる液胞膜の陥入の分子機構については不明な点が多い．すでに述べた，細胞質成分に対する非特異的なミクロオートファジーにおいては，液胞膜の陥入部位はチューブ状になるが，この部位は他の部分と異なり膜貫通タンパク質をほとんど含まないことから，液胞膜において局所領域（ドメイン）形成が起こっている[7]（図8-4 B）．また，最近の研究から，酵母の脂肪滴に対するミクロオートファジーにおいては，液胞に局在するステロール輸送タンパク質 Ncr 1と Npc 2が液胞膜上のドメイン構造の形成と拡大に機能しており，液胞膜の陥入を引き起こす駆動力となりうることが強く示唆された[18]．核の一部を取り込むミクロオートファジーにおいても，核と液胞の接触部位がドメインとなっていることがわかっているが，どのような分子機構でドメインができるのか，また，ドメイン形成が液胞膜の変形にどう寄与するのかという問いに対する答えは得られていない．

　さらに最近の研究から，エンドソームの多胞体形成にはたらく ESCRT タンパク質に依存したミクロオートファジーが酵母で起こることがわかってきた[19]．膜上での ESCRT タンパク質複合体の形成は *in vitro* でも膜の陥入を引き起こすため[20]，ミクロオートファジーにおいても ESCRT が直接液胞膜を変形させる装置としてはたらいている可能性が高い．実際，*S. cerevisiae* を用いた筆者らや他の研究グループの研究でも，培養条件の変化に応じて ESCRT タンパク質の1つである Vps 27が液胞膜の表面に移行し，ミクロオートファジーに機能することを見いだしている[21, 22]．

❸ 哺乳類におけるエンドソーム・ミクロオートファジーの分子機構

　エンドソームにおける多胞体形成は，従来はエンドソーム膜タンパク質を分解に導く過程としてのみ理解されてきた．しかし，近年の報告から，多胞体形成時の膜陥入にともない，細胞質タンパク質がエンドソーム内腔に取り込まれることが明らかとなった[3]．取り込まれたタンパク質はエンドソームにおいて一部分解されることがわかり，さらにエンドソームがリソソームと融合することで取り込まれたタンパク質がリソソーム酵素群により分解されうることから，この過程は細胞質成分をリソソームに輸送し分解する機構というオートファジーの定義に合致する．加えて，膜の陥入を経ることからミクロオートファジーに分類されるため，エンドソーム・ミクロオートファジーと命名された（図8-5）．

　この過程においても細胞質タンパク質の非特異的な取り込みが観察されるが，より顕著であったのは選択的なタンパク質分解であった[3]．この選択性はエンドソーム膜上に移行する Hsc 70タンパク質を介してもたらされる．Hsc 70は標的タンパク質内の KFERQ 様配列とよばれる部分を認識するため，この配列をもつタンパク質が優先的に多胞体内部に引き込まれる．この配列をもつ代表的なタンパク質として，解糖系の酵素群〔グリセロアルデヒド3-リ

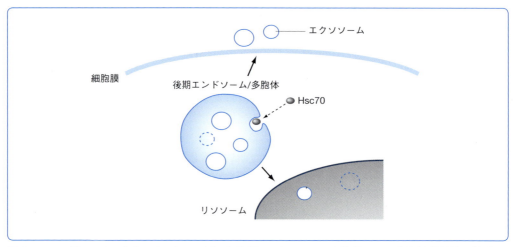

図8-5　エンドソーム・ミクロオートファジーと後期エンドソーム／多胞体からの小胞輸送経路の模式図

ン酸デヒドロゲナーゼ（GAPDH）やアルドラーゼ）が知られており，解析のモデルタンパク質として利用されている．

　エンドソーム・ミクロオートファジーにおける膜の陥入は多胞体形成の機構を利用しており，すでに述べたESCRTタンパク質により行われている．しかし，最近の研究から，Hsc70タンパク質自体も膜を変形させる能力をもつことが明らかとなった[5]．Hsc70はシャペロンタンパク質としての機能（タンパク質立体構造形成を補助する機能）ももつが，膜の変形にはHsc70のシャペロンとしての機能は必要ない．一方，Hsc70のもつ膜移行性は膜変形能に重要であり，また，Hsc70自体のオリゴマー形成能と膜変形能とのあいだにも高い相関性がみられた．

　興味深いことに，ショウジョウバエを用いた実験系により，シナプスを形成する神経細胞部位ではKFERQ様配列をもつ複数のタンパク質（Unc-13，EndoA，WASp，Comt/NSF）がHsc70によるエンドソーム・ミクロオートファジーを経て分解され，量の制御を受けることが明らかとなった[5]．さらに，ミクロオートファジーの機能を欠いたHsc70を発現させた細胞の形成するシナプスでは，神経伝達物質の放出能が低下したことから，エンドソーム・ミクロオートファジーが神経機能を支持している実態も初めて示された．

8-3　ミクロオートファジー研究の課題と展望

　ここまで述べてきたように，ミクロオートファジーが分解の対象とするオルガネラが多様であることに加えて，膜変形するオルガネラ（液胞，リソソームまたはエンドソーム），そして膜変形形態（伸長，湾曲，陥入）にも多様性があり，その統一的な理解はむずかしい．しかし，過去の研究を顧みると，ミクロオートファジーの様式にかかわらず共通して考えるべき課題が浮かび上がってきたので，整理して紹介する．

　1つめは，変形する膜においてみられるドメイン形成の重要性である．哺乳類細胞の形態学的観察においても，リソソーム全体ではなく一部分のみが伸長する例が多いこと，また，

酵母においてはとくに膜の陥入部位で顕著なドメイン形成がみられることから，膜変形の重要な一過程としてドメイン形成を考慮すべきである．一般に，脂質膜では脂質，タンパク質は側方拡散しているが，脂質の組成変化や，膜裏打ちタンパク質の存在により，ドメイン形成が生じる．最近の脂肪滴に対するミクロオートファジー研究では，液胞膜におけるステロール濃度上昇がドメイン形成・拡大に寄与し，ステロールに富んだ脂質の「いかだ（raft）」がミクロオートファジーの駆動力の1つとなることがわかった[18]．哺乳類細胞におけるミクロオートファジーの分子機構を探る場合にも，変形するオルガネラ膜にどのようなドメインが形成されるのか調べることが重要になると考えられる．

　2つめは，他のオートファジー経路およびエンドサイトーシスとの連関である．マクロオートファジーとエンドサイトーシスはどちらも膜小胞のリソソーム（または液胞）への融合をもたらすため，これらの膜動態の誘導はリソソーム膜量の増大につながる．このような条件で，リソソーム膜量の減少に寄与するミクロオートファジーは，オルガネラ恒常性維持のために重要なはたらきをもつと考えられる．酵母ではすでに述べたとおり，栄養源飢餓時にマクロオートファジーとともに多様なミクロオートファジーが誘導されることがわかってきたが，誘導の分子機構は不明であり，今後の解析が待たれる．哺乳類細胞においても，胚発生の際に頂端液胞によるミクロオートファジーが起こる臓側内胚葉細胞ではエンドサイトーシスがさかんに起こっていることを考慮すると，マクロオートファジーやエンドサイトーシスがさかんな他の組織細胞においても，ミクロオートファジーの存在・生理機能の発見が期待される．

文　献 • • • • •

1) De Duve C and Wattiaux R: Annu Rev Physiol, 28: 435-492, 1966.

2) Mijaljica D, et al.: Autophagy, 7: 673-682, 2011.

3) Sahu R, et al.: Dev Cell, 20: 131-139, 2011.

4) Liu XM, et al.: Mol Cell, 59: 1035-1042, 2015.

5) Uytterhoeven V, et al.: Neuron, 88: 735-748, 2015.

6) Kawamura N, et al.: Nat Commun, 3: 1071, 2012.

7) Müller O, et al.: J Cell Biol, 151: 519-528, 2000.

8) Sattler T and Mayer A: J Cell Biol, 151: 529-538, 2000.

9) Mukaiyama H, et al.: Genes Cells, 7: 75-90, 2002.

10) Mukaiyama H, et al.: Mol Biol Cell, 15: 58-70, 2004.

11) Oku M, et al.: Autophagy, 2: 272-279, 2006.

12) Tamura N, et al.: J Cell Biol, 202: 685-698, 2013.

13) Nowikovsky K, et al.: Cell Death Differ, 14: 1647-1656, 2007.

14) Krick R, et al.: Mol Biol Cell, 19: 4492-4505, 2008.

15) Schuck S, et al.: J Cell Sci, 127: 4078-4088, 2014.

16) van Zutphen T, et al.: Mol Biol Cell, 25: 290-301, 2014.

17) Wang CW, et al.: J Cell Biol, 206: 357-366, 2014.

18) Tsuji T, et al.: eLife, 6: e25960, 2017.

19) Vevea JD, et al.: Dev Cell, 35: 584-599, 2015.

20) Saksena S, et al.: Cell, 136: 97-109, 2009.

21) Zhu L, et al.: eLife, 6: e26403, 2017.

22) Oku M, et al.: J Cell Biol, 216: 3263-3274, 2017.

9 出芽酵母の選択的オートファジー

鈴木 邦律

SUMMARY

オートファジーは真核細胞に広く保存された大規模な分解システムである．オートファジーの現象が発見されて以来，オートファジーによる分解は基本的には非選択的だと考えられてきた．しかしながら，近年の研究の発展に伴い，選択的なオートファジーが非選択的なオートファジーとは異なる重要な生理的役割を果たしていることが明らかになってきた．選択的オートファジーは，分子機構の違いから，選択性の高いAtg11依存的な選択的オートファジーと，選択性が比較的低いAtg11非依存的な選択的オートファジーとに分類される．Atg11依存的な選択的オートファジーには，Cvt経路，ペキソファジー，マイトファジー，ERファジーなどが含まれ，Atg11非依存的な選択的オートファジーにはリボファジーやアルデヒド脱水素酵素6 (Ald6)の分解が含まれる．本章では，これら選択的オートファジーの分子機構と生理的役割について述べる．

KEYWORD

○ 選択的オートファジー　　○ ATG 遺伝子　　○ Atg11　　○ オートファゴソーム　　○ 液胞

はじめに

　オートファジーは真核細胞に広く保存された分解システムである[1, 2]．栄養飢餓条件に曝された細胞はオートファジーを誘導し，細胞質にオートファゴソーム autophagosome（以下，AP）を形成することにより，細胞質の一部を取り囲み，内容物を液胞内に送り込んで分解する．オートファジーの現象が発見されて以来，オートファジーによる分解は基本的には非選択的だと考えられてきたが，選択的なオートファジーが生理的に大きな役割を果たしていることが明らかになってきた．

　選択的オートファジーの積荷として最初に同定されたのは，液胞タンパク質であるアミノペプチダーゼ I（Ape1）である．Ape1はプロペプチドを含む前駆型タンパク質として合成され，オートファジーの経路を介して液胞に運ばれたのち，プロペプチドの切断を受けて成熟型となる[3]．Ape1の液胞への輸送は栄養条件にかかわらず行われ，富栄養条件におけるApe1の輸送経路は Cvt 経路（cytoplasm-to-vacuole targeting pathway）とよばれている．米国の D. J. Klionsky らにより，Ape1の成熟に必要な遺伝子を同定すべく，成熟型 Ape1 が出現しないことを指標に17種類の cvt 変異体が同定された[4]．時期を同じくして，大隅らのグループ，およびドイツの M. Thumm らのグループが，栄養飢餓下のオートファジーに欠損のある変異体として，apg（autophagy）変異体および aut（autophagocytosis）変異体を得た[5, 6]．興味深いことに，apg 変異体も aut 変異体も Ape1 の成熟ができない表現型を示したことから，Cvt 経路とオートファジーの経路にかかわる分子機構は少なくとも一部が共通であることが示唆された[7]．Cvt 経路において，前駆型 Ape1 の輸送は Cvt 小胞とよばれる AP に類

似した二重膜構造体が担っている．ただし，Cvt 小胞は直径約 150 nm，AP は直径約 500 nm
と，大きさが大幅に異なる[8, 9]．さらに，電子顕微鏡観察に基づく大きな違いとして，AP
の内容物はほとんどが細胞質であるのに対して，Cvt 小胞の内容物からは細胞質が排除され
ていることが知られている[9]．

やがて，オートファジーによるペルオキシソームの分解を研究すべく，いくつかの研究室
が独立に変異体を取得し，*GSA*（glucose-induced selective autophagy）[10]，*PAZ*（pexophagy
zeocin-resistant）[11]，*PDD*（peroxisome degradation-deficient）[12]といった一群の遺伝子が同定
された．これらの遺伝子のなかには AP 形成にかかわる遺伝子に加え，ペルオキシソーム
の分解特異的に作用する遺伝子が含まれていた．このようにさまざまなタイプのオートファ
ジーにかかわる遺伝子群が別々の研究グループにより取得されたことから，同じ遺伝子に複
数の名称が付与され，遺伝子名が混乱の様相を呈してきた．そこで，2003 年にすべてのオー
トファジー関連遺伝子名が統合され，*ATG*（autophagy-related）と呼称されるようになった[13]．

9-1 選択的オートファジーの足場タンパク質：Atg11

Cvt 小胞や AP の形成は液胞近傍の PAS（pre-autophagosomal structure）において行われ
る[14, 15]．PAS とは，AP 形成にかかわる Atg タンパク質（以下，必須 Atg タンパク質）が液
胞近傍の限局した領域に集積している構造体として定義されたが，近年の研究の進展により，
PAS は複数のオートファジー関連構造体を含むことが知られるようになった[16, 17]．本章で
は，AP 形成前の，必須 Atg タンパク質が集積した構造体を示す用語として PAS を使用する．

KEYWORD解説

- **選択的オートファジー**：栄養飢餓により誘導されるオートファジーはリボソームなどの細胞質成分を
無作為に取り込んで分解すると考えられている（非選択的オートファジー）．それに対し，特定のタン
パク質複合体やオルガネラを選択的に分解するシステムは「選択的オートファジー」とよばれる．

- **_ATG_ 遺伝子**：ATG は autophagy-related の略．オートファゴソーム形成にかかわる遺伝子とオー
トファジーによる分解対象物に選択性を付与する遺伝子に大別される．オートファゴソーム形成にか
かわる遺伝子は非選択的および選択的オートファジーのどちらにも必要であり，オートファジーによ
る分解対象物に選択性を付与する遺伝子は選択的オートファジーに必須である．

- **Atg11**：栄養飢餓時に誘導される非選択的オートファジーには不要だが，多くの選択的オートファ
ジーには必須である．選択的積荷に対して受容タンパク質と結合し，オートファゴソーム形成にかか
わる必須 Atg タンパク質の足場を形成する．

- **オートファゴソーム**：オートファジーによる分解を担うオルガネラである．脂質二重層の二重膜によ
り，分解対象物を細胞質から隔離している．オートファゴソームが完成すると，オートファゴソーム
の外膜は分解コンパートメントである液胞の膜と融合し，内膜からなるオートファジックボディが液
胞内部に放出される．オートファジックボディは液胞内部で内容物ごと分解される．

- **液胞**：出芽酵母において分解を担う酸性オルガネラである．通常の光学顕微鏡（位相差顕微鏡／微分干
渉顕微鏡）を用いて出芽酵母を観察した際，明瞭に観察される唯一のオルガネラである．大隅らの研究
グループは，液胞内部に輸送されたオートファジックボディの有無を光学顕微鏡で観察することで，
オートファジー不能変異体を多数取得した．

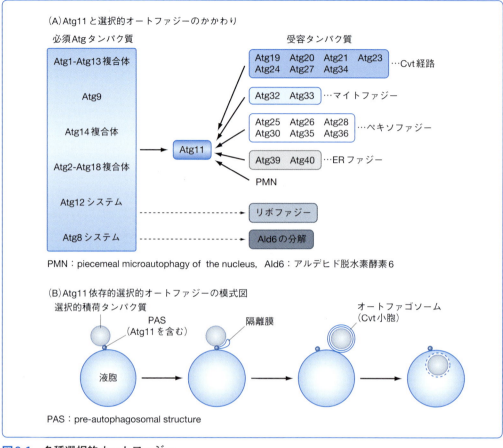

(A) Atg11と選択的オートファジーのかかわり

必須Atgタンパク質

- Atg1-Atg13複合体
- Atg9
- Atg14複合体
- Atg2-Atg18複合体
- Atg12システム
- Atg8システム

受容タンパク質

Atg19 Atg20 Atg21 Atg23 …Cvt経路
Atg24 Atg27 Atg34

Atg32 Atg33 …マイトファジー

Atg25 Atg26 Atg28 …ペキソファジー
Atg30 Atg35 Atg36

Atg39 Atg40 …ERファジー

PMN

Atg11

リボファジー

Ald6の分解

PMN：piecemeal microautophagy of the nucleus, Ald6：アルデヒド脱水素酵素6

(B) Atg11依存的選択的オートファジーの模式図

選択的積荷タンパク質

PAS
（Atg11を含む）

隔離膜

オートファゴソーム
（Cvt小胞）

液胞

PAS：pre-autophagosomal structure

図9-1　各種選択的オートファジー
(A) Atg11は，Cvt経路，マイトファジー，ペキソファジー，ERファジー，PMNなどの選択的オートファジーの中心となるタンパク質である．一方，リボファジーやAld6の優先的分解にはAtg11は不要である．必須Atgタンパク質は選択的積荷を包み込むCvt小胞やオートファゴソームの膜形成に機能する．(B) Atg11はPAS形成の足場として機能し，必須Atgタンパク質の集結にかかわる．オートファゴソームはPASを起点として選択的積荷タンパク質を包み込むように形成され，液胞へと運ばれたのちに分解される．

*ATG11*を欠いた株では，富栄養条件において必須 Atg タンパク質が PAS に集積できなくなり，Ape1の輸送が停止する[18〜20]．このことから，Atg11は Cvt 経路における PAS 形成の足場となるタンパク質であると考えられている．栄養飢餓条件では，*atg11*破壊株においても必須 Atg タンパク質が PAS に集積し，AP が正常に形成される[21]．AP 形成の足場タンパク質は Atg17である[22]．*atg17*破壊株を栄養飢餓に曝すと，Ape1の輸送は正常であるが AP 形成が不能となる[23]．栄養飢餓時の *atg17*破壊株においても，Ape1の輸送は Atg11が担っており，*atg11 atg17*二重破壊株では，PAS 形成が不能となり，Ape1の輸送もほぼ完全に停止する[22]．こうした事実から，Atg11は栄養条件にかかわらず，Atg タンパク質の足場となることで Ape1の輸送にはたらいていることがわかる．さらに，Atg11はほかの選択的オートファジーである，ペキソファジー（選択的なペルオキシソームの分解）[20, 24]，マイトファジー（選択的なミトコンドリアの分解）[25, 26]，ER ファジー〔選択的な小胞体（ER）の分解〕[27]にもかかわることが知られている．一方，Atg11に依存しない選択的オートファジーの存在もいくつか報告されている（図9-1）．

9-2 Atg11依存的選択的オートファジー

Atg11はさまざまな選択的オートファジーに必須なタンパク質である．Atg11は積荷と受容タンパク質の複合体と必須Atgタンパク質とをつなぐ役割をしていると考えられている．最近になって，Hrr25というタンパク質キナーゼが，Cvt経路の受容タンパク質であるAtg19とAtg34のリン酸化を介してCvt経路に関与するとともに，ペキソファジーにも必要であることが報告された[28~30]．Hrr25は受容タンパク質をリン酸化することで受容タンパク質とAtg11の相互作用を促進し，積荷-受容タンパク質複合体にAtg11を集積させる[28~30]．Hrr25のマイトファジーへの関与については，いまのところ統一した見解は得られていない．本章ではまず，Atg11依存的な選択的オートファジーについて概説する．

❶ Cvt経路

Cvt経路は富栄養条件において，Cvt複合体をCvt小胞により構成的に液胞へと輸送する経路である[8]．Cvt複合体は栄養飢餓条件においてAPにより液胞へと輸送されるが，この過程は選択的オートファジーとよばれる．前駆型Ape1は細胞質で合成されると，すみやかに十二量体の複合体となり，この複合体がさらに集合することによってApe1複合体とよばれる高次構造体を形成し，Cvt複合体の核を構成する[9, 31~33]．Cvt複合体はもともと電子顕微鏡観察により形態的に定義された（図9-2）．Cvt複合体は，Ape1複合体に加えて，液胞加水分解酵素であるα-マンノシダーゼ（Ams1），およびTy1ウイルス様粒子Ty1 virus-like particles（VLP）からなる[34~36]．Ty1 VLPは酵母ゲノム中に散在するTy1レトロトランスポゾンにより形成され，Ty1 VLPはApe1複合体を取り囲むように局在する[36]．加えて，Cvt複合体の形成には，受容タンパク質Atg19とAtg34が必要である[37~39]．Atg19を欠いた細胞ではApe1複合体とTy1 VLPはPASから離れて局在し，両者の選択的な液胞への輸送は阻害される[34~36]．Atg19はApe1複合体周縁部に局在し，Ape1複合体とTy1 VLPとの相互作用を媒介するとともに，Ape1複合体のPAS局在を担う[33]．栄養飢餓時にはAtg19

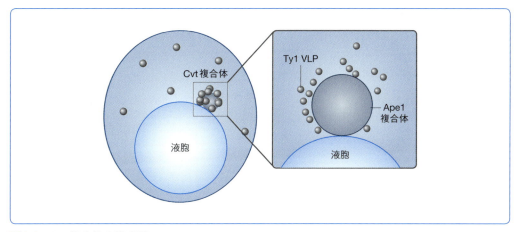

図9-2　Cvt複合体の模式図
出芽酵母 *S. cerevisiae* において，Cvt複合体は液胞近傍に局在している（左）．Ty1 VLPはCvt複合体の中心をなすApe1複合体の周辺に局在する（右）．Cvt複合体は電子顕微鏡で観察可能である．

もしくは Atg 34 のどちらかが存在すれば Ams 1 が Ape 1 複合体に局在できる[38]．つまり，Cvt 複合体は，選択的積荷タンパク質（前駆型 Ape 1，Ams 1，Ty 1 VLP）に加えて，複数の受容タンパク質（Atg 19，Atg 34）からなることがわかる．

　Cvt 複合体が液胞へと輸送される生理学的意義についてはそれほど多くのことがわかっているわけではない．Ty 1 VLP は液胞内で分解されるが，この分解が阻害されると Ty 1 レトロトランスポゾンのゲノム内への転移が促進されることが報告されている[36]．また，電子顕微鏡レベルでの局在は明らかになっていないが，Ape 4 (aspartyl aminopeptidase 4)[40] や Lap 3 (leucine aminopeptidase 3)[41] も Cvt 複合体を構成するタンパク質であると考えられている．

❷ マイトファジー

　ブドウ糖を主たる炭素源とする培地では，出芽酵母は発酵によってエネルギーを賄っている．しかし，炭素源をグリセロールやラクトースなどに変えると，出芽酵母の代謝系は酸素呼吸へと切り替わるので，ミトコンドリアにおいて活性酸素種（ROS）が生じるようになる．このような条件下では，ミトコンドリアが選択的オートファジーにより除去され，この過程はマイトファジー mitophagy とよばれる[26]．マイトファジーは酸素呼吸により増殖している細胞を窒素飢餓培地に移すことによっても誘導可能である[42]．

　マイトファジーには，必須 Atg タンパク質に加えて，Atg 11 と Atg 32 が必要である．Atg 32 はミトコンドリアの外膜に局在するマイトファジーの受容タンパク質であり，マイトファジー誘導時には 114 番目と 119 番目のセリン残基がカゼインキナーゼ 2 によるリン酸化を受け，Atg 11 および Atg 8 と相互作用することで必須 Atg タンパク質を集結させる[26, 42〜44]．Atg 32 のリン酸化には浸透圧調節シグナリング経路のキナーゼである Hog 1 や Pbs 2 がかかわっている[45]．また，Atg 33 と名づけられたマイトファジー特異的なタンパク質は，対数増殖期を終えた細胞のマイトファジーにかかわっている[46]．

　マイトファジーは，傷害を受けたミトコンドリアを除去することによりミトコンドリアの品質を維持していると考えられている．ATG 11 や ATG 32 を破壊された細胞では，栄養飢餓に直面しても，活性酸素種により傷害を受けたミトコンドリアはマイトファジーによる分解を受けない．傷害を受けたミトコンドリアはミトコンドリア DNA を失い，これらの細胞は酸素呼吸不能となる[47]．一方，非選択的オートファジーもミトコンドリアの品質維持に寄与している．ブドウ糖を炭素源とする培地で培養した細胞を窒素飢餓培地に移すと，非選択的オートファジーの変異体細胞のほとんどが 5 日以内に死滅する．pH を中性付近に調整した窒素飢餓培地ではオートファジー変異体は生存することができるが，ほとんどの細胞が呼吸欠損の表現型を示す[48]．これは非選択的オートファジーに欠損のある細胞がミトコンドリアに蓄積した活性酸素を除去できないことが原因なのかもしれない．こうした細胞内ではオートファジーにより供給される遊離アミノ酸が欠乏することにより，活性酸素種を除去するための酵素を新規につくることができない可能性が示唆されている[49]．

　非選択的なオートファジーとマイトファジーは，ミトコンドリアの品質管理において補完的な役割を果たしている可能性がある．たとえば，非選択的なオートファジーは，遊離アミノ酸を供給することで，活性酸素種を除去する酵素の合成を促進して，ミトコンドリアの活性を維持するという予防的な役割を持ち，マイトファジーはこうした予防的処置にもかかわ

らず傷害を受けてしまったミトコンドリアが他の細胞内成分やオルガネラを傷害するのを防ぐために，やむを得ず分解する役割を持っているとも考えられる．

❸ ペキソファジー

オートファジーによるペルオキシソームの選択的分解はペキソファジーpexophagy とよばれ，*Pichia pastoris*，*Hansenula polymorpha*，*Yarrowia lipolitica* などのメタノール資化性酵母を用いた研究が進んでいる[50, 51]．メタノールを炭素源とする培地でこれらの細胞を培養すると，細胞内にペルオキシソームが発達し，巨大なクラスターを形成する．こうした細胞を，ブドウ糖を炭素源とする培地に移すと，ミクロペキソファジーとよばれるプロセスが誘導される（図9-3A）．ミクロペキソファジーが誘導されると，まず，液胞がクラスターを形成しつつペルオキシソームクラスターの大部分をおおい包む．つづいて，MIPA（micropexophagic membrane apparatus）とよばれるカップ状の膜構造体が液胞クラスターの閉じていない領域に形成される[52]．やがて，MIPA 端と液胞膜とが融合することにより，液胞内部にペルオキシソームクラスターが隔離され，液胞内への輸送が完結する．

また，メタノール培地で培養されペルオキシソームクラスターを形成した細胞をエタノール培地に移すと，クラスターを構成しているペルオキシソームが1つずつ AP に包まれ，液胞へと輸送される現象がみられる．このプロセスはマクロペキソファジーとよばれ，ペルオキシソームを含む AP はペキソファゴソームとよばれる（図9-3B）．必須 Atg タンパク質はミクロペキソファジーにもマクロペキソファジーにも必要である．ペキソファジーには，必須 Atg タンパク質に加えていくつかのタンパク質が必要である．ステロールグルコシルトランスフェラーゼである PpAtg 26，コイルドコイルモチーフをもつタンパク質 PpAtg 28，

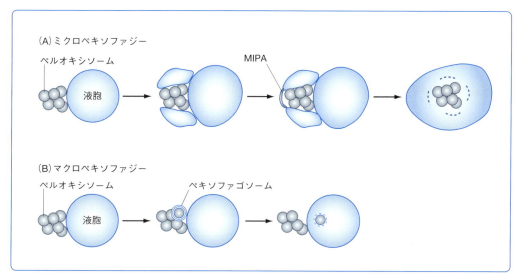

図9-3　メタノール資化性酵母におけるペキソファジーの2形態
メタノール資化性酵母をメタノール培地で培養するとペルオキシソームが発達し，クラスターを形成する．（A）これらの細胞をブドウ糖含有培地に移すと，ミクロペキソファジーが誘導され，液胞が変形しつつペルオキシソームクラスターを包み込む．つづいてペルオキシソームクラスターの包み込まれていない領域にMIPAとよばれるカップ状の膜構造体が出現し，液胞膜と融合することでペルオキシソームクラスターを液胞内部へと輸送する．（B）メタノール培地で培養した細胞をエタノール含有培地に移すと，マクロペキソファジーが誘導され，ペルオキシソームクラスターを構成するペルオキシソームをオートファゴソームが1つずつ包み込んで液胞へと輸送する現象がみられる．

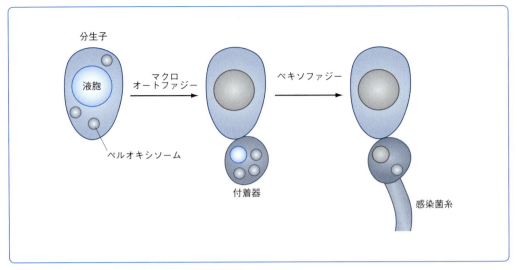

図9-4 *C. orbiculare* が宿主へと感染する過程
分生子（無性胞子）から付着器を分化する過程にマクロオートファジーが必要とされる．また，感染菌糸の伸長にはペキソファジーが必要である．

ペルオキシソームの受容タンパク質である PpAtg30 などが報告されている[53~55]．また，PpAtg35はミクロペキソファジーに必要なタンパク質であり，HpAtg25はマクロペキソファジーに必要なタンパク質として報告されている[56,57]．

　キュウリなどに感染して病徴を引き起こす病原性真菌 *Colletotrichum orbiculare* が病原性を発揮するためには，ペルオキシソームの生合成が必要である[58]．また，ペキソファジーも病原性に重要であることが知られている（**図9-4**）．*C. orbiculare* の細胞は，宿主内に侵入するために付着器とよばれる構造を発達させる．しかし，非選択的オートファジーとペキソファジーがともに不能となる *Coatg8* 変異細胞では，付着器が正常に分化しない[59]．また，*Coatg26* 変異細胞では，ペキソファジーが正常に進行せず，宿主細胞内への侵入に特異的な欠損がみられる[59]．これらの事実から，非選択的なオートファジーは *C. orbiculare* の付着器形成に必要であり，ペキソファジーが付着器生成後の感染性に必要であることがわかる．

　パン酵母 *Saccharomyces cerevisiae* では，ペキソファジーの受容タンパク質として Atg36 が同定されている[24]．Atg36は Pex3というペルオキシソームの生合成と分裂に関与するタンパク質に相互作用するタンパク質として同定された．Atg36がペルオキシソームへと局在するためには Pex3が必要であり，Pex3を強制的にミトコンドリアに局在化させると，Atg36がミトコンドリアで機能することでマイトファジーが誘導される．Atg36が Hrr25によってリン酸化されることで，Atg36と Atg11のあいだの結合が強くなり，Atg11がペルオキシソームへと局在化できるようになる[28]．また，Atg36は他の受容タンパク質と同様に Atg8とも結合することが知られている[24]．

❹ PMN

　出芽酵母の細胞が飢餓条件に曝されると，細胞核の不要な領域が液胞内へと伸び出し，その後，ちぎれて液胞内腔へと輸送される．生じた小胞は核膜の二重膜と液胞膜の一重膜からなる脂質二重層の三重膜から構成されており，最終的に液胞内の加水分解酵素によって分解

される．この過程は PMN（piecemeal microautophagy of the nucleus）とよばれる[60]．PMN は核と液胞が結合している領域である NVJ（nucleus-vacuole junction）において生じる．NVJ は核膜の外膜に局在する Nvj1 と液胞膜に局在する Vac8 との相互作用によって生じる．Nvj1 と Vac8 はともに PMN に必要である[60, 61]．また，液胞膜をまたいだ電気化学的な勾配が PMN に必要であり，脂質を修飾する酵素も PMN に必要であることが明らかになっている[62]．Nvj1 は PMN により液胞で分解されるので，PMN の進行をモニターするためには Nvj1-GFP が液胞内で分解を受け，結果として生じる遊離 GFP の出現を確認する[61]．マイトファジーやペキソファジーと同様に，Atg11 および必須 Atg タンパク質も PMN には必要である[61]．ただし，PMN の生理的意義については今後の解析が待たれる．

⑤ ER ファジー

出芽酵母 *S. cerevisiae* の細胞においてオートファジーが誘導されると，小胞体 endoplasmic reticulum（ER）の一部が選択的に AP に取り込まれ，液胞内に運ばれたのちに分解される．この過程は ER ファジーとよばれる．

Atg39 と Atg40 はともに Atg8 および Atg11 と結合する典型的な受容タンパク質である[27]．Atg39 と Atg40 は ER に局在する ER ファジー特異的な膜タンパク質であり，ER ファジーの進行とともに液胞へと輸送される．出芽酵母においては，ER は大きく分けて perinuclear ER（pnER）と cortical ER（cER）とよばれる2つのサブドメインからなる．Atg39 は pnER 特異的な，Atg40 は cER 特異的な局在を示し，それぞれの ER サブドメインの選択的分解を担う．核小体タンパク質 Nop1 は ER ファジー依存的な分解を受けるが，この分解は PMN に必要な Nvj1 に依存しない．

非選択的オートファジーは窒素飢餓時の生存に重要であり，必須 Atg タンパク質である Atg1 を欠いた細胞では，窒素飢餓時の生存率が著しく低下する．興味深いことに，*atg39* 破壊株では非選択的なオートファジーが正常であるにもかかわらず，栄養飢餓条件における生存率が野生株に比べて有意に低下する．*atg1 atg39* 破壊株は，*atg1* 破壊株と同程度の生存率を示したことから，窒素飢餓条件下では，ER ファジーと非選択的オートファジーがともに細胞の生存率維持に寄与していると考えられる．分解対象の ER 膜がどのようにして断片化され，AP に取り込まれていくのかという分子機構の解明は今後の課題である．

9-3　Atg11 非依存的な選択的オートファジー

これまで，細胞質に大量に存在するタンパク質は非選択的に AP に取り込まれると信じられてきた．しかし，細胞質のアルデヒド脱水素酵素である Ald6 や，リボソームが，Atg11 に依存しない機構を用いて優先的に分解されることが明らかとなってきた．Atg11 非依存的な選択的オートファジーは，Atg11 依存的な選択的オートファジーに比べて選択性は低い．また，Hrr25 は Atg11 非依存的なオートファジーにはかかわっていない[28]．

① アルデヒド脱水素酵素6（Ald6）

窒素飢餓に24時間曝した野生株とオートファジー欠損株の細胞質タンパク質を比較する

ことで，オートファジーにより優先的に分解されるタンパク質として，細胞質の可溶性酵素であるアルデヒド脱水素酵素（Ald 6）が同定された[63]．なお，Ald 6 の優先的分解には，選択的オートファジーに必要な既知の因子である Atg 11 は不要であった．

　窒素飢餓に曝したオートファジー欠損株では，Ald 6 の優先的分解が進行しないので，Ald 6 が活性を有したまま細胞質に大量に残存する．すると，窒素飢餓培地における生存率が低下することが明らかとなった．一方，不活性型の Ald 6 が残存してもほとんど影響がない．つまり，Ald 6 の酵素活性は窒素飢餓培地における細胞の生存に悪影響を与えているということになる．

　また，AP 画分のプロテオミクス解析により，Ald 6 以外にも複数の細胞質タンパク質が優先的オートファジーの標的タンパク質の候補として同定されており，これらのタンパク質の優先的オートファジーも Atg 11 に依存しないことが報告されている[64]．

❷ リボファジー

　出芽酵母においてオートファジーの現象が見いだされて以来，リボソームの存在は AP 中に細胞質が取り込まれていることの指標として用いられ，非選択的な積荷であると考えられてきた[65]．しかし，その後の研究により，リボソームはオートファジーによって優先的に分解されることが報告された[44]．このリボソームの優先的分解はリボファジー ribophagy とよばれる．

　リボファジーは Ape 1 の受容タンパク質である Atg 19 に依存しないことが報告されている．また，AP 画分のプロテオミクス解析により，リボソーム関連タンパク質が Atg 11 非依存的に AP に取り込まれていることが示唆されている[64]．これらの結果，リボファジーは Atg 11 非依存的な選択的オートファジーであると考えられる．非必須遺伝子破壊株を用いたゲノムワイドなスクリーニングにより，Upb 3/Bre 5 脱ユビキチン化酵素複合体がリボファジーに関与していることが明らかとなった[66]．また，Ubp 3/Bre 5 脱ユビキチン化酵素複合体はユビキチン-プロテアソーム系 ubiquitin-proteasome system（UPS）の機能に重要な Cdc 48/Ufd 3 複合体と相互作用しており，Cdc 48/Ufd 3 複合体もリボファジーに関与している[67]．しかし，プロテアソームによる分解はリボファジー活性にほとんど影響しない[67]．これらリボファジーに欠損のある細胞においても，リボファジー以外のオートファジー経路は正常である．このようにユビキチン化とリボファジーとの機能的連関は示唆されているが，リボソームに選択性を付与する機構については依然として未知である．

おわりに：結論と展望

　選択的オートファジーは，細胞が環境の変化に適応する過程において，不要な細胞内成分を分解するために誘導される．Atg 11 依存的な選択的オートファジーの際には，AP の標的は受容タンパク質を介して Atg 11 と相互作用することで，AP 膜形成に必須な Atg タンパク質を集めてくる．Atg 11 は高等動植物には保存されていないので，Atg 11 依存的選択的オートファジー様のシステムは，高等動植物に存在するとしても，かなり違ったかたちで実装されているだろう．一方，Atg 11 非依存的な選択的オートファジーについては，分解対象物に選択性を付与する機構はまったくわかっていない．この機構が真核細胞に共通のものであるならば，選択的オートファジーの生理的意義が，より一般的に議論できる可能性がある．

謝辞

本章を執筆するにあたり，貴重な助言をいただいた当研究室の平田恵理さんに感謝します．

本章を執筆するにあたり，貴重な助言をいただいた当研究室の平田恵理さんに感謝します．

文　献 ·····

1) Mizushima N, et al.: Annu Rev Cell Dev Biol, 27: 107-132, 2011.

2) Suzuki K and Ohsumi Y: FEBS Lett, 581: 2156-2161, 2007.

3) Klionsky DJ, et al.: J Cell Biol, 119: 287-299, 1992.

4) Harding TM, et al.: J Cell Biol, 131: 591-602, 1995.

5) Tsukada M and Ohsumi Y: FEBS Lett, 333: 169-174, 1993.

6) Thumm M, et al.: FEBS Lett, 349: 275-280, 1994.

7) Harding TM, et al.: J Biol Chem, 271: 17621-17624, 1996.

8) Scott SV, et al.: J Cell Biol, 138: 37-44, 1997.

9) Baba M, et al.: J Cell Biol, 139: 1687-1695, 1997.

10) Yuan W, et al.: J Cell Sci, 110 (Pt 16): 1935-1945, 1997.

11) Mukaiyama H, et al.: Genes Cells, 7: 75-90, 2002.

12) Titorenko VI, et al.: J Bacteriol, 177: 357-363, 1995.

13) Klionsky DJ, et al.: Dev Cell, 5: 539-545, 2003.

14) Suzuk K, et al.: EMBO J, 20: 5971-5981, 2001.

15) Suzuki K and Ohsumi Y: FEBS Lett, 584: 1280-1286, 2010.

16) Suzuki K, et al.: J Cell Sci, 126: 2534-2544, 2013.

17) Graef M, et al.: Mol Biol Cell, 24: 2918-2931, 2013.

18) Xie Z and Klionsky DJ: Nat Cell Biol, 9: 1102-1109, 2007.

19) Shintani T and Klionsky DJ: J Biol Chem, 279: 29889-29894, 2004.

20) Kim J, et al.: J Cell Biol, 153: 381-396, 2001.

21) Kawamata T, et al.: Mol Biol Cell, 19: 2039-2050, 2008.

22) Suzuki K, et al.: Genes Cells, 12: 209-218, 2007.

23) Kamada Y, et al.: J Cell Biol, 150: 1507-1513, 2000.

24) Motley AM, et al.: EMBO J, 31: 2852-2868, 2012.

25) Kanki T and Klionsky DJ: J Biol Chem, 283: 32386-32393, 2008.

26) Okamoto K, et al.: Dev Cell, 17: 87-97, 2009.

27) Mochida K, et al.: Nature, 522: 359-362, 2015.

28) Tanaka C, et al.: J Cell Biol, 207: 91-105, 2014.

29) Mochida K, et al.: FEBS Lett, 588: 3862-3869, 2014.

30) Pfaffenwimmer T, et al.: EMBO Rep, 15: 862-870, 2014.

31) Oda MN, et al.: J Cell Biol, 132: 999-1010, 1996.

32) Kim J, et al.: J Cell Biol, 137: 609-618, 1997.

33) Yamasaki A, et al.: Cell Rep, 16: 19-27, 2016.

34) Shintani T, et al.: Dev Cell, 3: 825-837, 2002.

35) Suzuki K, et al.: Dev Cell, 3: 815-824, 2002.

36) Suzuki K, et al.: Dev Cell, 21: 358-365, 2011.

37) Scott SV, et al.: Mol Cell, 7: 1131-1141, 2001.

38) Suzuki K, et al.: J Biol Chem, 285: 30019-30025, 2010.

39) Watanabe Y, et al.: J Biol Chem, 285: 30026-30033, 2010.

40) Yuga M, et al.: J Biol Chem, 286: 13704-13713, 2011.

41) Kageyama T, et al.: Biochem Biophys Res Commun, 378: 551-557, 2009.

42) Kanki T, et al.: Dev Cell, 17: 98-109, 2009.

43) Kondo-Okamoto N, et al.: J Biol Chem, 287: 10631-10638, 2012.

9

44）Kanki T, et al.：EMBO Rep, 14：788-794, 2013.

45）Klionsky DJ, et al.：Autophagy, 8：445-544, 2012.

46）Kanki T, et al.：Mol Biol Cell, 20：4730-4738, 2009.

47）Kurihara Y, et al.：J Biol Chem, 287：3265-3272, 2012.

48）Suzuki SW, et al.：PLoS One, 6：e17412, 2011.

49）Onodera J and Ohsumi Y：J Biol Chem, 280：31582-31586, 2005.

50）Veenhuis M, et al.：FEMS Microbiol Lett, 100：393-403, 1992.

51）Dunn WA Jr, et al.：Autophagy, 1：75-83, 2005.

52）Mukaiyama H, et al.：Mol Biol Cell, 15：58-70, 2004.

53）Oku M, et al.：EMBO J, 22：3231-3241, 2003.

54）Stasyk OV, et al.：Autophagy, 2：30-38, 2006.

55）Farré JC, et al.：Dev Cell, 14：365-376, 2008.

56）Nazarko VY, et al.：Autophagy, 7：375-385, 2011.

57）Reggiori F, et al.：Mol Biol Cell, 16：5843-5856, 2005.

58）Kimura A, et al.：Plant Cell, 13：1945-1957, 2001.

59）Asakura M, et al.：Plant Cell, 21：1291-1304, 2009.

60）Roberts P, et al.：Mol Biol Cell, 14：129-141, 2003.

61）Krick R, et al.：Mol Biol Cell, 19：4492-4505, 2008.

62）Dawaliby R and Mayer A：Mol Biol Cell, 21：4173-4183, 2010.

63）Onodera J and Ohsumi Y：J Biol Chem, 279：16071-16076, 2004.

64）Suzuki K, et al.：PLoS One, 9：e91651, 2014.

65）Takeshige K, et al.：J Cell Biol, 119：301-311, 1992.

66）Kraft C, et al.：Nat Cell Biol, 10：602-610, 2008.

67）Ossareh-Nazari B, et al.：J Cell Biol, 204：909-917, 2014.

10 哺乳類選択的オートファジー概論

一村 義信・小松 雅明

SUMMARY

　選択的オートファジーは，変性・易凝集性タンパク質，異常・過剰オルガネラ（細胞小器官），さらには細胞内侵入細菌を特異的に排除し，細胞の恒常性維持に貢献する．したがって，選択的オートファジーの異常は，神経変性疾患，癌や感染症をはじめとしたヒト疾患発症に関与すると考えられる．本章では，高等動物における選択的オートファジーの分子メカニズムついて概説する．

KEYWORD

○ 選択的オートファジー　　○ ユビキチンシグナル　　○ LIR（LC 3-interacting region）

10-1　選択的オートファジー発見の歴史

　オートファジーは，細胞質中に出現した隔離膜が細胞質成分を取り囲んだオートファゴソームが形成される過程と，オートファゴソームがリソソームと融合し細胞質成分を分解する過程からなる，複雑な膜動態を伴うタンパク質分解経路である．

　この分解系は，細胞質の一部を取り囲んだオートファゴソームがリソソームと融合することにより分解が完了する基質選択性の低い分解系と定義されてきた．しかし，1990年代前半，大隅良典らによる酵母オートファジー関連遺伝子〔ATG（autophagy-related）gene〕の同定を契機（ポスト Atg 時代突入後）[1]に，D. J. Klionsky や S. Subramani らのグループは，それぞれアミノペプチダーゼ複合体やペルオキシソームがオートファジーの分子機構依存的かつ選択的に液胞に輸送されることを明らかにした[2, 3]．2004年には，吉森 保らにより，細胞内に侵入した A 型連鎖球菌が選択的にオートファゴソームにより取り込まれ殺菌されること[4]，2005年には，T. Johansen らにより，p62/SQSTM1（以下は p62）を介したオートファジーによるユビキチン陽性凝集体排除機構（レセプター仮説）が報告された[5]．この報告をきっかけに，高等動物における選択的オートファジーが注目されるようになった．

　時期を同じくして，筆者らは，オートファジー欠損マウス組織の共通の特徴として p62 が著しく蓄積し，ユビキチン-p62陽性の凝集体が形成されることを見いだした[6, 7]．さらに，R. J. Youle らは，若年性パーキンソン病の原因遺伝子産物であるユビキチンリガーゼ Parkin によるミトコンドリア外膜タンパク質のユビキチン化が，オートファジーによる変性ミトコンドリアの除去を惹起することを報告した[8]．この後，脂肪滴，小胞体，さらには損傷リソソームまでもが，選択的にオートファゴソームにより取り囲まれることが判明した[9〜11]．現在，選択的オートファジーの生理的重要性，そしてその破綻と疾患が注目されている．

10-2　選択的オートファジーとは

　ある特定の物質（カーゴ）をオートファゴソームが取り囲み，リソソームと融合することによりカーゴのみを分解する過程を，選択的オートファジーとよぶ．カーゴの種類により，アグリファジー（カーゴ：タンパク質凝集体），マイトファジー（カーゴ：ミトコンドリア），ペキソファジー（カーゴ：ペルオキシソーム），リポファジー（カーゴ：脂肪滴），レティキュロファジー（ERファジー．カーゴ：小胞体），フェリチノファジー（カーゴ：フェリチン），ゼノファジー（カーゴ：細菌）などに分類される．

　これらの選択的オートファジーは，ストレスに応じた「各カーゴの標識」や「レセプター分子」により担保される．「各カーゴの標識」とは，カーゴのユビキチン化やレセプター分子のカーゴへの局在化を意味する．一方，「レセプター分子」は，カーゴとオートファゴソーム局在分子 LC3ないしは GABARAP ファミリー分子の両方に結合する分子群を指す．

10-3　ユビキチンシグナルとコアATGタンパク質

　タンパク質凝集体，変性ミトコンドリアや細胞内侵入細菌は，ユビキチン化依存的にオートファゴソーム形成部位に集積し，選択的にオートファゴソームに取り囲まれると考えられている（図10-1）．すなわち，ユビキチン-プロテアソーム系 ubiquitin-proteasome system（UPS）と同様に，オートファジーもユビキチンシグナルをその分解に利用している．ユビキチン化されたオートファジー選択基質は，初期オートファゴソーム形成に必須なコア ATG タンパク質に先立ってオートファゴソーム形成部位（PAS）に集積する．また，タンパク質凝集体が高度に不溶化し封入体になると，そこにユビキチン化依存的に，オートファゴソーム形成に必須なホスファチジルイノシトール3-リン酸（PI3P）を供給する Vps34や Beclin1，そして PI3P 結合タンパク質 DFCP1（Double FYVE-containing protein 1）が集積する[12]．

　一方，エンドサイトーシスにより細胞内に侵入したサルモネラがエンドソームを断裂する

> **KEYWORD解説**
>
> ● **選択的オートファジー**：一般に知られるオートファジーは，飢餓時に著しく誘導され，オルガネラを含む細胞質成分を無秩序にオートファゴソームが取り囲み，分解へ導く，非選択的な分解システムを意味している．これに対し，変性タンパク質，損傷オルガネラ，あるいは侵入細菌などを標的とし，オートファゴソームが特定の分解基質を取り囲んで排除する様式を選択的オートファジーとよぶ．
>
> ● **ユビキチンシグナル**：ユビキチン-プロテアソーム系では，分解基質のリジン残基に共有結合したポリユビキチン鎖が目印（ユビキチンシグナル）となり，プロテアソームで分解される．近年，選択的オートファジーの多くの分解基質にもポリユビキチン鎖修飾が見いだされており，選択的オートファジーのレセプターとポリユビキチン鎖の相互作用が，分解基質のオートファゴソームへの取り込みに重要であることが判明している．
>
> ● **LIR（LC3-interacting region）**：選択的オートファジーのレセプターに見いだされる LC3と結合するアミノ酸配列．芳香族アミノ酸（Trp/Phe/Tyr）-X-X- 分枝鎖アミノ酸（Leu-Ile-Val．X は任意のアミノ酸）からなる配列を特徴とする．レセプターに存在する LIR が LC3と相互作用することで，分解基質はオートファゴソームにつなぎ止められる．

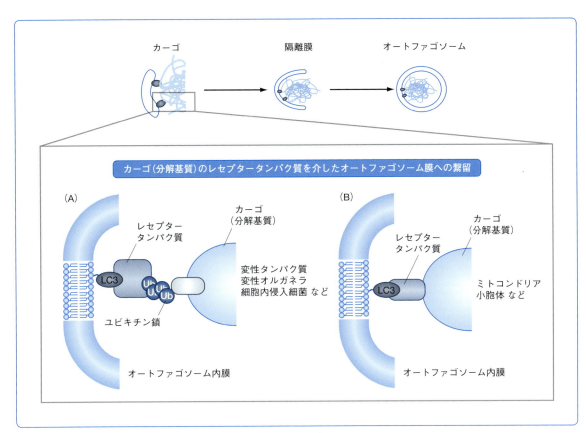

図10-1　選択的オートファジーの分子機構
変性オルガネラ，タンパク質凝集体，細菌などのカーゴ（分解基質）に沿って，オートファゴソーム形成が開始する．レセプタータンパク質がカーゴを (A) ユビキチン鎖依存的，あるいは (B) 直接，オートファゴソーム内膜につなぎ止める．

と，その周辺にはユビキチン化依存的にコア ATG タンパク質が集合する[13]．しかし，その
オーダーは栄養飢餓誘導型オートファジーのそれとは異なる[14]．FIP 200 や ATG 16L など
はユビキチンと結合できるようであるが[13]，コア ATG タンパク質がユビキチン化カーゴへ
リクルートされる（あるいはユビキチン化カーゴがオートファゴソーム形成部位に局在する）
分子機構も，コア ATG タンパク質の飢餓誘導型オートファジーとのヒエラルキーの違いの
意味も，不明である．Alfy（Autophagy-linked FYVE protein）は，FYVE ドメインを介して
PI3P，WD リピートを介してコア ATG タンパク質の1つである ATG 5，そして BEACH
ドメインを介して p62 と相互作用することから，選択的オートファジーの足場タンパク質
と想定されている[15]．

10-4　レセプタータンパク質

　酵母 Atg8の哺乳動物ホモログである LC3と GABARAP ファミリーは，それぞれ LC3A，
LC3B，LC3C および GABARAP，GABARAPL2，GABARAPL2で構成される．LC3，GABARAP
ファミリーは，Atg4（脱酵素）により C 末端が切断され，グリシン残基が露出した成熟型に
なる．その後，Atg7（E1様酵素），Atg3（E2様酵素），そして Atg12-Atg5・Atg16L（E3様

表10-1　選択的オートファジーのレセプターとLIR配列

レセプター	LIR 配列（W**XX**L）			カーゴ（分解基質）
p62	335	DDDWTHL	341	凝集タンパク質
NBR1	730	SEDYIII	735	凝集タンパク質, ペルオキシソーム
OPTN	175	EDSFVEI	181	ミトコンドリア, 細菌
NDP52	132	EEDILVV	136	ミトコンドリア, 細菌
TAX1BP1	46	PKDWVGI	52	ミトコンドリア
TOLLIP	130	RIAWTHI	136	ミトコンドリア
TOLLIP	148	EDKWYSL	154	ミトコンドリア
NIX/BNIP3L	33	NSSWVEL	39	ミトコンドリア, 小胞体（ER）
FAM134B	453	GDDFELL	458	小胞体（ER）
STBD1	200	HEEWEMV	206	グリコーゲン
Wdfy3	3344	KDGFIFV	3349	凝集タンパク質
FUNDC1	15	DDSYEVL	21	ミトコンドリア

酵素）を介した反応系により，膜リン脂質のホスファチジルエタノールアミン（PE）と結合し，オートファゴソーム膜に局在する．オートファゴソーム内膜に結合したLC3あるいはGABARAPファミリーは，リソソームとの融合により細胞質成分とともに分解される．

　2005年，T. Johansenらは，ユビキチン結合タンパク質p62がオートファゴソームに局在し，ユビキチン陽性凝集体をオートファゴソームへ輸送することを報告した[5]．さらに，2007年にJohansenらの生化学的解析から，2008年には筆者らの構造解析から，p62はDDDWTHL配列を介して直接LC3と結合することが判明した[16, 17]．とくに，LIR（LC3-interacting region）と名づけられたアミノ酸配列WTHL（以下WXXL）に存在する，トリプトファン（Trp, W）とロイシン（Leu, L）側鎖とLC3のN末端のαヘリックスとユビキチンフォールドの間隙に生じる2つの疎水性ポケットとの疎水性相互作用が，p62とLC3との結合に決定的であった．現在までに多くのレセプタータンパク質やLC3/Atg8結合タンパク質にLIRが同定されている（**表10-1**）が，これにはp62のドメインおよび構造解析の結果が貢献してきた．現在では，LIR検索のデータベースも構築されている（iLIR Autophagy Database [*1]）[18]．細胞内侵入細菌やミトコンドリアのレセプターであるOptineurin（OPTN）やNIX/BNIP3Lは，LIRの直前に存在するセリン残基がリン酸化されるとLC3と相互作用が増す[19, 20]．つまり，LIRの翻訳後修飾による制御が存在する．また，LC3ないしはGABARAPへ特異的に結合する配列をもつレセプターも同定されており[21]，Atg8のホモログに使い分けがあることもわかってきた．これらの発見により，選択的基質とLC3ないしはGABARAPと結合するレセプタータンパク質群が，選択性を決定するというモデルが提唱された．

　しかし，驚いたことに，哺乳動物Atg8ホモログをすべて欠損したHeLa細胞においてもミトコンドリアをオートファゴソームが隔離する様子が観察されている[22]．このことは，選択的オートファジーにおいてレセプタータンパク質群とLC3ないしはGABARAPとの相互作用は必須でないことを意味する．おそらく，効率的なオートファゴソームへの基質の取

＊1　URL：https://ilir.warwick.ac.uk/（2017年11月現在）

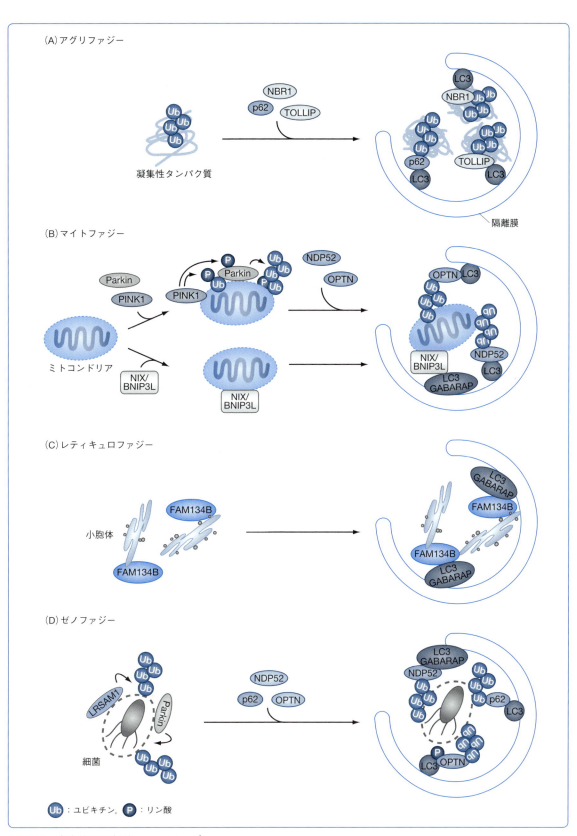

（A）アグリファジー

凝集性タンパク質

NBR1
p62　TOLLIP

LC3
NBR1　Ub
Ub
Ub
Ub
Ub
p62　Ub　Ub
LC3　TOLLIP　LC3

隔離膜

（B）マイトファジー

Parkin
PINK1

ミトコンドリア

NIX/
BNIP3L

P　Parkin　Ub
P　Ub　Ub
PINK1　P　Ub
P

NDP52
OPTN

NIX/
BNIP3L

OPTN　LC3
Ub
Ub
Ub
Ub
Ub
Ub
Ub
Ub
NIX/　NDP52
BNIP3L　LC3
LC3
GABARAP

（C）レティキュロファジー

小胞体

FAM134B

FAM134B

LC3
GABARAP
FAM134B
FAM134B
LC3
GABARAP

（D）ゼノファジー

LRSAM1　Ub
Ub
Ub
Ub
Parkin
細菌
Ub　Ub
Ub

NDP52
p62　OPTN

LC3
GABARAP
NDP52　Ub
Ub　Ub
Ub
Ub　p62
Ub　LC3
Ub　Ub
Ub　Ub
P
LC3　OPTN

Ub：ユビキチン，　P：リン酸

図10-2　代表的な選択的オートファジー

10

り込みや，後述する選択的オートファジーと連動したシグナル伝達にレセプタータンパク質は必要なのであろう．

10-5　選択的オートファジー各論

　以下では，ヒト疾患と関係する代表的な選択的オートファジーについて概説する．

❶ アグリファジー

　ユビキチン-プロテアソーム系の許容量を超えて蓄積した変性タンパク質や，ハンチントン病の原因となるポリグルタミンなどの易凝集性タンパク質は，細胞毒性のある線維状タンパク質集合体，そしてユビキチン陽性凝集・封入体を形成する．そのようなタンパク質凝集体は，選択的オートファジーにより排除される（アグリファジー aggrephagy．図10-2 A）．

　レセプタータンパク質 p62/SQSTM1（以下，p62）は C 末端のユビキチン会合ドメイン（UBA ドメイン）を介して，ユビキチン陽性タンパク質凝集体に局在化する．p62 の UBA ドメインに存在する407番目のセリン残基（Ser407）および403番目のセリン残基（Ser403）のリン酸化が，それぞれ UBA ドメインの構造変換およびユビキチン鎖との親和性を高める[23, 24]．p62-ユビキチンタンパク質複合凝集体は，オートファゴソーム形成部位に集積し[25]，p62 の LIR を介した LC3 との相互作用依存的に分解される[16, 17]．p62 の遺伝子変異は，骨パジェット病，筋萎縮性側索硬化症や前頭側頭型認知症の原因として，p62 遺伝子重複は腎明細胞癌の原因として同定されている．これら疾患とアグリファジーに関連があるかは不明である．

　NBR1（neighbor of BRCA1 gene 1）は p62 と同様のドメイン構造をもち，LC3 およびユビキチン化タンパク質と直接相互作用する能力を有することからアグリファジーのレセプター分子と考えられている[26]．また，NBR1 は，ペルオキシソームの選択的オートファジー（ペキソファジー pexophagy）のレセプターとしても機能するようである[27]．最近，p62 よりもポリグルタミンを効率的に排除するレセプタータンパク質として TOLLIP が同定された[28]．p62 や NBR1 とは異なり，TOLLIP はユビキチン結合領域として CUE ドメインをもつ．また，p62 や NBR1 は酵母ホモログが存在しない一方，TOLLIP は酵母ホモログ Cue5 が存在し，レセプターとして機能する．

❷ マイトファジー

　常染色体劣性遺伝性パーキンソン病の原因遺伝子産物であるミトコンドリアキナーゼ PINK1 は，通常状態ではミトコンドリアへ輸送され，ミトコンドリア膜間腔に存在するプロテアーゼにより切断され，プロテアソームにより分解を受けている．ミトコンドリアの膜電位が消失（脱分極）し，断片化すると，PINK1 は別の常染色体劣性遺伝性パーキンソン病の原因遺伝子産物であるユビキチン E3 リガーゼ Parkin，そしてミトコンドリア外膜のユビキチン鎖をリン酸化する[29]．Parkin はリン酸化されたユビキチン鎖に高い親和性をもつので，脱分極したミトコンドリアに集まり，断片化した不良ミトコンドリアのユビキチン化がさらに促進する[29]．脱ユビキチン化酵素 USP30 は，脱分極したミトコンドリアからユビキチンを除去することでマイトファジー mitophagy（図10-2 B）を阻害している[30]．ユビキチ

ン結合ドメインを有するレセプター分子の OPTN や NDP52（nuclear dot protein 52）は不良ミトコンドリアに移行し，その後 OPTN は TBK1キナーゼ（TANK binding kinase 1）によりリン酸化を受け，オートファゴソーム局在タンパク質 LC3との結合親和性が高まる[31, 32]．さらに，脱分極したミトコンドリアに ULK1，WIPI1，DFCP1のようなオートファゴソーム形成に関与する分子群もリクルートされる[32]．これらの結果，変性ミトコンドリアを取り囲むようにオートファゴソームが形成され，分解されると考えられる．

パーキンソン病患者由来の変異をもつ PINK1および Parkin は，このマイトファジーの過程に異常を示す[33]．PINK1-Parkin 経路を介したマイトファジーの異常により変性ミトコンドリアの除去が適切に行われず，活性酸素種（ROS）の蓄積を引き起こし，ドーパミンニューロンが損傷してパーキンソン病が発症すると考えられている．マイトファジーレセプターをコードする *OPTN* は，緑内障，筋萎縮性側索硬化症，前頭側頭型認知症の責任遺伝子として，*TBK1*は，筋萎縮性側索硬化症，前頭側頭型認知症の責任遺伝子として報告されているが，これら疾患とマイトファジーとの関連は不明である．一方，赤血球の分化過程に起こるマイトファジーにおいては，ミトコンドリア外膜に局在するレセプター分子 NIX/BNIP3L がはたらく[34]．膜貫通タンパク質 NIX/BNIP3L は赤血球分化後期で発現誘導され，LC3や GABARAP と相互作用することで，マイトファジーを誘導する．NIX/BNIP3L ノックアウトマウスは，網状赤血球に残存ミトコンドリアやリボソームを有し，過形成骨髄を伴った貧血を呈する[35]．他方，低酸素や鉄キレート剤で誘導されるマイトファジーでは，ミトコンドリアは断片化せず，オートファゴソームがミトコンドリアの一部分を引きちぎるようである[36]．

❸ レティキュロファジー

小胞体も選択的にオートファジーにより分解される（この分解機構をレティキュロファジー reticulophagy，あるいは ER ファジーとよぶ．**図10-2C**）．酵母 Atg40の機能ホモログと考えられる FAM134B は，小胞体の選択的なオートファジーのレセプター分子として機能する[10, 37]．FAM134B は小胞体に局在し，その LIR 配列を介して LC3そして GABARAP に結合する[10]．重要なことに，FAM134B は遺伝性感覚性自律神経性ニューロパチーの原因遺伝子として同定されており[38]，その変異はレティキュロファジーに異常を示す[10]．

アンチトリプシン欠損症は，変異をもつアンチトリプシンが肝細胞の小胞体内に異常蓄積，凝集し，肝障害を引き起こす[39]．アンチトリプシン欠損症モデルマウスへオートファジー誘導剤カルバマゼピン carbamazepine やフルフェナジン fluphenazine の処理を行うと，肝障害を軽減させることから，オートファジーあるいはレティキュロファジーはアンチトリプシン欠損症治療の創薬ターゲットとして注目されている[40]．

❹ リポファジー

リポファジー lipophagy では，隔離膜が脂肪滴の一部を取り囲み，ちぎり取った脂肪滴を含むオートファゴソームがリソソームと融合することにより，トリアシルグリセロール（トリグリセリド）が遊離脂肪酸に加水分解される[9]．肝細胞においては，リポファジーにより生じた遊離脂肪酸は β 酸化に利用され，エネルギーおよびケトン体が産生されると考えられている[41]．最近，シャペロン介在型オートファジー（CMA）とリポファジーの連携が提唱された．脂肪滴表面タンパク質のペリリピンが CMA により分解されると，脂肪滴にトリグリセ

リドリパーゼおよびリポファジーが近接できるようになり，脂肪分解が促進されるらしい[42]．しかし，リポファジーのレセプター分子の同定も，脂肪滴が選択的オートファジーの標的となる分子メカニズムの解明も，いまだできていない．

　非アルコール性脂肪肝は，アルコール摂取も，C型ないしはB型肝炎ウイルスの感染もなく，過剰な脂肪の食事摂取を起因として生じる．慢性的脂肪肝は炎症反応を伴い，その一部は非アルコール性肝炎となり，しばしば肝硬変，肝細胞がんに進行する．リポファジーは脂肪滴を排除することから，非アルコール性脂肪性肝疾患に対して防御的にはたらくと理解されている．実際，脂肪性肝炎モデルマウスにオートファジー誘導剤処理を行うと，症状が緩和される[43〜45]．

❺ フェリチノファジー

　細胞内の鉄は，鉄貯蔵タンパク質であるフェリチンにより調節され，鉄が多いときはフェリチンの量が増加して鉄は貯蔵され，鉄欠乏時にはフェリチンはリソソームで分解され，鉄が供給される．オートファジーはレセプター分子 NCOA4 を介してフェリチンを選択的に分解（フェリチノファジー ferritinophagy）し，鉄代謝に関与する[46, 47]．NCOA4 は，Atg8 ファミリータンパク質のなかで，とくに LC3C と GABARAPL2 に強く相互作用する[46]．しかし，NCOA4 は典型的な LIR 配列をもたないことから，他のレセプターとは異なる結合様式があると考えられる．

　鉄過剰症や鉄中毒などの治療薬として知られる鉄キレート剤デフェロキサミン deferoxamine などの処理により，NCOA4 はフェリチンおよび LC3C ないしは GABARAPL2 と相互作用し，フェリチンの分解を促進する[46]．全身性 NCOA4 欠損マウスは，心臓，脾臓，膵臓，脳，骨髄，十二指腸など，複数の組織で鉄の蓄積を呈する．さらに，NCOA4 欠損マウスは，鉄欠乏食下において重篤な小球性低色素性貧血および過剰なエリスロポエチンを伴った無効造血を示し，鉄過剰食下では肝障害により早期に死亡する[48]．

❻ ゼノファジー

　サルモネラや結核菌などの，ある種の病原体は，細胞内に侵入して増殖する．それに対し，宿主はそれらの細菌を選択的オートファジーにより殺菌（ゼノファジー xenophagy，図10-2D）することで抵抗する．エンドサイトーシスにより細胞内に侵入したサルモネラは，エフェクタータンパク質を細胞質に分泌するため，Ⅲ型分泌装置によりエンドソーム膜に穴を開ける．この膜の損傷は宿主に感知され，LRSAM1（leucine rich repeat and sterile alpha motif containing 1）あるいは Parkin などのユビキチンリガーゼがエンドソーム膜のタンパク質をユビキチン化する[49, 50]．その結果，OPTN，NDP52 および p62 がサルモネラ（正確にはサルモネラを取り囲んだエンドソーム）へ移行する[19, 51, 52]．

　NDP52 は典型的な LIR モチーフをもたず，SKICH（SKIP carboxyl homology）ドメイン直後にある疎水性アミノ酸領域 CLIR（non-canonical LIR）により LC3C と，CC ドメイン内にある LIR-like モチーフにより LC3A および GABARAPL2 と相互作用する[53, 54]．一方，OPTN は，LIR に隣接する177番目のセリン残基（Ser177）が TBK1 によりリン酸化されると LC3 との相互作用が増強する[19]．OPTN，NDP52，p62 の役割の違いや相互関係については不明であるが，それぞれの遺伝子のノックダウンやノックアウト細胞においてサルモネラの増殖

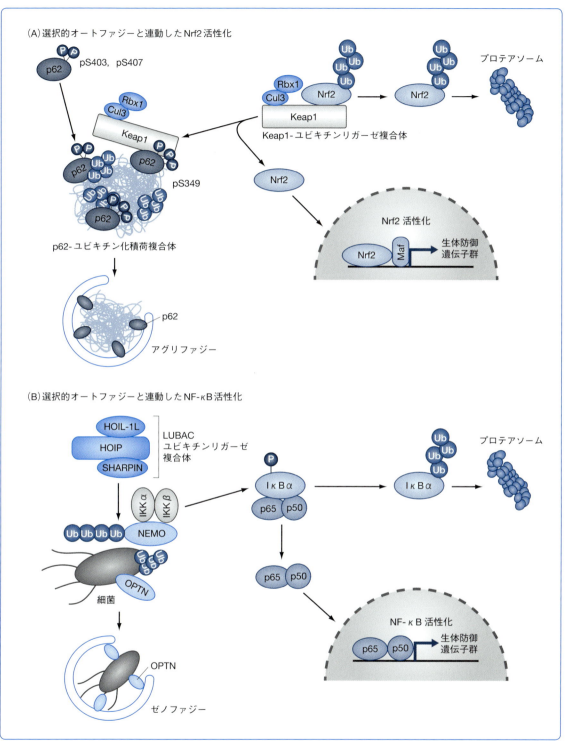

図10-3　選択的オートファジーと連動したシグナル伝達

（A）p62のUBAドメイン内の407番目と403番目のセリン残基がリン酸化（pS407, pS403）されると，ユビキチン鎖との結合親和性が高まり，p62はユビキチン陽性カーゴに局在化する．その後，KIRの349番目のセリン残基がリン酸化（pS349）され，p62とKeap1の親和性が高まると，Nrf2は活性化され，生体防御遺伝子群の発現が上昇する．p62は，Keap1とカーゴとともにオートファジーにより分解される．（B）63番のリジン残基がユビキチン標識された細胞内侵入細菌にLUBACとOptineurin（OPTN）が移行する．LUBACは，直鎖状ユビキチン化NEMOを形成してNF-κBを活性化することで，生体防御遺伝子群の発現を上昇させる．OPTNはレセプターとしてゼノファジーを誘導する．

が観察される.

すでに述べたもののほかに，ゼノファジーに関与するレセプター分子として，Tecpr1が同定されている[55]．Tecpr1は Atg タンパク質である WIPI-2や ATG5と結合能を有しており，カーゴを特異的に取り囲むように隔離膜の形成を促すようである[55]．Tecpr1はゼノファジーだけでなく，アグリファジーやマイトファジーと，広く選択的オートファジーのレセプターとして機能する．事実，Tecpr1ノックアウトマウス線維芽細胞ではタンパク質凝集体や変性ミトコンドリアが蓄積する.

❼ リソファジー

リソソームの損傷は，シリカや尿酸，コレステロールから生じる結晶物，細菌毒素，β-アミロイドの蓄積などを要因に引き起される．選択的オートファジーによる損傷リソソームの分解（リソファジー lysophagy）では，リソソーム膜の損傷部位に糖鎖結合タンパク質のガレクチン-3が動員されたのち，リソソーム膜タンパク質のユビキチン化を目印に p62とコア Atg タンパク質が集合し，オートファゴソームが形成される[56]．これを司る分子メカニズムとして，現在のところ，2つの経路が明らかにされている.

1つは，RING 型ユビキチンリガーゼである TRIM16（Tripartite motif 16）がガレクチン-3との相互作用を介してオートファゴソーム形成因子を標的リソソームの近傍に運ぶとともに，リソソーム膜タンパク質のユビキチン化を促し，リソファジーの標的とする経路である[57].

もう1つが SCF（Skp1-Cullin1-Fbox）ユビキチンリガーゼ複合体に含まれる FBXO27が，リソソーム膜の損傷部位に露出された LAMP2の修飾糖鎖を認識し，相互作用することで LAMP2にユビキチン鎖を付加し，リソファジーを誘導する経路である[58]．TRIM16またはFBOX27のいずれかを失っても，リソファジーが完全に抑制されることはなく，両者は独立したリソファジー経路として細胞内で機能すると考えられる.

高尿酸血症マウスでは，腎近位尿細管細胞において尿酸結晶がリソソーム膜を破壊するため，リソファジーが著しく誘導される[56]．一方，近位尿細管特異的オートファジー欠損マウスに高尿酸血症を発症させた場合，野生型に比べて激しい腎組織障害と腎機能低下が観察される[56]．このことは，高尿酸血性腎症などのリソソーム障害を伴う疾患におけるリソファジーの重要性を意味している．リソファジーでみられる標的リソソームへの p62の局在化の生理的意義については不明であるが，後述のように選択的オートファジー誘導と連動したNrf2のストレスシグナルの発生に関与するのかもしれない.

10-6　選択的オートファジーと連動したシグナル伝達

Keap1-Nrf2システムにおいて，Keap1はユビキチンリガーゼ（正確には Cullin3型ユビキチンリガーゼのアダプタータンパク質）としてはたらき，Nrf2は転写因子として生体防御酵素群の遺伝子発現を調節する．p62は C 末端の UBA ドメインを介して，タンパク質凝集体や変性ミトコンドリアなどのユビキチン化された積み荷に局在化する．すでに述べたように，p62の UBA ドメインに存在する407番目および403番目のセリン残基のリン酸化（pS403，pS407）のそれぞれが UBA ドメインの構造変換を引き起こし，ユビキチン鎖との結合親和

性を高める[23, 24]. p62-ユビキチン化積荷複合体は, オートファゴソーム形成部位に集積する[25]. その後, p62のKIR (Keap1-interacting region)に存在する349番目のセリン残基がリン酸化され(pS349), p62とKeap1との親和性が増し, Nrf2はKeap1から解離して, 核に移行する[59]. 最終的に細胞毒性を発揮するユビキチン化された積み荷は, リン酸化p62, Keap1とともにp62のLIRを介したLC3との相互作用依存的にオートファジー経路で分解される[59] (図10-3A). つまり, 主要な生体防御機構である選択的オートファジーとKeap1-Nrf2システムがp62のリン酸化を介して連動していることを意味する.

p62の遺伝子発現はNrf2により制御されるので, ポジティブフィードバック機構が存在する[60]. 349番目のセリン残基(S349)のリン酸化はユビキチンと結合できない408番目のフェニルアラニン残基がバリン残基にかわった変異体(F408V変異体)や多量体を形成できないK7AD69A変異体ではほとんど起こらないことから, 断片化p62フィラメントとユビキチンとの複合体の形成が必要と考えられる. つまり, p62がユビキチンと結合した場合にのみNrf2が活性化する. Nrf2の標的遺伝子は, 抗酸化タンパク質や抗炎症性酵素のみならずATGタンパク質やプロテアソームサブユニットの遺伝子発現も誘導し, タンパク質恒常性維持に貢献する.

最近, 細胞内侵入ネズミチフス菌にK63 (63番目のリジン残基)結合型ポリユビキチン鎖が付加されると, ユビキチンのN末端メチオニンを介する直鎖状ポリユビキチン鎖を生成するユビキチンリガーゼ複合体LUBACがリクルートされることがわかった[61, 62] (図10-3B). LUBACによる直鎖状ユビキチン鎖の形成は, オートファジーレセプターの1つであるOPTNとNEMOの転移を促し, それぞれオートファジーによるネズミチフス菌除去(ゼノファジー)とNF-κB活性化を惹起する(図10-3B). これはゼノファジーと共役したNF-κB活性化機構であり, ともに細菌の増殖を抑制する. このような選択的オートファジーと共役した生体防御機構が, 他のオルガネラのオートファジー (オルガネロファジー)でも存在するのかもしれない.

文　献 ·····

1) Tsukada M and Ohsumi Y: FEBS Lett, 333: 169-174, 1993.
2) Harding TM, et al.: J Cell Biol, 131: 591-602, 1995.
3) Sakai Y, et al.: J Cell Biol, 141: 625-636, 1998.
4) Nakagawa I, et al.: Science, 306: 1037-1040, 2004.
5) Bjørkøy G, et al.: J Cell Biol, 171: 603-614, 2005.
6) Komatsu M, et al.: J Cell Biol, 169: 425-434, 2005.
7) Komatsu M, et al.: Cell, 131: 1149-1163, 2007.
8) Narendra D, et al.: J Cell Biol, 183: 795-803, 2008.
9) Singh R, et al.: Nature, 458: 1131-1135, 2009.
10) Khaminets A, et al.: Nature, 522: 354-358, 2015.
11) Maejima I, et al.: EMBO J, 32: 2336-2347, 2013.
12) Wong E, et al.: Nat Commun, 3: 1240, 2012.
13) Fujita N, et al.: J Cell Biol, 203: 115-128, 2013.
14) Kageyama S, et al.: Mol Biol Cell, 22: 2290-2300, 2011.
15) Filimonenko M, et al.: Mol Cell, 38: 265-279, 2010.
16) Pankiv S, et al.: J Biol Chem, 282: 24131-24145, 2007.

17) Ichimura Y, et al.：J Biol Chem, 283：22847-22857, 2008.

18) Jacomin AC, et al.：Autophagy, 12：1945-1953, 2016.

19) Wild P, et al.：Science, 333：228-233, 2011.

20) Rogov VV, et al.：Sci Rep, 7：1131, 2017.

21) Rogov VV,et al.：EMBO Rep, 13：1382-1396, 2017.

22) Nguyen TN, et al.：J Cell Biol, 215：857-874, 2016.

23) Lim J, et al.：PLoS Genet, 11：e1004987, 2015.

24) Matsumoto G, et al.：Mol Cell, 44：279-289, 2011.

25) Itakura E and Mizushima N：J Cell Biol, 192：17-27, 2011.

26) Kirkin V, et al.：Mol Cell, 33：505-516, 2009.

27) Deosaran E, et al.：J Cell Sci, 126：939-952, 2013.

28) Lu K, et al.：Cell, 158：549-563, 2014.

29) Koyano F, et al.：Nature, 510：162-166, 2014.

30) Bingol B, et al.：Nature, 510：370-375, 2014.

31) Heo JM, et al.：Mol Cell, 60：7-20, 2015.

32) Lazarou M, et al.：Nature, 524：309-314, 2015.

33) Matsuda N, et al.：J Cell Biol, 189：211-221, 2010.

34) Sandoval H, et al.：Nature, 454：232-235, 2008.

35) Novak I, et al.：EMBO Rep, 11：45-51, 2010.

36) Yamashita SI, et al.：J Cell Biol, 215：649-665, 2016.

37) Mochida K, et al.：Nature, 522：359-362, 2015.

38) Kurth I, et al.：Nat Genet, 41：1179-1181, 2009.

39) Greene CM, et al.：Nat Rev Dis Primers, 2：16051, 2016.

40) Hidvegi T, et al.：Science, 329：229-232, 2010.

41) Cingolani F and Czaja MJ：Trends Endocrinol Metab, 27：696-705, 2016.

42) Kaushik S and Cuervo AM：Nat Cell Biol, 17：759-770, 2015.

43) Park HW, et al.：Nat Commun, 5：4834, 2014.

44) Lin CW, et al.：J Hepatol, 58：993-999, 2013.

45) Sinha RA, et al.：Hepatology, 59：1366-1380, 2014.

46) Mancias JD, et al.：Nature, 509：105-109, 2014.

47) Dowdle WE, et al.：Nat Cell Biol, 16：1069-1079, 2014.

48) Bellelli R, et al.：Cell Rep, 14：411-421, 2016.

49) Huett A, et al.：Cell Host Microbe, 12：778-790, 2012.

50) Manzanillo PS, et al.：Nature, 501：512-516, 2013.

51) Thurston TL, et al.：Nat Immunol, 10：1215-1221, 2009.

52) Zheng YT, et al.：J Immunol, 183：5909-5916, 2009.

53) Verlhac P, et al.：Cell Host Microbe, 17：515-525, 2015.

54) von Muhlinen N, et al.：Mol Cell, 48：329-342, 2012.

55) Ogawa M, et al.：Cell Host Microbe, 9：376-389, 2011.

56) Maejima I, et al.：EMBO J, 32：2336-2347, 2013.

57) Chauhan S, et al.：Dev Cell, 39：13-27, 2016.

58) Yoshida Y, et al.：Proc Natl Acad Sci USA, 114：8574-8579, 2017.

59) Ichimura Y, et al.：Mol Cell, 51：618-631, 2013.

60) Jain A, et al.：J Biol Chem, 285：22576-22591, 2010.

61) van Wijk SJL, et al.：Nat Microbiol, 2：17066, 2017.

62) Noad J, et al.：Nat Microbiol, 2：17063, 2017.

11 ミトコンドリア分別・除去システムの基本原理

SUMMARY

ミトコンドリアは細胞の主要なオルガネラであり，エネルギー需要や細胞内外の変化に応答してその量が変動する．一方，酸化的リン酸化の副産物として，みずからが産生する活性酸素種からの傷害リスクに曝されており，ダメージを受けた不良ミトコンドリアを取り除くことによって品質が保たれると考えられている．このミトコンドリアの量と品質を管理する機構として，オートファジーの仕組みを利用した選択的なミトコンドリア分解「マイトファジー」が見いだされた．マイトファジーは酵母からヒトまで保存された普遍的な機構であり，特定のタンパク質がオートファジーの仕組みをミトコンドリアへリクルートする「レセプター介在性マイトファジー」と，ユビキチンが同様の役割を果たす「ユビキチン介在性マイトファジー」に大別される．マイトファジーの破綻はさまざまな疾患を引き起こす可能性が提起されており，その生物学的意義がにわかに注目を集めている．

KEYWORD

○ AIM/LIR モチーフ　　○ コアオートファジーマシナリー　　○ オートファジー始動複合体
○ オートファジーアダプター

11-1 歴史的背景と意義

　細胞の自食作用「オートファジー」を利用して，ミトコンドリアを選択的に分解する仕組みを「マイトファジー mitophagy」とよぶ．J. J. Lemasters が「mitophagy」という用語を最初に提唱してから12年[1]，その分子機構の一端が明らかにされてから10年近くになるが，現象そのものは今から半世紀ほども前にとらえられていた可能性がある．「オートファジー」という言葉の生みの親 C. de Duve の研究室のポスドクであった R. L. Deter は，ラット肝細胞のグルカゴン誘導性オートファジーを電子顕微鏡で調べてみた．粗分画したオートファジー空胞内にはさまざまな細胞内構成物が含まれていたが，ミトコンドリア様の構造体のみが隔離されているものも観察されている[2]．このことから，ミトコンドリアのような巨大な構造物もオートファジーによって分解されうること，それが選択的に起こりうることが古くから示唆されていたと思われる．

　長くつづいていた現象論の時代は，鍵因子の発見によって分子理解の時代へと変遷していく．2007年12月に P. A. Ney ら，および2008年7月に C. M. Wang らにより，Bcl-2ファミリータンパク質 Nix が赤血球の成熟過程で起こるミトコンドリア排除に機能することが報告された[3, 4]．つづいて2008年12月には R. J. Youle らにより，哺乳類培養細胞で発現させたユビキチンリガーゼ Parkin が膜電位の低下したミトコンドリアのオートファジー依存的分解を促進することが明らかとなる[5]．そして，2009年7月，岡本・大隅らと神吉・Klionsky ら

は，出芽酵母のミトコンドリア外膜タンパク質 Atg 32 が選択的オートファジーによるミトコンドリア分解に必須であることを見いだした[6, 7]．これら 3 つの鍵因子の機能解析により，マイトファジーでミトコンドリアが選択的に分解されること，その基本原理は酵母からヒトまで保存されていることが明白となったのである[8]．

　新たな鍵因子の発見と分子機構の解明は，マイトファジーの生理・病理における重要性を一層際立たせている[9]（図11-1）．通常の生理機能としては，①エネルギー需要低下時の余剰ミトコンドリアの分解，②不良ミトコンドリアの除去による品質管理，③発生・分化における余剰ミトコンドリアの分解，④ミトコンドリア量の調節による細胞初期化時の代謝制御，⑤細胞死におけるミトコンドリア分解，⑥傷害ミトコンドリアの排除による炎症反応の抑制などが考えられる．一方，マイトファジー不全が一因となり，①ミトコンドリア機能低下，②神経変性，③癌，④心疾患，⑤肝疾患，⑥老化などが発症する可能性も提起されている．

　本章では，マイトファジーを規定する要素についてピックアップし，これまでに明らかになった鍵因子とそれらが駆動する選択的ミトコンドリア分別・除去の仕組みについて概説する．加えて，多細胞生物の初期発生で起こるミトコンドリア分解についても紹介するとともに，今後の問題と新たな可能性について述べたい．

11-2　マイトファジーをどうとらえるか

　これまでに，さまざまな生物や培養細胞におけるミトコンドリア特異的オートファジーが多数報告されてきた．オートファジーは，その形態学的・遺伝学的性質の違いによって，マクロオートファジー，ミクロオートファジー，シャペロン介在性オートファジー（CMA）の3つに大別できるが，ミトコンドリアはマクロオートファジーまたはミクロオートファジーによって分解されると考えられている[10]．本章では，ミトコンドリアがマクロオートファジーの仕組みに依存して非選択的あるいは選択的に隔離され，リソソームへ輸送されて分解

▎KEYWORD解説▶

○ **AIM/LIR モチーフ**：Atg 8 結合タンパク質に保存された共通配列は〔Trp/Phe/Tyr（W/F/Y）〕-X-X-〔Leu/Ile/Val（L/I/V）〕で，1番目と4番目の変異により結合が強く阻害される．モチーフ近傍のセリン，スレオニンや1番目のチロシンのリン酸化によって，Atg 8 との結合が制御されうる．

○ **コアオートファジーマシナリー**：隔離膜やオートファゴソーム形成に必須なタンパク質複合体．①Atg 1 複合体，②Atg 9 小胞，③ホスファチジルイノシトール 3-キナーゼ（PI 3 キナーゼ）複合体Ⅰ，④Atg 2-Atg 18 複合体，⑤Atg 12 結合系，⑥Atg 8 結合系のサブユニットからなる．

○ **オートファジー始動複合体**：オートファジーの初期段階で機能するタンパク質の集合体．多量体化して巨大な複合体となる．活性化型 Atg 1/ULK 1（哺乳類ホモログ）を含んでおり，他のコアオートファジータンパク質を隔離膜形成の場にリクルートする．

○ **オートファジーアダプター**：オートファゴソームと分解基質をつなぐ性質をもつタンパク質．前者は Atg 8 ファミリーとの結合，後者はユビキチンとの結合を介しており，両者は互いに独立している．オートファジーによりアダプターも選択的に分解される．

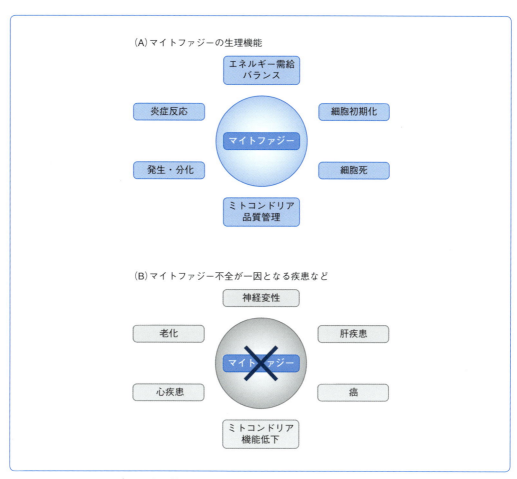

図11-1　マイトファジーの生理機能と病態発症の関係性

される過程に焦点をしぼり，単に「マイトファジー」とよぶことにする．

　ある条件下で，LC3を含むAtg8ファミリータンパク質のミトコンドリア局在など，マイトファジーの可能性を示唆する知見が得られたとする．その際，ミトコンドリアが非選択的に隔離されている場合もある．そこで，その現象が選択的かどうかを検証するための3つのポイントをあげる（**図11-2**）．

❶ 分解の検出

　オートファジー関連タンパク質のミトコンドリア局在だけでは，ミトコンドリア分解が起こっているかどうかは裏づけられない．分解を調べるための方法としては，①内在性ミトコンドリアタンパク質の発現量の変化をウエスタンブロッティングで解析する，②ミトコンドリアマーカー蛍光タンパク質のリソソームとの共局在やpH依存的な色の変化を蛍光顕微鏡で観察するか，あるいは，リソソーム内分解酵素によるプロセシングをウエスタンブロッティングで検出するなどがある．どちらの場合においても，ミトコンドリア外膜の内在性タンパク質またはマーカーの場合，ユビキチン-プロテアソーム系 ubiquitin-proteasome system（UPS）や細胞質のプロテアーゼによる分解を受ける可能性がある．マトリックスの

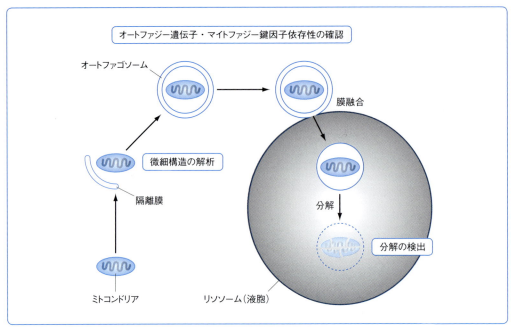

図11-2　マイトファジーの膜動態と解析ポイント
ミトコンドリアの選択的分解とは，隔離膜とよばれる二重膜構造がミトコンドリアに近接して伸長し，オートファゴソームのなかにミトコンドリアを完全に隔離したのち，分解コンパートメントであるリソソーム（酵母では液胞）と膜融合し，中身をリソソーム内に送り込む過程である．この過程を実験的に確認するため，分解をウエスタン解析や蛍光顕微鏡観察で検出するとともに，ミトコンドリアの選択的隔離を電子顕微鏡で調べる．これらの解析系において，オートファジー遺伝子やマイトファジーの鍵因子のノックダウンまたはノックアウトを用い，ミトコンドリア分解が抑制されるかどうか検証する．

内在性タンパク質またはマーカーを用いるのが望ましい．

　最近，哺乳類個体でリソソームでのミトコンドリア分解を検出するレポーターマウスが報告された[11, 12]．検出されたシグナルが選択的な分解によるものなのか，非選択的な分解によるものなのか，さらにはオートファジー非依存的なものなのかを厳密に判別することは容易ではないが，生理的条件下で起こる哺乳類個体のミトコンドリア分解を解析する強力なモデルになると期待される．

❷ 微細構造

　ミトコンドリアのリソソーム局在や，ミトコンドリアタンパク質の分解からは，マイトファジーの選択性を確認することはむずかしい．そこで，電子顕微鏡を用いた細胞の微細構造解析が必要になる．この際，リソソームと融合する前のオートファゴソーム内の構造物のほとんどがミトコンドリアであれば，選択的分解の可能性が高いと考えられる．なお，出芽酵母においてはリソソームに相当する液胞が大きいため，液胞の分解酵素活性を欠損させた変異体を用いることで，液胞内に蓄積したオートファジックボディの内容物を調べることができる．

❸ オートファジー遺伝子およびマイトファジー鍵因子への依存性

　ここまでに述べた実験結果がオートファジーに依存することを明らかにするため，オート

ファジー関連遺伝子のノックダウンまたはノックアウト細胞をネガティブコントロールとして用いる．さらに，既知のマイトファジー鍵因子について同様の実験を行うことにより，対象としている現象がマイトファジーであるかどうかを判別することができる．

11-3　分別標識タンパク質：レセプター

　過去10年間の研究から，マイトファジーの選択性を決定している鍵因子がつぎつぎに見いだされている（**表11-1**）．それらのタンパク質は，Atg8ファミリータンパク質に直接結合することで「Atg8受容体」として機能することがわかってきた．これらマイトファジーレセプターは，オートファゴソーム形成の実働因子であるAtg8をミトコンドリア表面にリクルートする．また，Atg8は，リン脂質であるホスファチジルエタノールアミン（PE）に共有結合して隔離膜やオートファゴソームに局在するため，伸長中の隔離膜をミトコンドリアへつなぎ止めておくことに機能していると考えられる[13]（**図11-3**）．レセプター間でアミノ酸配列の相同性は高くないが，Atg8との結合に直接関与するAIM（Atg8-family interacting motif）またはLIR（LC3-interacting region）とよばれるモチーフをもち，αヘリックスからなる膜貫通ドメインでミトコンドリア外膜に局在するという共通の特徴をもつ[14]（**図11-4**）．興味深いことに，哺乳類タンパク質Bcl2-L-13はLIRモチーフに依存して，Atg32欠損酵母細胞のミトコンドリア分解を部分的に回復する活性をもっており，マイトファジーの基本原理が生物種を超えて保存されていることを示唆している[15]（詳細については**第21章**を参照されたい）．

　なお，オートファゴソーム形成には，Atg8だけでなくコアオートファジーマシナリーも必要である．酵母マイトファジーの場合，Atg32は足場タンパク質Atg11とも相互作用する．Atg11はオートファジー始動複合体を含んだコアオートファジーマシナリーの分子集合を促すため，Atg32はAtg11を介してオートファゴソーム形成をミトコンドリアに局在化していると考えられる．他のマイトファジーレセプターがコアオートファジーマシナリーをミトコンドリアにリクルートしているのかどうかは，不明のままである．

　マイトファジーの分子機構の解析が進むにつれ，ミトコンドリア分解を促進または抑制す

表11-1　レセプター介在性マイトファジーの関連分子

レセプター	生物種	誘導条件	AIM/LIR数	TM数	リン酸化	責任キナーゼ	脱リン酸化	責任ホスファターゼ	オートファジー始動因子との結合
Atg32	出芽酵母	酸化ストレス	1	1	あり	CK2	?	?	Atg11
NIX	哺乳類	低酸素・赤血球分化	1	1	?	?	?	?	?
BNIP3	哺乳類	低酸素	1	1	あり	?	?	?	?
FUNDC1	哺乳類	低酸素	1	3	あり	Src, CK2, ULK1	あり	PGAM5	ULK1?
Bcl2-L-13	哺乳類	?	1	1	あり	?	?	?	?
FKBP8	哺乳類	膜電位低下	1	1	?	?	?	?	?

AIM：Atg8-family interacting motif，LIR：LC3-interacting region，TM：膜貫通ドメイン．

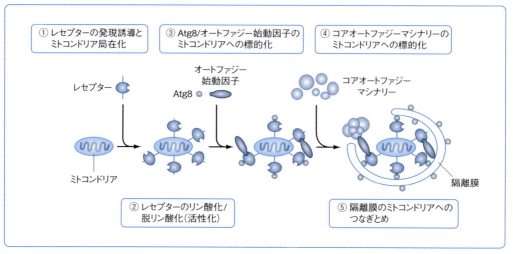

図11-3　レセプター介在性マイトファジーの共通原理

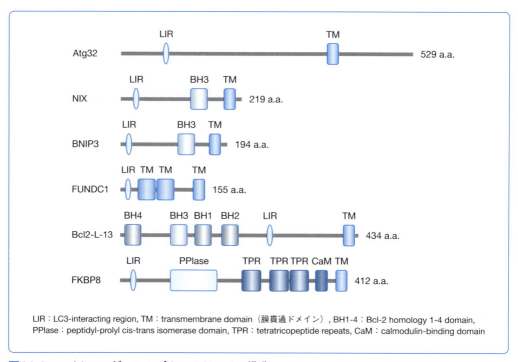

LIR：LC3-interacting region, TM：transmembrane domain（膜貫通ドメイン）, BH1-4：Bcl-2 homology 1-4 domain,
PPIase：peptidyl-prolyl cis-trans isomerase domain, TPR：tetratricopeptide repeats, CaM：calmodulin-binding domain

図11-4　マイトファジーレセプターのドメイン構造

るための制御をレセプターが受けることもわかってきた[13].第一に,タンパク質の発現量調節である.マイトファジーを促進する生理条件や薬剤処理により,レセプターの遺伝子発現が上昇する.一方で,マイトファジーを抑制する際には,遺伝子発現の低下だけでなくレセプターがユビキチン化されプロテアソームで分解されることも報告されている.第二に,タンパク質の活性調節である.レセプターの発現量を上げるだけでは,マイトファジーは促進されない場合がある.リン酸化や脱リン酸化などの翻訳後修飾を受けることで,レセプターはAtg8と安定に結合する「活性化型」となり,マイトファジーを駆動できるようになる.

これら遺伝子発現や翻訳後修飾がどのように制御されているか，コアオートファジーマシナリーのミトコンドリア標的化にもはたらいているかどうかは，まだよくわかっていない．

11-4　分別標識タンパク質：ユビキチン

　マイトファジーレセプターが駆動するミトコンドリア分解に加えて，ミトコンドリア表面上のタンパク質に付加されたユビキチンがマイトファジーの分別標識として機能することも明らかになっている．ここでは，PINK1/Parkin 依存型のユビキチン介在性マイトファジーに焦点をしぼり，5つのステップに分けて分子機構を紹介する[16, 17]（**表11-2**，**図11-5**）．

❶ バイタルセンサー PINK1 の蓄積・活性化

　PINK1/Parkin 依存型マイトファジーの最も重要な意義は，不良ミトコンドリアを識別して分解することにより，ミトコンドリアの品質管理機構として機能しうるという点であろう．この経路の最上流に位置するのがミトコンドリアのセリン-スレオニンキナーゼであるPINK1（PTEN-induced putative kinase 1）であり，ミトコンドリアの機能低下を感知するセンサーとしてはたらく．この際に健康/不健康の指標となるのが，ミトコンドリア内膜の膜電位である．

　ミトコンドリアが正常な場合，PINK1のN末端ミトコンドリア移行シグナル領域（プレ配列）は膜電位に依存してマトリックスに到達し，マトリックスペプチダーゼによる切断を受ける．さらに，内膜プロテアーゼによる切断で膜貫通ドメインを失った PINK1 は細胞質へ逆戻りし，ユビキチン-プロテアソーム系によって，すみやかに分解されるため，ミトコンドリアには蓄積できない．一方，ミトコンドリアの機能に異常が生じて膜電位が低下すると，PINK1は内膜を透過しなくなるとともに内膜プロテアーゼによる切断も回避し，キナーゼドメインを細胞質へ露出した状態で外膜に蓄積する．さらに，PINK1は自己リン酸化によって活性化し，不良ミトコンドリア表面に限局したリン酸化反応を促進する．

表11-2　PINK1/Parkin依存型ユビキチン介在性マイトファジーの関連分子

タンパク質	機能	特徴
PINK1	セリン-スレオニンキナーゼ	膜電位の低下を感知してミトコンドリアに蓄積．自己リン酸化により活性化してユビキチンと Parkin をリン酸化
ユビキチン	マイトファジーの分別標識	リン酸化ユビキチンは Parkin, NDP52, OPTN と結合してミトコンドリアにリクルートする
Parkin	ユビキチン E3 リガーゼ	リン酸化によって活性化し，ミトコンドリア表面のタンパク質をユビキチン化する
NDP52	オートファジーアダプター	Atg8ファミリータンパク質と結合．ULK1をミトコンドリアにリクルートする
OPTN	オートファジーアダプター	Atg8ファミリータンパク質と結合．ULK1をミトコンドリアにリクルートする．TBK1キナーゼによりリン酸化される
Atg8ファミリー	オートファゴソーム形成因子	リン脂質ホスファチジルエタノールアミンに共有結合するユビキチン様タンパク質
ULK1	オートファジー始動因子	キナーゼ活性をもち，隔離膜形成の開始を制御する．Atg1の哺乳類ホモログ

11

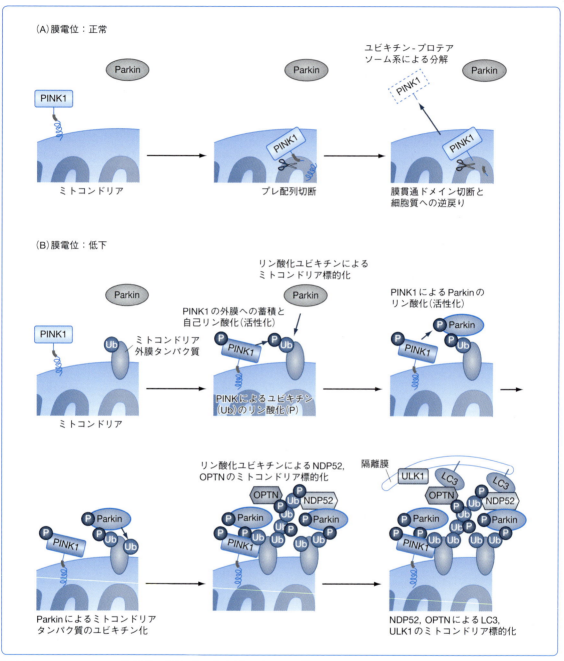

図11-5　PINK1/Parkin依存型ユビキチン介在性マイトファジー

ミトコンドリア機能不全などにより膜電位の低下が起こると，PINK1はミトコンドリア外膜に蓄積・活性化し，ユビキチンを基質としてリン酸化する．リン酸化ユビキチンは不良ミトコンドリアの目印となり，E3リガーゼParkinや，オートファジーアダプターNDP52，OPTNをミトコンドリアへリクルートするための鍵因子としてはたらく．リン酸化ユビキチンと結合したParkinはPINK1によってリン酸化され，活性化型となってミトコンドリア表面のタンパク質をユビキチン化する．この過程がポジティブフィードバックサイクルとしてはたらき，不良ミトコンドリアのユビキチン標識が効率よく進行する．

❷ PINK1によるユビキチンおよびParkinのリン酸化

　驚いたことに，PINK1のターゲットは不良ミトコンドリア表面のタンパク質に付加されたユビキチンであることがわかった．一方，Parkinはリン酸化ユビキチンに強く結合する

性質をもっており，それゆえ，細胞質から不良ミトコンドリアへ標的化される．つぎに，リン酸化ユビキチンに結合した Parkin は構造変化を起こし，N 末端のユビキチン様ドメインが PINK1 によって翻訳後修飾される．

❸ Parkin によるミトコンドリアタンパク質のユビキチン化

重要なことに，Parkin のリン酸化はさらなる構造変化を促し，リガーゼ活性に対する自己阻害が解除されて，ミトコンドリア表面のタンパク質をつぎつぎにユビキチン化するようになる．この反応においては，基質特異性はかならずしも高くない．これら一連の反応が繰り返されることにより，不良ミトコンドリアが大量のユビキチンで効率よく標識される．

❹ オートファジーアダプターのミトコンドリア標的化

なお，ユビキチン自体は，Atg8 ファミリータンパク質やオートファジー始動複合体とは結合しないと考えられる．では，どのようにしてオートファゴソーム形成因子はミトコンドリアに局在化されるのか？　ここで鍵になるのが，ユビキチンおよび Atg8 ファミリータンパク質の両者と結合できるオートファジーアダプターである．なかでも，NDP52 と OPTN が，すでに述べたリン酸化ユビキチンを介して不良ミトコンドリアに標的化する．

❺ オートファゴソーム形成のミトコンドリア局在化

巧妙なことに，ミトコンドリア表面に集積した NDP52 と OPTN は，Atg8 ファミリータンパク質だけでなくオートファジー始動複合体もリクルートすることが明らかとなった．NDP52 と OPTN がオートファジー始動複合体と相互作用するかどうかは不明であるが，いずれにしても，ユビキチンがアダプターを介してオートファゴソーム形成を不良ミトコンドリアに局在化させていると考えられる．

以上，2つの異なる翻訳後修飾がミトコンドリアの機能低下に応答して生じ，ミトコンドリアの健康維持に寄与しうることがわかった．これらの逆反応，脱リン酸化や脱ユビキチン化によって PINK1/Parkin 依存型マイトファジーが制御を受ける可能性も提起されている．いまのところ，ユビキチン介在性マイトファジーは酵母では見いだされていない．

11-5　多細胞生物の初期発生とミトコンドリア分解

多くの有性生物において，ミトコンドリア DNA（mtDNA）は卵子由来であり，精子由来の mtDNA は受精後に消失することが知られている．「母性遺伝」とよばれるこの現象に，オートファジーによるミトコンドリア分解がかかわっていることが，2011年に佐藤美由紀・佐藤健らと Galy らにより線虫で初めて見いだされた[18, 19]（巻頭 写真2 参照）．また，線虫の受精卵において，精子由来のミトコンドリア内膜構造の崩壊が父性 mtDNA およびミトコンドリアの分解に重要であり，この過程にミトコンドリア局在型エンドヌクレアーゼが関与することも示唆されている[20]．ショウジョウバエにおいては，父性 mtDNA は精子形成の過程でほとんど消失し，父性ミトコンドリアは受精後にオートファジーによって分解される

表11-3　初期発生時における父性ミトコンドリア分解

生物種	特　徴
線虫	LGG-1（Atg8ホモログ），UNC-51（Atg1ホモログ），CPS-6（エンドヌクレアーゼG）に依存
ショウジョウバエ	Atg7に依存．ユビキチンやオートファジーアダプターの関与？
マウス	父性ミトコンドリアのユビキチン化，LC3局在，アダプター局在？　オートファジー依存的に分解？

ようである[21]．一方，哺乳類の初期胚における父性 mtDNA およびミトコンドリアの除去がオートファジーに依存して起こっているのかどうかについては見解が分かれており，さらなる検討が必要であると思われる[21]（**表11-3**）．

　いずれの場合においても，マイトファジーが母性遺伝に関与するとすれば，それはレセプター介在性なのか，それともユビキチン介在性なのか，生物種によってさまざまなのか，今後の解析が注目される．

11-6　今後の展望：未解決の根本問題と新たな可能性

　本章では，レセプター介在性マイトファジーの個別の分子機構や生物個体におけるマイトファジーの生理機能[22]については，くわしくふれなかった．一方，「PINK1/Parkin 依存型マイトファジーの不全が主たる原因となって遺伝性劣性パーキンソン病が発症するのか？」について議論の余地が残されていることを含め，マイトファジーの破綻がマウスやヒトでどのような病態を引き起こすのかは，今後明らかにすべき根本的な問題の1つであろう．とり

> **◯₊ Column　酵母が導く現象から分子理解への冒険**
>
> 　マイトファジーが酵母のような単細胞の真核生物でも起こることは，筆者らにとって幸運であった．非発酵性炭素源を含む培地で3日間培養するというシンプルな生理条件下で，顕微鏡の接眼レンズを通して目の当たりにした美しい光景．劇的なマイトファジーを現象として確信したときの感動の熱は，10年経った今でも冷めないほどである．その熱は，確立した現象をベースに酵母の強力な遺伝学を駆使して，約5,000株の非必須遺伝子破壊株を網羅的に探索するという冒険に筆者らを駆り立てた．そして，のちにATG32と名づけた遺伝子の欠損変異体にたどり着き，マイトファジーの分子理解への扉が開かれるに至る．謎のヴェールを1枚，また1枚とはがしていく過程は，期待と興奮に満ち溢れており，立ち込めていた霧が徐々に晴れていくように，マイトファジーの動作説明書が書き記されていった．もちろん，その道なき道は山あり谷あり．内在性タンパク質を調べるための抗体はすぐにできないし，タギングをすればN末端もC末端もタンパク質の機能を損ない，細胞分画・精製の過程でタンパク質はすみやかに分解を受け，可視化しようにもタンパク質の発現量が少なくて細胞の自家蛍光に負けてしまう．それでも，酵母だからこそさまざまなディテールを突き詰め，問題を克服できたのだろう．
>
> 　さまざまなタイプのミトコンドリア分解がつぎつぎに報告されつつある今日においても，生物個体のなかで生理的かつ明快にマイトファジーが駆動し，その基本原理に迫ることができるという点において，酵母はモデル生物のトップランナーである．

わけ，哺乳類にはレセプター介在性とユビキチン介在性の両方のマイトファジーがあり，さらに複数のサブタイプが存在している可能性が高い．それゆえ，解析は容易ではないであろうが，複数のマイトファジーが，おのおの臓器・組織特異的，および発生・分化特異的に駆動するのか，うちいくつかは相互補完的に機能しているのか，ストレス誘導的なものだけでなく恒常的なマイトファジーも起こっているのかについても，解明されていくだろう．

　細胞の膜系全体に占める各オルガネラの割合は，細胞の種類によってさまざまである．たとえば，肝細胞のミトコンドリアは40％にも達する（小胞体は50％）．生体膜の主要な構成成分であるリン脂質の恒常性は，酵素が触媒する合成と分解のバランスによって維持されていると考えられるが，マイトファジーが細胞の膜系全体におけるリン脂質のリモデリングに寄与している可能性はあるだろうか？　近い将来，マイトファジーがつかさどる新奇な細胞制御の仕組みが見いだされていくかもしれない．

文　献・・・・・

1) Lemasters JJ: Rejuvenation Res, 8: 3-5, 2005.

2) Deter RL: J Cell Biol, 48: 473-489, 1971.

3) Schweers RL, et al.: Proc Natl Acad Sci U S A, 104: 19500-19505, 2007.

4) Sandoval H, et al.: Nature, 454: 232-235, 2008.

5) Narendra D, et al.: J Cell Biol, 183: 795-803, 2008.

6) Okamoto K, et al.: Dev Cell, 17: 87-97, 2009.

7) Kanki T, et al.: Dev Cell, 17: 98-109, 2009.

8) Youle RJ and Narendra DP: Nat Rev Mol Cell Biol, 12: 9-14, 2011.

9) Um JH and Yun J: BMB Rep, 50: 299-307, 2017.

10) Galluzzi L, et al.: EMBO J, 36: 1811-1836, 2017.

11) Sun N, et al.: Mol Cell, 60: 685-696, 2015.

12) McWilliams TG, et al.: J Cell Biol, 214: 333-345, 2016.

13) Wu H, et al.: Free Radic Biol Med, 100: 199-209, 2016.

14) Birgisdottir ÅB, et al.: J Cell Sci, 126: 3237-3247, 2013.

15) Murakawa T, et al.: Nat Commun, 6: 7527, 2015.

16) Yamano K, et al.: EMBO Rep, 17: 300-316, 2016.

17) Nguyen TN, et al.: Trends Cell Biol, 26: 733-744, 2016.

18) Sato M and Sato K: Science, 334: 1141-1144, 2011.

19) Al Rawi S, et al.: Science, 334: 1144-1147, 2011.

20) Zhou Q, et al.: Science, 353: 394-399, 2016.

21) 佐藤健，佐藤美由紀: 実験医学, 35: 1812-1817, 2017.

22) 岡本浩二: マイトファジーの分子機構. 水島昇・吉森保 編, オートファジー, p.133, 化学同人, 2012.

12
ゼノファジー：
病原体の排除システム

阿部 章夫

SUMMARY

われわれの身体の中に侵入してきた病原体の多くは自然免疫系によってすみやかに排除される．しかしその一方で，マクロファージのなかで増殖するような病原体の排除システムについては長らく謎であった．これまでオートファジーは生体の恒常性や疾患に関与することが知られているが，このシステムは細胞内に寄生している病原体の排除にも利用されていることが明らかになってきた．病原体に対する選択的オートファジーは「ゼノファジー xenophagy」と定義され，新たな自然免疫系として位置づけられている．ここではゼノファジーによる病原細菌の排除機構について解説するとともに，病原細菌におけるゼノファジーの回避・利用機構についてもふれてみたい．

KEYWORD
○ 侵入性細菌と細胞内寄生細菌　　○ エフェクター　　○ アダプタータンパク質 NDP 52
○ バイオテロとしての野兎病菌

12-1　病原細菌とゼノファジー

❶ ゼノファジーとは？

　結核菌やサルモネラなどの細胞内寄生細菌は，マクロファージのような食細胞に貪食されてもその細胞内で生き延びることが可能である．また，サルモネラは貪食能をもたない上皮細胞内にエンドサイトーシス経路を活性化させることで侵入することができる（侵入性細菌としての能力をもつ）．これら病原細菌の特徴は，エンドソームやファゴソームの環境を利用して，PCV（pathogen-containing vacuole）とよばれる特殊な小胞を形成することである．たとえば，結核菌は MCV（*Mycobacterium*-containing vacuole）を，サルモネラは SCV（*Salmonella*-containing vacuole）を形成することで，リソソームとの膜融合を回避している．

　このような特殊な小胞内で生存の場を確立している細胞内寄生細菌や侵入性細菌の排除システムについては謎に包まれていたが，実は，選択的オートファジーがこれら病原細菌の分解に関与していることが明らかになったのである．病原体に対する選択的オートファジーは「ゼノファジー xenophagy」とよばれ，その仕組みが徐々に解明されようとしている．ゼノファジーによって分解される病原体は，病原細菌，ウイルス，原虫と種々多様であるが，ここでは病原細菌の排除機構にフォーカスを当てて解説する．

❷ ゼノファジーはどこで起こっているのか？

　細胞内寄生細菌は特殊な小胞である PCV を形成することで，リソソームとの融合を回避し殺菌排除から逃れている．この PCV を丸ごと分解できるのがゼノファジーの大きな特徴

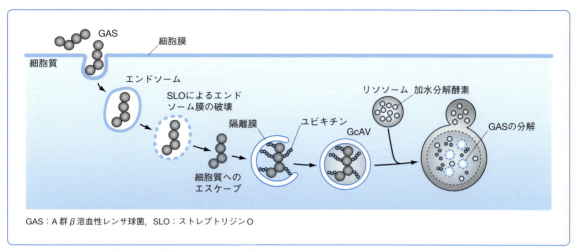

GAS：A 群 β 溶血性レンサ球菌, SLO：ストレプトリジンO

図12-1　A 群 β 溶血性レンサ球菌（GAS）の細胞内侵入とゼノファジーによる排除

であり，サルモネラや結核菌の排除に利用される．また，エンドソーム膜を破壊し細胞質にエスケープするような細菌，たとえば，A 群 β 溶血性レンサ球菌 Group A beta-hemolytic *streptococci*（GAS）や黄色ブドウ球菌なども，ゼノファジーによって排除される（図12-1）．細胞内寄生細菌の排除機構については後述することにして，ここでは細胞質にエスケープする GAS を例にあげ，ゼノファジーの概略を述べてみよう．

　小児の咽頭炎の起因菌である GAS は，皮膚や粘膜などの上皮細胞に付着したのち，エンドサイトーシス経路を介して細胞内に侵入することができる（図12-1）．GAS は細胞質内で

KEYWORD解説

○ **侵入性細菌と細胞内寄生細菌**：宿主細胞の中にみずから侵入する能力をもつ細菌は「侵入性細菌」とよばれ，マクロファージのような食細胞の中で生存，増殖することが可能な細菌は「細胞内寄生細菌」とよばれる．たとえば，サルモネラは腸管の上皮細胞から侵入し，また，マクロファージ内で増殖することができるので，侵入性細菌であり細胞内寄生細菌でもある．

○ **エフェクター**：細菌が産生する病原因子のなかでもニードル様の分泌装置を介して宿主細胞内に直接注入されるものはエフェクターと総称されている．III型，IV型，VI型分泌装置がエフェクターの宿主内移行に関与している．たとえば，サルモネラ感染における上皮細胞からの侵入能，SCV の形成，炎症反応抑制などはエフェクターの機能に依存している．

○ **アダプタータンパク質 NDP52**：NDP52はその N 末端側に LC3との結合ドメイン，C 末端側にユビキチンとガレクチン-8の結合ドメインをそれぞれ有している．PCV 膜の破綻に伴い膜断片のユビキチン化とガレクチン-8の局在が認められるが，この2つの分子を認識できるのが NDP52の大きな特徴である．さらに，NDP52は Sintbad と NAP1を介して制御因子である TBK1と複合体を形成するので，NDP52と共局在しているアダプタータンパク質を TBK1がリン酸化することでオートファジーの活性を増強するはたらきも有している．

○ **バイオテロとしての野兎病菌**：野兎病菌を含むエアロゾルを吸引すると10～50菌数でも発症することから，野兎病菌をエアロゾルにして空中散布する方法でバイオテロが起こされる可能性がある．強い感染力だけではなく致死率も高いこと，また，過去において生物兵器としての開発がなされている経緯などからも，もっとも警戒すべき病原細菌の1つである．

エンドソームに隔離されるものの，孔形成毒素であるストレプトリジン O　streptolysin O (SLO)を菌体外に分泌することでエンドソーム膜を破壊する．細胞質へ逃げた GAS の菌体周辺には隔離膜が集積・伸長することでオートファゴソームが形成される．GAS を包み込むオートファゴソームは通常のものと比べて10倍以上の大きさを示すため，GcAV (GAS-containing autophagosome-like vacuole)とよばれている[1]．最終的には，この GcAV も加水分解酵素群を含むリソソームと融合することでオートリソソームが形成され，殺菌排除へと至る[1]（**図12-1**）．

12-2　ゼノファジーによる病原細菌の選択的排除

❶ 選択性を決定する仕組み

　ゼノファジーでは病原細菌が存在する場でオートファゴソームが形成される．この選択性はどのように決定されるのであろうか？　また，宿主側は PCV の中に存在している細菌をどのように認識するのであろうか？　少々拍子抜けする話であるが，「生体側は PCV の中にいる細菌をいちいち認識しているわけではない」という説が有力となりつつある．生体側は，細菌を包み込んでいる小胞膜の破綻を認識し，膜に異常をもつ小胞を排除する過程で，小胞内の細菌もついでに分解するというモデルである．実はこの仕組みは，細胞小器官の品質管理にも利用されているのである．

　たとえば，ミトコンドリアでは酸化的リン酸化でエネルギーを生み出す過程で，有害な活性酸素も産生される．細胞にとってミトコンドリアは，いわば火薬庫でもあり，活性酸素の影響で膜に異常をきたしたミトコンドリアはマイトファジー mitophagy により正常なミトコンドリアとは区別されて分解される．膜電位が低下したミトコンドリアの外膜上には PINK1 とよばれるタンパク質が安定に局在するようになる．この PINK1に E3ユビキチンリガーゼである Parkin が結合することで，ミトコンドリアの外膜タンパク質のユビキチン化が起こる．このユビキチン化によるタグづけによって，膜に異常をもつミトコンドリアのみがマイトファジーの標的となる．次いで，アダプタータンパク質が膜上のユビキチンに結合し，この分子は LC3とも結合できるので，LC3を発現している隔離膜をミトコンドリア周辺に引き寄せることでオートファゴソームが形成される．このように，アダプター分子が介在し選択的オートファジーが起こる仕組みが「アダプター仮説」である．

　ミトコンドリアは好気性細菌が真核細胞に共生することで獲得されたと考えられているが，ミトコンドリアの品質管理と同じような仕組みが細胞内に侵入した病原細菌の分解にも利用されていることは非常に興味深い．事実，Parkin が結核菌の MCV を認識しユビキチン化によるタグづけが起こることが明らかとなり[2]，マイトファジーとゼノファジーにおける共通項が見いだされつつある．次節ではゼノファジーにおけるユビキチン化の役割について，もう少しくわしく解説してみよう．

❷ エンドソームや小胞の膜断片はユビキチン化でタグづけされる

　トランスフェクション試薬でコートしたラテックスビーズはエンドサイトーシス経路を介して細胞の中に取り込まれる[3]．このときエンドソーム膜でおおわれたビーズの周辺部位で

ユビキチン化が観察され，さらにS型レクチンであるガレクチン-3 galectin-3 の局在が認められる[3]．このレクチンは膜内腔側に局在する糖鎖と結合するので，エンドソーム膜損傷のマーカーとして利用されている．実際にビーズを単離してみると，エンドソーム膜上に存在するトランスフェリンレセプターなどのタンパク質がユビキチン化されていたので，ユビキチン化は損傷を受けたエンドソーム膜上で起こっていることがわかる．さらに，サルモネラの感染でも同様な結果が得られたことから，SCV の膜断片がユビキチン化されることが明らかとなった[3]．このように，損傷した膜を感知してゼノファジーが誘導されるシステムでは，個々の病原細菌を特異的に認識する必要はないので，自然免疫としての選択的オートファジーの性質をよくとらえているといえる．

その一方で，E3 リガーゼである LRSAM1 がサルモネラ菌体を直接ユビキチン化するとの報告があるが，ユビキチン化される菌側のタンパク質については不明である[4]．また，cGMP（cyclic guanosine monophosphate）の菌体表層タンパク質への付加でユビキチン化が起こることが GAS におけるゼノファジーで報告されている[5]．8-ニトロ cGMP は細胞内のシグナル伝達を担う分子として近年発見されたが，この分子のニトロ基がタンパク質のシステイン残基と求核置換反応を起こすことで cGMP の付加が起こる（S-グアニル化反応）．cGMP で修飾されたタンパク質のユビキチン化のメカニズムは不明であるが，エンドソーム膜を破って細胞質へとエスケープするような病原体のユビキチン化に関与している可能性がある．

❸ 膜の破綻はどのように認識されるのか？

サルモネラはⅢ型分泌装置を用いてエフェクターとよばれる分子を腸管上皮細胞に注入する．細胞内に移行したエフェクターは細胞骨格形成に関与する宿主側因子に作用することで，菌の隣接部位でラッフル膜を誘導する．みずからエンドサイトーシスを誘導して細胞内に侵入したサルモネラは，エンドソームの膜環境を利用することで SCV とよばれる特殊な小胞を形成する（図12-2）．

サルモネラは SCV の中で増殖後，SCV 膜を破壊して細胞質へと移行することで新たな増殖の場を確立しようとする．その一方で，SCV 膜に損傷が起こるとゼノファジーがすみやかに誘導される．SCV 膜の恒常性を監視するためにはたらいている分子が糖鎖結合タンパク質のガレクチン-8 galectin-8 である[6]．上皮細胞からサルモネラが侵入するステップで細胞表面に発現している糖鎖を膜内腔側に取り込んだかたちで SCV が形成される（図12-2）．サルモネラによって SCV 膜が破られると，膜内腔側に局在している糖鎖が細胞質側へと露出する．この糖鎖に細胞質に局在しているガレクチン-8 が結合し，さらに糖鎖-ガレクチン複合体にアダプタータンパク質 NDP52 が相互作用することで選択的オートファジーが誘導される[6]．このように，ガレクチン-8 は病原体の細胞内への侵入を感知する危険受容体（danger receptor）として機能しているのである．

❹ アダプタータンパク質によるゼノファジーのファインチューニング

サルモネラ感染では SCV 膜の破綻を危険受容体であるガレクチン-8 が認識し，これにアダプタータンパク質 NDP52 が結合することで，ゼノファジーの初動が起こる（図12-2）．NDP52 は GAS や結核菌におけるゼノファジーにも関与している．また，赤痢菌やリステリアは感染の初期段階でエンドソーム膜を破壊し細胞質へと逃れようとするが，実はこのよう

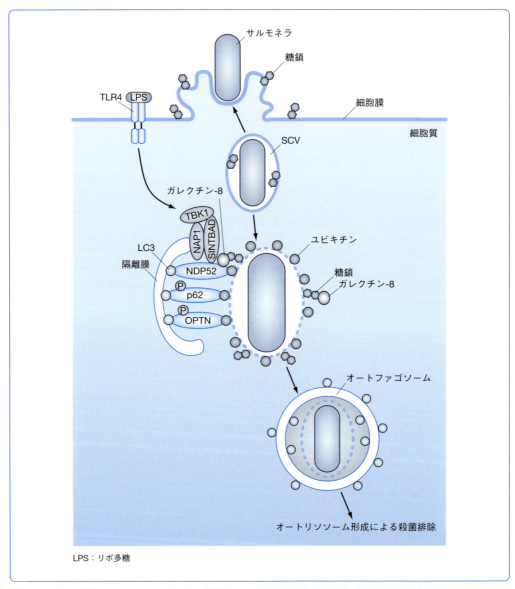

図12-2　上皮細胞からのサルモネラの侵入とSCV膜の破綻を認識したゼノファジーの誘導

な菌の周辺にもガレクチン-8の局在が認められる[6].

　このように，ガレクチン-8はオートファジーの選択性を担う重要な分子であるが，p62や
OPTN などのアダプタータンパク質はガレクチン-8と結合することができない[6]（**図12-2**）.
これらをふまえると，ガレクチン-8に NDP52が結合することでゼノファジーの初動が起こ
り，次いで膜断片上のユビキチンに複数種のアダプタータンパク質（NDP52，p62，OPTN）
が相互作用することでゼノファジーによる選択的排除が増強されると考えられる.

　一方，ユビキチン化を介した経路とは独立して，ジアシルグリセロールのシグナルによっ
て誘導されるゼノファジーも報告されており，いくつかの異なった経路で病原体の排除が行
われるようである.

⑤ ゼノファジーと自然免疫のクロストーク

　TBK1（TANK-binding kinase 1）は炎症性サイトカインを制御する因子として同定されたが，この分子はアダプタータンパク質をリン酸化することで，ユビキチンならびに LC3 との結合を増強させるはたらきを有している[7]．サルモネラ感染では，NDP52，OPTN，p62 などのアダプタータンパク質がゼノファジーに関与している．TBK1 は SINTBAD と NAP1 を介して NDP52 と複合体を形成することで，NDP52 と共局在している OPTN や p62 をリン酸化する[7]（図12-2）．また，OPTN も TBK1 との結合ドメインを有しており，リン酸化を通してアダプター分子の活性が増強される．サルモネラ感染では LPS による刺激で TLR4 経路の下流にある TBK1 が活性化されることが知られており[8]，ゼノファジーと他の自然免疫系は TBK1 によりクロストークがなされている．

⑥ アダプター仮説の限界

　ここまで，サルモネラ感染では SCV 膜の損傷を認識してユビキチン化が起こり，これにアダプタータンパク質が介在することでオートファジーに選択性が付与されることを述べてきた．しかしその一方で，膜断片上のユビキチン化部位に，Atg16L 複合体，ULK1 複合体，Atg9L1 がそれぞれ独立に集積することで標的上に隔離膜が形成されることが明らかとなっている[9]．アダプタータンパク質がユビキチン化された部位に LC3 を含む隔離膜を引き寄せる「アダプター仮説」[10] は魅力的であるが，実際には，① ユビキチン化した部位で隔離膜の形成が観察されること，② LC3 の隔離膜への組み込みは Atg16L 複合体によってリクルートされることからも，オートファゴソーム形成に至るまでのステップにはアダプター分子だけではなく他のオートファジー関連因子も介在している．このように，アダプタータンパク質は他のオートファジー関連タンパク質と協調してはたらくことで隔離膜の伸長に関与している．

12-3 病原細菌におけるゼノファジーの対抗戦略

　これまで，ゼノファジーが細胞内に寄生している病原細菌に対する分解システムであることを解説してきた．その一方で，ゼノファジーによる殺菌排除から巧みに回避する病原細菌も存在もする．たとえば，赤痢菌，リステリア，レジオネラなどの病原細菌である．さらに，ブルセラ属細菌や野兎病菌ではゼノファジーを利用することで細胞内での増殖を確立している．ここでは，病原細菌におけるゼノファジーの回避・利用戦略について解説してみたい．

① 病原細菌によるゼノファジーの回避戦略

1）リステリア属細菌における分子擬態

　リステリア症は，グラム陽性桿菌のリステリア・モノサイトゲネス *Listeria monocytogenes* によって惹起される人獣共通感染症で，妊婦に感染した場合，流産や早産の原因となる．本菌は菌体表層に InlA を発現しており，In1A が宿主細胞の E-カドヘリンと結合することで，エンドサイトーシスを誘導し，細胞内へと侵入する．次いで LLO（listeriolysin O）とよばれる孔形成毒素を産生し，エンドソーム膜を破壊することで細胞質へ逃れる．リステリア属細菌で

は菌体一極に ActA が発現しており，ActA にアクチン重合にかかわる宿主側因子 VASP ならびに Arp2/3複合体が相互作用することで細胞内での運動性を獲得している（図12-3）．

　リステリア属細菌に対するゼノファジーは，ユビキチン化された菌体にアダプタータンパク質が結合することで誘導される．リステリア属細菌では ActA が Arp2/3複合体および VASP と相互作用しているが，これらの宿主側因子が菌体表層に集積することで菌体のユビキチン化を阻害している[11]（図12-3）．一方，巨大なリボヌクレオタンパク質であるヴォールト（Vault）は，MVP（major vault protein）が会合することで鳥カゴ様の構造を形成する細胞小器官である．外膜タンパク質の InlK にヴォールトの構成因子である MVP が結合することで，ActA と同様に菌体のユビキチン化を阻害している[12]（図12-3）．リステリア属細菌では菌体表層に宿主側因子をまとうことでゼノファジーを回避しており，このような病原菌の戦略は「分子擬態」（molecular mimicry）とよばれている．

2) 赤痢菌におけるゼノファジーの回避

　赤痢とは腹痛を伴う頻回の粘血便を表す症状名であり，赤痢菌（*Shigella*）に起因するものは

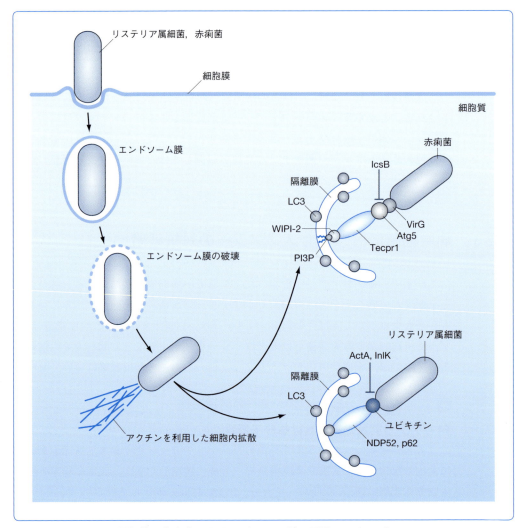

図12-3　リステリア属細菌，赤痢菌におけるゼノファジー回避のメカニズム

細菌性赤痢とよばれている．赤痢菌もリステリア属細菌と同様に細胞内運動能を有する．菌体一極に発現している VirG と宿主側因子である N-WASP ならびに Arp2/3複合体が相互作用することで，アクチン線維が伸長し宿主内での運動を可能にしている．赤痢菌におけるゼノファジーでは，Atg5が菌体表層の VirG に結合し，次いでアダプタータンパク質である Tecpr1，隔離膜のホスファチジルイノシトール3-リン酸（PI3P）と結合している WIPI-2が順次結合することでオートファゴソームが形成される[13]（図12-3）．これに対し赤痢菌は，Ⅲ型分泌装置を利用して宿主細胞内に VirA と IcsB を注入することでゼノファジーを回避している．VirA は GTPase 活性化タンパク質である TBC GAP と類似の活性を有し，Rab1 活性を抑制することでゼノファジーを阻害している[14]．一方，ATG5-VirG の相互作用でゼノファジーの初動が起こるが，IcsB はこの相互作用を競合的に阻害することでゼノファジー回避に関与している[15]（図12-3）．

3）LC3のリサイクルシステムを阻害するレジオネラ属細菌の感染戦略

レジオネラ・ニューモフィラ *Legionella pneumophila* は，湖沼や河川，土壌などの自然環境のなかでアメーバなどに寄生して生息している．その一方で，ビル屋上の冷却塔や温泉施設にレジオネラ属細菌を含むアメーバが混入することがあり，これらがエアロゾルを介して高齢者や免疫力が低下したヒトに感染すると，劇症性の肺炎を起こすことが知られている．レジオネラ・ニューモフィラも結核菌と同様にファゴソームとリソソームの融合を阻害することでマクロファージ内での生存能を獲得している．本菌はⅣ型分泌装置を介して細胞内にエフェクターを注入することが知られているが，このなかでもエフェクターRavZ が LC3の リサイクルを阻害している[16]．

細胞内で LC3が産生されると C 末端がシステインプロテアーゼ（Atg4）で切断され，C 末端にグリシン残基をもつ LC3-Ⅰが生成される．さらに，Atg7（E1様酵素）と Atg3（E2様酵素）が作用することで C 末端にホスファチジルエタノールアミン（PE）が付加され，隔離膜への局在が可能となる．この LC3-PE 結合体は，オートリソソーム形成後に Atg4によって脱 PE 化されることで細胞質へ遊離して再利用される．レジオネラ属細菌のエフェクター RavZ は Atg4と類似した酵素活性をもつが，PE に C 末端側のグリシン残基を付加したかたちで切断する．その結果，グリシン残基が欠損した LC3は Atg7と Atg3による PE 付加のステップに入ることができない．このようにレジオネラ属細菌は，LC3生成のリサイクルに影響を及ぼすことで，ゼノファジーから回避している．

❷ 病原細菌におけるゼノファジーの利用戦略

ブルセラ症はブルセラ属細菌（*Brucella abortus*, *B. suis*, *B. melitensis*, *B. canis*）によって惹起される人獣共通感染症である．広範な動物種に感染し，ウシでは流産の起因菌として知られている．ヒトに感染すると，発熱，発汗，倦怠感，悪寒など風邪と似たような症状を惹起する．一方，野兎病は野兎病菌（*Francisella tularensis*）に起因する突発性の発熱を示す感染症である．野兎病菌はマダニなどの節足動物を介してノウサギなどの齧歯類に維持されており，これらの自然宿主からヒトに感染する．ブルセラ属細菌と野兎病菌はともにマクロファージの中で増殖が可能な細胞内寄生細菌であり，ゼノファジーを利用することで細胞内での増殖を確立している．

ブルセラ・アボルタス（*B. abortus*）は細胞内にて BCV（*Brucella*-containing vacuole）とよば

れる小胞を形成する[17]（図12-4）．BCV の形成はエンドサイトーシス経路を利用しているが，その後，リソソーム膜を取り込みながら小胞体由来の膜を獲得することで増殖可能な BCV（増殖型 BCV）を形成する．また，ブルセラ・アボルタスはⅣ型分泌装置を介して細胞内にエフェクターを注入することで小胞体ストレス応答を誘導する[18]．このとき，宿主側因子である Yip 1A がストレスセンサータンパク質である IRE 1経路を特異的に活性化することで，小胞体由来の膜成分を増殖型 BCV に供給している[19]．興味深いことに，BCV はオートファジー関連タンパク質である ULK1，Beclin 1，Atg 14 を利用し，aBCV（autophagic BCV）へと成熟することが知られており，その後，ブルセラ・アボルタスは感染細胞から放出され，隣接細胞に再感染する[20]．siRNA により ULK1や Beclin 1の発現を抑制すると隣接細胞への再感染が抑制される[20]．

　野兎病菌はマクロファージに貪食されたのち，ファゴソーム膜を破壊することで細胞質内に逃れて急速に増殖し細胞死を誘導するとともに，その一部はオートファゴソームを利用することで FCV（*Francisella*-containig vacuole）を形成する．野兎病菌は Atg 5に非依存的なオートファジーを誘導し，オートファゴソームからアミノ酸や炭素源を摂取している[21]．オートファジー阻害剤の3-メチルアデニンの添加で FCV 形成が著しく抑制される[22]．

　ブルセラ・アボルタス，野兎病菌ともに，オートファジーの機能を阻害すると通常の細胞

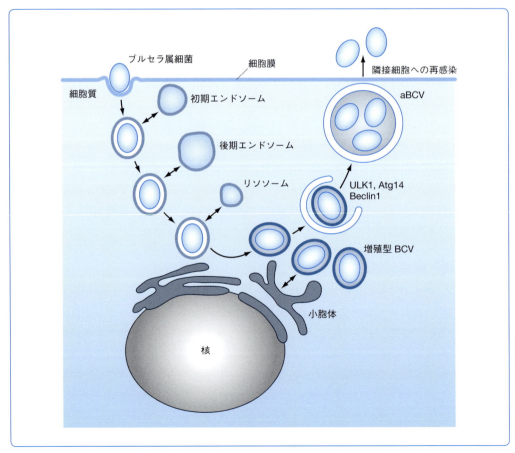

図12-4　ブルセラ属細菌によるゼノファジー利用のメカニズム

> ### Q+ Column　細菌学者から見たゼノファジー
>
> 　病原細菌がゼノファジーによってどのように殺菌排除されるのかについては，おもに培養細胞による感染実験を通して解析がなされてきた．ゼノファジーは分子細胞生物学者の貢献により驚異的に進展した領域であるが，その一方で，*in vivo*での病原体の排除にゼノファジーがどの程度関与しているのかについては，よくわかっていない部分が多い．ゼノファジーと感染を理解するためには，マウス野生株とオートファジー関連遺伝子のノックアウトマウスを利用した比較解析により精査する必要があると思う．
>
> 　現在，臨床領域では多剤耐性菌の問題が深刻化しつつあり，新たな作用機序を有する薬剤開発が望まれている．ゼノファジーの活性を増強するような物質は，抗感染症薬の候補となる可能性がある．

内寄生細菌とは異なり，細胞内での増殖が著しく阻害されることから，オートファジーを利用して細胞内での増殖を確立していると考えられる．

文　献 ・・・・・

1) Nakagawa I, et al.: Science, 306: 1037-1040, 2004.
2) Manzanillo PS, et al.: Nature, 501: 512-516, 2014.
3) Fujita N, et al.: J Cell Biol, 203: 115-128, 2013.
4) Huett A, et al.: Cell Host Microbe, 12: 778-790, 2012.
5) Ito C, et al.: Mol Cell, 52: 794-804, 2013.
6) Thurston TL, et al.: Nature, 482: 414-418, 2012.
7) Herhaus L and Dikic I: EMBO Rep, 16: 1071-1083, 2015.
8) Weidberg H and Elazar Z: Sci Signal, 4: pe39, 2011.
9) Noda T, et al.: Int J Cell Biol, 2012: 389562, 2012.
10) Stolz A, et al.: Nat Cell Biol, 16: 495-501, 2014.
11) Yoshikawa Y, et al.: Nat Cell Biol, 11: 1233-1240, 2009.
12) Dortet L, et al.: PLoS Pathog, 7: e1002168, 2011.
13) Ogawa M, et al.: Cell Host Microbe, 9: 376-389, 2011.
14) Dong N, et al.: Cell, 150: 1029-1041, 2012.
15) Ogawa M, et al.: Science, 307: 727-731, 2005.
16) Choy A, et al.: Science, 338: 1072-1076, 2012.
17) Celli J: Cellular Microbiology, 17: 951-958, 2015.
18) Keestra-Gounder AM, et al.: Nature, 532: 394-397, 2016.
19) Taguchi Y, et al.: PLoS Pathog, 11: e1004747, 2015.
20) Starr T, et al.: Cell Host Microbe, 11: 33-45, 2012.
21) Steele S, et al.: PLoS Pathog, 9: e1003562, 2013.
22) Checroun C, et al.: Proc Natl Acad Sci U S A, 103: 14578-14583, 2006.

12

Ⅲ

オートファジーの生理機能

13 マウスでのATGの意義

吉井 紗織・水島　昇

SUMMARY

オートファジーはほとんどの真核生物に保存される細胞内分解系で，細胞質のタンパク質・細胞小器官（オルガネラ）の品質管理や飢餓適応に重要である．生体内におけるオートファジーの役割は，全身もしくは組織特異的オートファジー不全マウスを用いて解析されてきた．とくに，オートファジー関連（ATG）因子のうち，ULK1複合体，ATG9A，PI3K（PI3キナーゼ）複合体などの上流因子がオートファジー非依存的役割をもつと考えられているため，これまで，ATG5やATG7などの下流因子欠損マウスがオートファジー不全マウスの代表として頻繁に解析されてきた．しかし，最近，オートファジー下流因子も多彩なオートファジー非依存的役割をもつことが明らかとなってきた．

本章では，全身もしくは組織特異的にATG因子を欠損したマウスで観察される異常を概説するが，一般に，ATG因子欠損マウスにおける異常がオートファジー不全によるものかどうかを判断することはむずかしい．これらのATG因子欠損マウスにおける異常のうち，オートファジー非依存性が明らかに示される場合は§13-2に含めたが，現在知られるオートファジーの役割のなかには一部ATGのオートファジー非依存的役割が含まれている可能性があることに注意されたい．

KEYWORD

○ オートファジー上流因子　　○ オートファジー下流因子　　○ 組織特異的オートファジー不全マウス

13-1 マウスにおけるオートファジーの生理的意義

① 胚発生

　マウス，ゼブラフィッシュ，線虫などの多くの動物で，受精によってオートファジーが活性化する．マウス胚では，受精後およそ4時間ごろからオートファジーの誘導が観察される[1]．

　オートファジー関連（ATG）因子である ATG5 を欠損した卵（卵特異的 *Atg5* 欠損マウス卵）が ATG5 欠損精子と受精すると，4〜8細胞期で致死となる．これらの ATG5 欠損受精卵では新規タンパク質合成が低下するため，オートファジーによる栄養供給が受精卵の発生に重要なのかもしれない．もしくは，特定のタンパク質，細胞小器官，mRNA などの分解にオートファジーが重要である可能性もある．

　オートファジーが初期胚発生に必要であることと，後述するようにオートファジー不全マウスでも新生仔が生まれてくるという事実は，一見矛盾するように思われるが，これは，遺伝子型 *Atg5*$^{+/-}$ の雌マウス由来の *Atg5* 遺伝子欠損卵の細胞質には母親由来の ATG5 タンパク質が残存しているためである．そのため，*Atg5*$^{+/-}$ 雌マウスと *Atg5*$^{+/-}$ 雄マウスを交配して得られた *Atg5*$^{-/-}$ 受精卵では受精後にオートファジーの活性化が観察される[1]．

表13-1　全身でオートファジー因子を欠損するマウスの表現型

複合体	遺伝子型	致死時期	観察される異常	文　献
ULK1複合体	$FIP200^{-/-}$ $Atg13^{-/-}$	胎生後期	成長障害 心不全	52, 53
	$ULK1^{-/-}$ $ULK2^{-/-}$	新生仔（〜数週）	低体重，呼吸窮迫	4
ATG9A 小胞	$Atg9a^{-/-}$	胎生後期から新生仔	成長障害	2, 3
PI3K 複合体	$Beclin1^{-/-}$	胎生初期	成長障害 発生異常 （遺伝型ヘテロで腫瘍形成）	54
LC3結合系 ATG12結合系	$Atg3^{-/-}$ $Atg5^{-/-}$ $Atg7^{-/-}$ $Atg12^{-/-}$ $Atg16l1^{-/-}$	新生仔	低体重 母乳吸嚥障害 飢餓時血清アミノ酸低下	7〜10, 55

オートファジー関連因子のうち，上流因子であるULK1複合体およびPI3K複合体構成因子を欠損するマウスは胎生致死となる．一方でULK1/2二重欠損マウスは新生仔（まれに出生数週間以内）で致死となるが，オートファジーが完全には止まっていない可能性がある．ATG9Aも上流因子でありながら，胎生致死から新生仔致死と表現型のばらつきが報告されている．下流因子であるオートファジー結合系（LC3結合系およびATG12結合系）構成因子を欠損するマウスは新生仔致死となる．オートファジーの分子機構については，**第4章**，**第5章**，**第7章**を参照されたい．

❷ 全身でオートファジー関連因子を欠損するマウスの表現型

1) オートファジー上流因子欠損マウスは胎生致死となる

　ULK1複合体構成因子である FIP200や ATG13，および PI3K（PI3キナーゼ）複合体の構成因子である BECN1（Beclin1）は，隔離膜形成に必要であり，オートファジー因子群の遺伝学的階層構造のうち上流ではたらく因子である（**第4章** 参照）．これらのオートファジー上流因子を全身で欠損したマウスは胎生致死となり，後述の下流因子欠損マウスより表現型が重篤である（**表13-1**）．他の上流因子である ATG9A を欠損したマウスは，胎生後期から新生仔と致死時期にばらつきがある[2, 3]．一方で，FIP200や ATG13と同様に ULK1複合体の構成因子である ULK1とその関連因子である ULK2の二重欠損（*ULK1/2* DKO）マウスは，FIP200や ATG13の欠損と異なり，新生仔致死となる（少数の個体はさらに数週間生存する）[4]．これは *ULK1/2*二重欠損細胞でもオートファジーが完全に止まらないためかもしれない[5]．オートファジーの上流因子欠損マウスと下流因子欠損マウスで致死時期が異なるのは，上流因子がオートファジー以外の機能を有しているためと考えられてきたが，オートファジーの ATG 因子依存性（各因子の欠損により完全にオートファジーが止まるか）が上流因子と下流

KEYWORD解説

○ **オートファジー上流因子**：ULK1複合体（ULK1，FIP200，ATG13，ATG101），ATG9，および PI3K 複合体（VPS15，VPS34，BECN1，ATG14）などは隔離膜の形成に必要であり，オートファジー上流因子に分類される．

○ **オートファジー下流因子**：ATG12結合系（ATG5，ATG7，ATG10，ATG12，ATG16L1）と LC3結合系（ATG3，ATG4ホモログ，ATG7，LC3ホモログ，GABARAP ホモログ）はオートファゴソームの完成に必要とされ，オートファジー下流因子に分類される．

○ **組織特異的オートファジー不全マウス**：オートファジー遺伝子の一部を *loxP* ではさんだ遺伝子改変マウス（例：$Atg5^{flox/flox}$）に，組織特異的プロモーター下で Cre リコンビナーゼを発現させると，Cre を発現した組織でのみ標的オートファジー因子を欠損した組織特異的オートファジー不全マウスとなる．

因子で異なるためである可能性もある.

　Guan らのグループは,ATG 13 と結合できない変異型 FIP 200 を発現させたノックインマウスを作製した[6].このマウスはオートファジー不全であるが,FIP 200 のオートファジー非依存的役割は正常と考えられる.この ATG 13 結合不全型 FIP 200 ノックインマウスは,新生仔致死となる.このことは,FIP 200 欠損において観察される胎生致死は,FIP 200 のオートファジー非依存的役割によるものであることを示唆する.しかし,ATG 13 結合不全型 FIP 200 ノックインマウスでもオートファジー活性が部分的に残存している可能性は完全には除外できない.

2）オートファジー下流因子欠損マウスは新生仔致死となる

　多くのオートファジー上流因子欠損マウスが胎生致死であるのに対し,オートファジーの下流因子である,ATG 3,ATG 5,ATG 7,ATG 12,ATG 16 L 1 欠損マウスは,ほぼ正常に出生するが,生まれて 1 日以内に致死となる[3, 7~10]（表13-1）.哺乳類は出生と同時に胎盤からの栄養供給がとだえるため,急激な飢餓状態に曝されるが,この新生仔期にオートファジーが強く誘導される[7, 8].一方で,オートファジー不全マウス新生仔では非母乳栄養時に組織および血清アミノ酸レベルが有意に下がる[7~9].これらのことから,新生仔は急激な飢餓に対してオートファジーを誘導して栄養素を供給していると考えられる.

　オートファジー下流因子欠損マウスは母乳を飲むことができないが,それ以外には大きな解剖学上および組織学上の異常はみられない[6, 8].一方,*Atg 5* 欠損マウスに神経でのみ *Atg 5* 遺伝子を再発現させると,母乳を飲むことができるようになり,新生仔致死を乗り越え,成体まで生き延びる[11].このことから,オートファジー下流因子欠損マウスの新生仔致死の原因は,神経異常に起因する母乳吸啜障害であると考えられる.

❸ 組織特異的オートファジー不全マウスの表現型

　全身でオートファジー因子を欠損したマウスは,胎生致死や新生仔致死となるため,各臓器や組織におけるオートファジーの生理的役割は,もっぱら組織特異的オートファジー不全マウスを用いて解析されてきた.おもな臓器および組織におけるオートファジー不全により観察される異常を表13-2に示す.

1）神経：細胞質タンパク質の品質管理

　神経細胞でオートファジー因子を欠損したマウスは神経変性疾患様の症状を示し,組織学的には,ユビキチン化タンパク質の蓄積,凝集体形成,および神経細胞の脱落が観察される[12~14].一方で,もう 1 つの主要な細胞内タンパク質分解系であるプロテアソームの活性自体に異常はない[12].これらのことは,基底レベルのオートファジーが細胞質のタンパク質を少しずつ分解することが細胞質タンパク質の品質管理に必要不可欠であることを示唆する.

2）肝臓：酸化ストレス応答KEAP1-NRF2経路の制御

　肝臓特異的オートファジー不全マウスは激しい肝臓の肥大と肝炎を示す[9].これらのマウスの肝細胞ではユビキチン化タンパク質とオートファジー選択的基質である p62（SQSTM 1 ともよばれる）を含む凝集体が形成され,電子顕微鏡上で,ミトコンドリア,小胞体などの細胞小器官の形態異常が観察される[9, 15].興味深いことに,オートファジー因子である ATG 7 と同時に p62 もしくは酸化ストレス関連転写因子である NRF2 を欠損すると,肝臓で観察される異常のほとんどが劇的に改善する.オートファジー不全により蓄積したリン酸化 p62

表13-2 組織特異的オートファジー因子欠損マウスで観察される異常

組 織	Cre リコンビナーゼ 発現プロモーター	観察される異常	文 献
神経	*Nestin*	神経変性疾患様症状，神経細胞脱落	12, 13
肝臓	*Alb / Mx*（誘導性）	肝臓肥大，肝炎	9
胸腺	（*Atg5*⁻/⁻胸腺をヌードマウスに移植）	皮膚の鱗屑，大腸炎，子宮萎縮，脂肪萎縮，リンパ節腫大 多臓器への白血球浸潤	34～36
	K14 / K5	とくに異常なし	
膵臓	*RIP*（β細胞）	耐糖能・インスリン分泌低下，β細胞の減少	56～59
	Ptf1α / Pdx1（腺房細胞）	膵臓萎縮，慢性炎症，空胞変性，異形成，線維化	
小腸	*Villin*	パネート細胞の形態異常，分泌機能異常	19, 60, 61
肺	*CCSP-rtTA*（気道上皮）	気道上皮の易刺激性	37, 38, 62
	LysM（骨髄球）	肺炎，好中球浸潤，気道分泌物の増加	
心臓	*MyHC-MerCreMer*（誘導性）/ *MLC2v / MyHC*	（急性 ATG 不全）左心室拡大（心不全），収縮不全 （胎生期からの ATG 不全）加齢依存的心不全	63, 64
腎臓	*Podocin*（足細胞）	加齢依存的糸球体硬化症，蛋白尿	65, 66
	Pax8.rtTA（尿細管）	血清クレアチニン上昇	
筋肉	*MLCf / HAS*（誘導性）	筋萎縮，空胞形成，中心核出現	30, 67
	Pax7	衛星細胞数減少，筋損傷修復能低下	
脂肪	*aP2*	白色脂肪の減少，褐色脂肪化，インスリン感受性向上	68～71
	Myf5（褐色脂肪）	褐色脂肪細胞分化不全，体温上昇，白色脂肪の褐色細胞化	
造血幹細胞 胎児肝細胞 （造血性）	*VAV / Tie2 / Mx*（誘導性）	貧血，非典型的骨髄増殖症，リンパ球減少	20, 24, 25
その他		骨減少（骨芽細胞），Ⅱ型コラーゲン分泌不全（軟骨細胞），聴覚異常（有毛細胞），卵胞喪失（生殖細胞），早産（黄体），精子機能低下（生殖細胞）	72～79

ATG因子欠損に用いられたCreリコンビナーゼ発現プロモーターとそれぞれの組織で観察される異常を示す．オートファジーと神経，膵臓，心臓，腎臓の関連はそれぞれ，第17章，第19章，第21章，第22章を参照されたい．

がNRF2のE3リガーゼであるKEAP1と強く結合することでNRF2の分解を阻害し，NRF2の異常活性化を引き起こすためである[16～18]．

3) 小腸：パネート細胞の形態と機能の維持

腸管上皮特異的オートファジー不全マウスでは，小腸の構造や吸収上皮に明らかな異常は観察されない一方，パネート細胞とその顆粒の形態に異常がみられる[19]．パネート細胞では抗菌ペプチドであるリゾチームの分泌不全が観察される．小腸におけるオートファジーは炎症性腸疾患であるクローン病との関連も示唆され，注目を集めている．

4) 赤血球：ミトコンドリアの分解と赤血球の維持

赤血球は分化の過程で核と細胞小器官を失うが，細胞小器官の消失のメカニズムはほとんどが謎に包まれている．造血幹細胞でATG7を欠損するマウスは強い貧血を示し，赤血球の寿命が低下する[20]．これらのマウスの赤血球では，ミトコンドリア残存率が高く，活性酸素種（ROS）の過剰産生が観察される．一方，小胞体やリボソームの消失は正常に観察され

る．これらのことから，赤血球の細胞小器官のうち，ミトコンドリアのみ，その消失の一部がオートファジーに依存すると考えられる[20, 21]．一方で，NIX を欠損するマウスではミトコンドリア消失がより強く低下するため，オートファジーに依存しないミトコンドリア消失メカニズムがあると考えられる（オートファジーによる選択的ミトコンドリア分解については第11章を参照されたい）[21〜23]．

5) 幹細胞の維持

造血幹細胞でオートファジー因子を欠損するマウスでは，赤血球系の細胞特異的にオートファジー因子を欠損するマウスと比較して，より重篤な貧血が観察される[20]．これは赤血球分化だけでなく，造血幹細胞の維持にオートファジーが重要なはたらきをもつためであり，オートファジー不全造血幹細胞ではミトコンドリアの増加，活性酸素種の過剰産生，DNAダメージの蓄積，細胞分裂の亢進が生じ，最終的に幹細胞の減少が観察される[24, 25]．また，致死量の放射線照射を受けたレシピエントマウスに FIP 200 や ATG 7 を欠損した造血幹細胞を移植してもレシピエントの致死を回避することができないことから，明らかな造血幹細胞の機能不全が示唆される[24, 25]．造血幹細胞におけるオートファジーは幹細胞の代謝を抑え休止状態に保つのに重要である[26]．

FIP 200 は神経幹細胞の維持にも必要とされる．FIP 200 を神経特異的に欠損したマウスでは，神経分化異常，神経幹細胞の減少が観察され，これらの神経細胞ではミトコンドリアの増加，活性酸素種の過剰産生が観察される[27]．神経幹細胞の喪失と神経分化異常は FIP 200欠損で観察される一方，ATG 5，ATG 16 L 1，ATG 7欠損では観察されない．また，FIP 200とオートファジー基質である p 62 の二重欠損では神経幹細胞の喪失が抑制される[28]．これらの異常は FIP 200 のオートファジー非依存的役割による可能性もあるが，ATG 5 などと比べて，FIP 200 がより厳密にオートファジーに必要だからかもしれない．実際，FIP 200 欠損細胞と下流因子欠損細胞で p 62 陽性凝集体やユビキチン化タンパク質の蓄積の程度が大きく異なることが，マウス組織および培養細胞で観察される[28, 29]．

衛星細胞 satellite cell は筋芽細胞への分化能をもつ幹細胞である．オートファジー不全衛星細胞では，異常ミトコンドリアの増加，活性酸素種の過剰産生，老化関連マーカーの上昇が観察され，衛星細胞の細胞数減少および幹細胞能低下が観察される[30]．

6) 感染・炎症制御

サルモネラなどの一部の細胞内感染細菌は，ファゴソームの修飾もしくはファゴソームを破り細胞内に侵入することで，ファゴソーム内での分解を回避する．一方，宿主側はそれに対抗し，これらの細菌をオートファジーで選択的に分解する（詳細については第12章を参照されたい）．小腸で ATG 5 を欠損するマウスは，サルモネラの経口感染に脆弱であり，小腸でのサルモネラ生存数および他臓器へのサルモネラの伝播が増加する[31]．また，オートファジーは細胞質タンパク質の主要組織適合遺伝子複合体クラスⅡ（MHCⅡ）への抗原提示経路となり[32]，ATG 5 を樹状細胞で欠損したマウスは，ヘルペスウイルス感染時や細胞内感染細菌であるリステリア感染時の T 細胞刺激能が低下する[33]．

オートファジーは炎症の制御とも深く関連し，全身で ATG 5 を欠損するマウスの胸腺をヌードマウス（胸腺欠損マウス）に移植すると，大腸，肝臓，肺，子宮，ハーダー腺で強い炎症が観察される[34]．このことから，オートファジーは胸腺における自己反応性 T 細胞のネガティブセレクションに重要であると考えられる．しかし，胸腺特異的オートファジー不全

マウスではこれらの異常は観察されない[35, 36]．

顆粒球特異的に ATG5 や ATG7 を欠損したマウスでは，肺に強い無菌性の炎症が観察される[37]．この慢性的な肺の炎症とそれに伴う炎症性サイトカインの上昇は，インフルエンザ感染時には保護的にはたらくようで，FIP200，ATG5，ATG7，ATG14，EPG5を顆粒球特異的に欠損したマウスはインフルエンザウイルス感染に抵抗性を示す[38]．また，同様に，顆粒球で FIP200，ATG14，BECN1，ATG3，ATG5，ATG7，ATG16L1を欠損すると，MHV-68（murine gammaherpesvirus-68）の潜伏感染からの再燃が抑制される[39]．これは，オートファジー不全により血清 INF-γ（インターフェロンγ）レベルが慢性的に上昇することに起因する．これらのマウスで観察される慢性炎症は，オートファジー下流因子だけでなく ATG14 や FIP200 にも依存するので，後述の LAP とは異なり，オートファジーに依存したはたらきであると考えられる．

13-2 マウスにおけるATGのオートファジー以外のはたらき

ATG 因子欠損マウスでみられる異常のうち，明らかにオートファジー非依存性が示されているものをここに記述する．明らかなオートファジー非依存性は，一部のオートファジー因子（とくに上流因子）非依存性，あるいは電子顕微鏡像で一重膜構造であることで示される．

① 感染・炎症制御

1）LAP：オートファジー因子を用いる特殊なファゴサイトーシス

ファゴサイトーシスでは，細胞外の物質（細菌など）をファゴソームに取り込み，ファゴソームがリソソームと融合することで細胞外物質を分解する．最近，一部のファゴソームに LC3 が結合することが明らかになり，LAP（LC3-associated phagocytosis）とよばれるようになった．LAP における LC3 のファゴソームへのリクルートは，FIP200，ATG14 などのオートファジー上流因子には依存せず，UVRAG，Rubicon を含む PI3K 複合体，NOX2，および ATG3，ATG5，ATG7，ATG12，ATG16L1 などのオートファジー下流因子に依存する[40]．培養細胞系の実験から，LAP は死細胞や細菌などの貪食物の効率的な分解，抗原提示などに重要と考えられている[41～43]．LAP に必要な因子を単球系の細胞と顆粒球で欠損したマウスでは，体重減少と，血清抗二本鎖 DNA 抗体の上昇，組織学的には腎臓において管内増殖性糸球体腎炎が観察され，全身性エリテマトーデス様の自己免疫疾患を呈する[44]．これら LAP 不全マウスでは，死細胞のクリアランスが低下し，炎症性サイトカインの慢性的な上昇が観察される．

2）寄生虫感染

トキソプラズマ感染時には複数の IFN-γ 誘導性因子が寄生胞（parasitophorous vacuole）に局在し，感染制御に重要な役割を果たす．この IFN-γ 誘導性因子の寄生胞への局在には，ATG5，ATG16L1，ATG7，ATG3が必要であり，ATG14 は不要である[45]．単球系の細胞と顆粒球で，ATG5，ATG16L1，ATG7，ATG3を欠損したマウスは，野生型マウスと比較してトキソプラズマの感染に脆弱であるが，ATG14 を欠損しても有意な変化は観察されない[45, 46]．このトキソプラズマ感染時に観察される ATG のオートファジー非依存的役割が LAP と同

様の現象であるかは，今のところ明らかでない．

3) 結核菌感染

単球系の細胞と顆粒球で ATG5 を欠損するマウスは，結核菌感染時に体重減少，生存率の低下，肺における結核菌数の上昇，肺における炎症反応の上昇が観察される[47, 48]．しかし，これらの異常は ATG5 以外のオートファジー因子（ATG14，ATG12，ATG16L1，ATG7，ATG3）の欠損では観察されないため，ATG5 特有のオートファジー非依存的役割と考えられる[49]．体重減少，致死率上昇，炎症性サイトカインの上昇などの異常は，顆粒球を除去することで改善する．また，これらの異常は顆粒球特異的 ATG5 欠損マウスでも観察される（ただし表現型にばらつきが出る）が，肺胞マクロファージと樹状細胞で ATG5 を欠損したマウスでは観察されない．これらのことから，結核菌に対する ATG5 依存的抵抗性はおもに顆粒球における ATG5 のはたらきによると考えられる[49]．

❷ 網膜色素上皮細胞でのレチノイドのリサイクル

網膜色素上皮細胞は，視細胞外節をファゴサイトーシスにより少しずつ分解することで外節の品質管理に関与する．網膜色素上皮細胞特異的 ATG5 欠損マウスでは，網膜電図検査の対光反応が落ち，これはレチノイドの投与により回復する[50]．ATG 因子はファゴソームに取り込まれた視細胞外節の効率的分解に関与し，レチノイドのリサイクルに重要な役割を担っていると考えられる．この現象も LAP と同一と考えられている．

❸ 破骨細胞の波状縁形成と骨吸収

破骨細胞はリソソーム酵素と酸を波状縁から分泌することで骨吸収に携わる．破骨細胞の波状縁には LC3 が局在し，この局在は ATG5 に依存する[51]．ATG5 を欠損した破骨細胞では明らかな分化異常や細胞小器官の形態異常は観察されない一方，波状縁の形態に異常がみられ，波状縁へのリソソームマーカー局在が低下する．ATG5 や ATG7 を欠損した破骨細胞では骨吸収活性（ハウシップ窩形成）が低下し，マウスでは海綿骨の体積増加，代償性の破骨細胞増加・骨形成低下が観察される．これらのことから，ATG 因子は破骨細胞の骨吸収機能に重要と考えられる[51]．

おわりに

オートファジーの性質を考えるうえで，オートファジーを誘導するタイミングに着目すると，基底レベルの（恒常的）オートファジーと誘導性オートファジーに大別することができる．一方で，オートファジーで分解される対象に着目すると，バルク（非選択的）オートファジーと選択的オートファジーに分けられる．現存するオートファジー不全マウスでは，オートファジーによる分解すべてが止まってしまうため，これらのマウスで観察される異常が基底レベルのオートファジー不全によるのか，オートファジーを積極的に誘導することが重要なのかはわからない．また，ある特定のタンパク質，あるいは細胞小器官を分解することが必要なのかどうかも，見分けることがむずかしい．基底レベルのオートファジーに異常はないがオートファジーを誘導することができない個体や，非選択的オートファジーは起こせるが選択的に基質を取り込むことができない個体などが作製できれば，さらなる展開が期待できる．

オートファジーの生理的意義を解明するための手段として，単独のオートファジー因子を

欠損したマウスの表現型が解析されてきたが，近年 ATG のオートファジー非依存的役割が注目されてきている．これからは複数のオートファジー因子，とくに上流因子と下流因子から少なくとも1因子ずつを選び，ATG 因子欠損による異常を注意深く比較することが必要になるかもしれない．一方，上流因子の欠損と下流因子の欠損でオートファジー不全の強さが違う可能性もあるため，「オートファジー不全」細胞やマウスにおいて観察される表現型やその強さが異なった場合，オートファジー非依存的役割であるかの判断には注意が必要である．少なくとも，上流因子（FIP200や ATG9A など．ULK1/2は避けることが望ましい）に非依存的な異常であれば，オートファジーではないと考えられる．

文　献 ‥‥‥

1) Tsukamoto S, et al.: Science, 321: 117-120, 2008.

2) Saitoh T, et al.: Proc Natl Acad Sci U S A, 106: 20842-20846, 2009.

3) Kojima T, et al.: Reprod Biol, 15: 131-138, 2015.

4) Cheong H, et al.: Autophagy, 10: 45-56, 2014.

5) Alers S, et al.: Autophagy, 7: 1423-1433, 2011.

6) Chen S, et al.: Genes Dev, 30: 856-869, 2016.

7) Sou YS, et al.: Mol Biol Cell, 19: 4762-4775, 2008.

8) Kuma A, et al.: Nature, 432: 1032-1036, 2004.

9) Komatsu M, et al.: J Cell Biol, 169: 425-434, 2005.

10) Malhotra R, et al.: Autophagy, 11: 145-154, 2015.

11) Yoshii SR, et al.: Dev Cell, 39: 116-130, 2016.

12) Komatsu M, et al.: Nature, 441: 880-884, 2006.

13) Hara T, et al.: Nature, 441: 885-889, 2006.

14) Liang CC, et al.: J Biol Chem, 285: 3499-3509, 2010.

15) Komatsu M, et al.: Cell, 131: 1149-1163, 2007.

16) Komatsu M, et al.: Nat Cell Biol, 12: 213-223, 2010.

17) Ichimura Y, et al.: Mol Cell, 51: 618-631, 2013.

18) Taguchi K, et al.: Proc Natl Acad Sci U S A, 109: 13561-13566, 2012.

19) Cadwell K, et al.: Nature, 456: 259-263, 2008.

20) Mortensen M, et al.: Proc Natl Acad Sci U S A, 107: 832-837, 2010.

21) Zhang J, et al.: Blood, 114: 157-164, 2009.

22) Schweers RL, et al.: Proc Natl Acad Sci U S A, 104: 19500-19505, 2007.

23) Sandoval H, et al.: Nature, 454: 232-235, 2008.

24) Liu F, et al.: Blood, 116: 4806-4814, 2010.

25) Mortensen M, et al.: J Exp Med, 208: 455-467, 2011.

26) Ho TT, et al.: Nature, 543: 205-210, 2017.

27) Wang C, et al.: Nat Neurosci, 16: 532-542, 2013.

28) Wang C, et al.: J Cell Biol, 212: 545-560, 2016.

29) Kishi-Itakura C, et al.: J Cell Sci, 127: 4089-4102, 2014.

30) García-Prat L, et al.: Nature, 529: 37-42, 2016.

31) Benjamin JL, et al.: Cell Host Microbe, 13: 723-734, 2013.

32) Paludan C, et al.: Science, 307: 593-596, 2005.

33) Lee HK, et al.: Immunity, 32: 227-239, 2010.

34) Nedjic J, et al.: Nature, 455: 396-400, 2008.

35) Sukseree S, et al.: PLoS One, 7: e38933, 2012.

36) Sukseree S, et al.：Biochem Biophys Res Commun, 430：689-694, 2013.

37) Abdel Fattah E, et al.：J Immunol, 194：5407-5416, 2015.

38) Lu Q, et al.：Cell Host Microbe, 19：102-113, 2016.

39) Park S, et al.：Cell Host Microbe, 19：91-101, 2016.

40) Martinez J, et al.：Nat Cell Biol, 17：893-906, 2015.

41) Sanjuan MA, et al.：Nature, 450：1253-1257, 2007.

42) Martinez J, et al.：Proc Natl Acad Sci U S A, 108：17396-17401, 2011.

43) Romao S, et al.：J Cell Biol, 203：757-766, 2013.

44) Martinez J, et al.：Nature, 539：124, 2016.

45) Choi J, et al.：Immunity, 40：924-935, 2014.

46) Zhao Z, et al.：Cell Host Microbe, 4：458-469, 2008.

47) Watson RO, et al.：Cell, 150：803-815, 2012.

48) Castillo EF, et al.：Proc Natl Acad Sci U S A, 109：E3168-E3176, 2012.

49) Kimmey JM, et al.：Nature, 528：565-569, 2015.

50) Kim JY, et al.：Cell, 154：365-376, 2013.

51) DeSelm CJ, et al.：Dev Cell, 21：966-974, 2011.

52) Gan B, et al.：J Cell Biol, 175：121-133, 2006.

53) Kaizuka T and Mizushima N：Mol Cell Biol, 36：585-595, 2015.

54) Yue Z, et al.：Proc Natl Acad Sci U S A, 100：15077-15082, 2003.

55) Saitoh T, et al.：Nature, 456：264-268, 2008.

56) Jung HS, et al.：Cell Metab, 8：318-324, 2008.

57) Ebato C, et al.：Cell Metab, 8：325-332, 2008.

58) Diakopoulos KN, et al.：Gastroenterology, 148：626-638.e17, 2015.

59) Antonucci L, et al.：Proc Natl Acad Sci U S A, 112：E6166-E6174, 2015.

60) Cadwell K, et al.：Autophagy, 5：250-252, 2009.

61) Wittkopf N, et al.：Clin Dev Immunol, 2012：278059, 2012.

62) Inoue D, et al.：Biochem Biophys Res Commun, 405：13-18, 2011.

63) Nakai A, et al.：Nat Med, 13：619-624, 2007.

64) Taneike M, et al.：Autophagy, 6：600-606, 2010.

65) Hartleben B, et al.：J Clin Invest, 120：1084-1096, 2010.

66) Liu S, et al.：Autophagy, 8：826-837, 2012.

67) Masiero E, et al.：Cell Metab, 10：507-515, 2009.

68) Singh R, et al.：J Clin Invest, 119：3329-3339, 2009.

69) Zhang Y, et al.：Proc Natl Acad Sci U S A, 106：19860-19865, 2009.

70) Kim KH, et al.：Nat Med, 19：83-92, 2013.

71) Martinez-Lopez N, et al.：EMBO Rep, 14：795-803, 2013.

72) Liu F, et al.：J Bone Miner Res, 28：2414-2430, 2013.

73) Nollet M, et al.：Autophagy, 10：1965-1977, 2014.

74) Fujimoto C, et al.：Cell Death Dis, 8：e2780, 2017.

75) Gawriluk TR, et al.：Reproduction, 141：759-765, 2011.

76) Song ZH, et al.：Cell Death Dis, 6：e1589, 2015.

77) Wang H, et al.：Cell Res, 24：852-869, 2014.

78) Shang Y, et al.：Autophagy, 12：1575-1592, 2016.

79) Cinque L, et al.：Nature, 528：272-275, 2015.

14 植物のさまざまな局面における オートファジーの生理機能

吉本　光希

SUMMARY

　固着性の生物である植物は，乾燥・高温・土中の必須元素不足など，さまざまな環境ストレスから逃れることはできない．したがって，植物が過酷な環境下で生き延びるためには，刻々と変化する外部環境に適切に対処し，克服しなければならない．その対処機構の1つにオートファジーがあげられる．実際，オートファジー関連（autophagy-related：ATG）遺伝子破壊植物（atg変異体）は，さまざまな非生物的ストレスや生物的ストレスに対して感受性が高くなることがわかってきており，他の真核生物と同様，植物のさまざまな局面での生命維持においてオートファジーが重要であることが明らかとなってきた．また，植物は，土壌から無機窒素化合物を吸収して窒素同化を行い，さらに，光エネルギーを利用して光合成を行って無機物から有機物を合成する独立栄養生物で，他の生き物とは一線を画しており，植物特異的なオートファジーの役割があると考えられる．本章では，最近明らかになりつつある植物オートファジーの生理機能について紹介し，議論する．

KEYWORD
- 過敏感反応細胞死　- サリチル酸　- 転流　- 光呼吸
- RCBs (Rubisco-containing bodies)

はじめに

　植物オートファジーの研究は，酵母や動物のそれに比べて後れをとっているものの，植物におけるオートファジーの存在は非常に古くから提唱されており，1960年代後半には電子顕微鏡によってオートファゴソーム様の構造が植物細胞で観察されている[1]．そのような形態学的解析から，植物オートファジーの役割が議論されてきた．たとえば，動物のリソソームとは異なって，場合によっては細胞内の90％以上も占めることがある植物の液胞はオートファジーによって形成されると提唱されていた．しかし，それらは推測の域を出なかった．実際，最近の逆遺伝学的解析から atg 変異体でも液胞は正常に形成されることがわかっており，ATG タンパク質に依存するオートファジーは液胞形成に必須ではないことが明らかとなっている．

　他の生物と同様，ATG 遺伝子ホモログの単離・同定は，植物オートファジーの分子機構や生理機能を理解するうえで重要な節目となった．これまでに，シロイヌナズナやイネをはじめとするモデル植物や，タバコ，ペッパーなどの網羅的ゲノム解析から40個以上の ATG 遺伝子が同定されている[2~4]．一部の例外を除き，ほとんどの ATG 遺伝子は植物にもよく保存されており，基本的なコアマシナリー（core machinery）は酵母や動物と同じだと考えられている（**表14-1**）．

　ただし，未解明な点もいくつか残っている．シロイヌナズナにおいて1コピーしか存在し

表14-1　植物にも保存されている主要なATGタンパク質

核形成段階	出芽酵母	シロイヌナズナ	哺乳動物
Atg1 キナーゼ複合体	Atg1	AtATG1a[*1]〜1c，1t	ULK1，2
	Atg13	AtATG13a[*1]，13b[*1]	ATG13
	Atg17	未同定（ATG11[*2]）	FIP200
	Atg29	未同定	未同定
	Atg31	未同定	未同定
	未同定	ATG101	ATG101
クラス Ⅲ PI3K 複合体	Atg6	AtATG6[*1]	Beclin 1
	Atg14	未同定	ATG14
Atg9 複合体	Atg2	AtATG2[*1]	ATG2a，2b
	Atg9	AtATG9[*1]	ATG9 L1，L2
	Atg18	AtATG18a[*1]〜18h	WIPI 1〜4

伸長段階	出芽酵母	シロイヌナズナ	哺乳動物
Atg8脂質化システム	Atg3	AtATG3	ATG3
	Atg4	AtATG4a[*1]，4b[*1]	ATG4a〜4d
	Atg7	AtATG7[*1]	ATG7
	Atg8	AtATG8a〜8i	LC3，GABARAP，GATE-16
Atg12結合システム	Atg5	AtATG5[*1]	ATG5
	Atg7	AtATG7[*1]	ATG7
	Atg10	AtATG10[*1]	ATG10
	Atg12	AtATG12a[*1]，12b[*1]	ATG12
	Atg16	AtATG16L[*3]	ATG16 L1，L2

*1　これらの遺伝子のノックアウト植物が報告されている.
*2　シロイヌナズナATG11の配列内にATG17様配列が含まれている.
*3　未発表データ.

KEYWORD解説

○ **過敏感反応細胞死**：非親和性病原菌が植物に感染したとき，病原体が感染部位から全身へ拡散しないよう，急激な細胞死を引き起こす反応である.

○ **サリチル酸**：古くは鎮痛剤としても使われていた植物ホルモンの一種で，病原菌感染によって生合成が誘導され，植物に病害抵抗性反応を引き起こす.

○ **転流**：老化葉ではタンパク質をはじめとする細胞内成分の分解がさかんに行われ，その分解物は葉が完全に死ぬ前にアミノ酸・糖分などの栄養素として師管を通り，新しい葉や種子などに輸送される.この過程を転流とよぶ.

○ **光呼吸**：植物が光照射下で光合成を行う際に産生される副産物を代謝する過程で，エネルギー産生を伴わず酸素を消費する.葉緑体・ペルオキシソーム・ミトコンドリア間で協調して行われる.

○ **RCBs**（Rubisco-containing bodies）：当初，小麦の老化葉において発見された，Rubisco などの葉緑体ストロマ可溶性タンパク質を含む，直径 1 μm 程度の葉緑体包膜に由来する二重膜をもった小胞である.オートファゴソームにより液胞に運ばれ分解される.

ない *ATG 9* 遺伝子を破壊した *atg 9* 変異体は，ヌル変異体と考えられるが，オートファジックボディが液胞内に部分的に蓄積し，オートファジー能が完全に欠損していない[5]．よって，シロイヌナズナには，ATG 9 と一次構造は異なっているものの，機能的によく似た別のタンパク質が存在するのかもしれない．酵母において Atg 11 は選択的オートファジー経路ではたらくアダプタータンパク質として機能しており，飢餓誘導性非選択的オートファジーには必須でないが，シロイヌナズナでは一般的な非選択的オートファジーにも重要な役割を果たしていることが報告されている[6]．一方で，*ATG 11* は *ATG 9* と同様，ゲノム中に 1 コピーしか存在していないのにもかかわらず，ヌル *atg 11* 変異体でも一般的なオートファジーは部分的に起こる（筆者ら：未発表データ）．独立栄養生物であるがゆえ，植物特異的な分子機構の存在も考えられ，今後の詳細な解析が待たれる．

本章では，*atg* 変異体の解析から垣間見えてきた，とくに植物に特異的なオートファジーの生理機能について，3 つの観点（非生物的ストレス適応・植物免疫・オルガネラ品質管理）から紹介する．

14-1　非生物的ストレス適応

❶ 栄養素のリサイクル

オートファジーの最も基本的な生理機能として考えられるのが，飢餓時の適応，つまり，みずからのタンパク質などを分解して一時的に養分やエネルギーを得る機能である．当然ながら，植物においてもオートファジーが栄養素のリサイクルに重要であることが明らかにされている．

1）窒素源飢餓適応

atg 変異体の種子を窒素飢餓培地に播種し生育させると，根の伸長が野生型に比べ著しく阻害された．種子内の貯蔵窒素量は野生型よりも多いにもかかわらず，このような表現型が観察されたことから，外部から栄養の供給がなく，さらにオートファジーの欠損により胚乳細胞内のタンパク質のリサイクル効率が下がることで，根の伸長に必要な栄養が不足したためだと考えられた．一方で，*atg* 変異体種子における炭素量は野生型よりも減少しており，それが根の伸長阻害の原因とも考えられる．詳細な機構は不明だが，オートファジーは植物の種子形成時における窒素と炭素の配分バランスを制御しているのかもしれない．

2）部分的葉緑体分解による炭素源飢餓適応

植物は光合成によって炭素を獲得するため，炭素飢餓状態にするには暗条件下にしばらく置く必要がある．そのような条件下で *atg* 変異体は野生型よりも早く枯死することから，植物オートファジーの炭素飢餓適応における役割が示唆された．実際，暗処理した葉において葉緑体の一部がオートファジーによって液胞に運ばれ分解される現象が観察されている．これには少なくとも 3 つの異なる経路が存在する（図 14-1）．

1 つめは，RCBs（Rubisco-containing bodies）を介する経路である[7]（図 14-1，上段）．液胞型 ATPase 阻害剤であるコンカナマイシンA concanamycin A 存在下で，液胞内の分解を阻害しつつ，シロイヌナズナの葉を暗処理すると，野生型では RCBs は液胞内に蓄積するが，*atg* 変異体では蓄積しない[8]．興味深いことに，この RCBs の液胞への輸送は窒素飢餓では

147

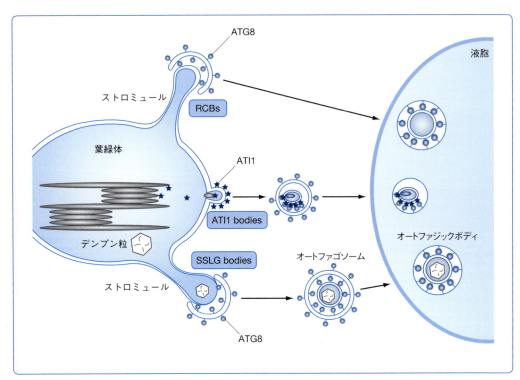

図14-1　植物オートファジーによる部分的葉緑体分解

起こらず，炭素飢餓に特異的であった．暗条件下であってもグルコースやスクロースなどの糖を添加すると RCBs は液胞内に蓄積しなかった．さらに，植物を光に曝して光合成が行える条件であっても，光合成の阻害剤を添加すると RCBs の液胞への輸送は観察されなかった[9]．なぜ炭素飢餓によって葉緑体タンパク質の分解が誘導されるのだろうか？　分岐鎖アミノ酸や芳香族アミノ酸の代謝にかかわる変異体の解析から，それらアミノ酸の分解物がミトコンドリアの呼吸鎖に電子を供給することが提唱されており[10]，オートファジーは，植物が炭素飢餓に陥ったとき（たとえば陰葉や夜間など），タンパク質を分解してデンプンに変わる呼吸基質となるアミノ酸を供給することで，植物のエネルギー利用に貢献していると考えられる．RCBs の形成過程はまだわかっていないが，*atg* 変異体において，RCBs は細胞質に蓄積していないこと，ストロミュール stromule とよばれる葉緑体から突出してくるチューブ状の構造が頻度よく観察されることから，オートファゴソームが RCBs をストロミュールからくびり取っていると考えられている．しかし，どのようにして RCBs となるべき部分が選択的に認識されるのか，その機構は明らかとなっていない．

　2つめは，ATI1（ATG8-interacting protein 1）bodies を介する経路で，これは選択的オートファジー経路の1つである（**図14-1**，中段）．ATI1は暗処理によって出現する小胞体由来の小胞の膜に局在し，シロイヌナズナ ATG8f と相互作用するレセプタータンパク質として単離・同定されたが，葉緑体の表面にドット状に局在することもわかってきた[11]．暗条件下で葉緑体表面から細胞質に出芽した ATI1 bodies は，ATG タンパク質依存的なオートファジーを介して葉緑体ストロマ局在 GFP を液胞に運んだ．ATI1 bodies はストロミュー

ルからではなく葉緑体の表面から直接出芽すること，サイズもおよそ直径50〜100 nm と小さいことから，RCBs とは異なる小胞のようである．ATI1 bodies は，炭素飢餓条件に加えて，塩ストレス条件下でも増加することから，塩ストレスや酸化ストレス適応にも機能しているのかもしれない．また，質量分析によって ATI1 タンパク質が葉緑体ストロマ，包膜，チラコイド膜に局在する13個のタンパク質と相互作用することが示され，ATI1 はそれらタンパク質の選択的分解レセプターとして機能していると考えられた[11]．しかし，ATI1 タンパク質の葉緑体内への輸送機構や，葉緑体タンパク質の ATI1 bodies へのリクルート機構は不明である．

　3つめは，SSLG (small starch-like granule) bodies を介する経路で，デンプンの分解経路である（図14-1，下段）．植物は日中に光合成を行い，炭酸固定して得た糖分をデンプン粒（starch granule）として葉緑体ストロマ中に蓄える．そして，夜中にその蓄えたデンプンを一定の速度で分解して代謝・成長に利用し，夜明けにはほとんどが代謝されることが知られている．その過程にオートファジーが関与していることが報告された[12]．オートファジー活性は夜中に減少していくデンプン量と相関があり，阻害剤でオートファジーを止めた場合，あるいは atg 変異体において，デンプンが高蓄積した．また，野生型のタバコの葉において，SSLG bodies が細胞質に局在し，それはオートファゴソームに取り囲まれ，最終的に液胞に局在することが観察されたが，コア ATG 遺伝子をノックダウンした葉では液胞内局在は観察されなかった．

　植物は，光合成によって産生される糖レベルを感知して，不足している場合，オートファジーを誘導して部分的に葉緑体を分解することで，一時的に不遇な環境を凌いでいるようだ．これは，葉緑体を完全に分解することなくエネルギーを得る仕組みと考えられ，よい環境に戻ったときに直ちに光合成を行えるようにする植物の巧みな生存戦略なのかもしれない．部分的な葉緑体の分解は，その他にも，ATG タンパク質に依存しない2つの小胞経路によって行われることが報告されている[13, 14]．植物がどのようにしてそれら分解モードを使い分けているのかについては，たいへん興味深く，その解明は今後の課題である．

3) 窒素転流

　植物の老化は単に死にゆく過程ではなく，遺伝的にプログラムされ高度に調節された過程であり，積極的に死を導くための最終的な成長段階である．老化時に起こる転流は，移動することのできない植物にとって重要で，とくに窒素転流は窒素欠乏条件で生育している植物において生産性・収率を決定する大変重要な過程である．オートファジーは老化葉で誘導されることから，窒素転流への関与が予想された．そこで筆者らは，栄養として与える窒素源に窒素安定同位体 ^{15}N で標識した硝酸を用いてパルスチェイス実験 pulse-chase experiment を行うことで，オートファジーが窒素の転流に関与しているかを調べた[15]．通常の栄養培地で生育させたシロイヌナズナに ^{15}N で標識した硝酸をある一定期間根から取り込ませ，その後，根をよく洗い，通常の培地に戻して種子が採れるまで生育させた．そして，葉の新規合成タンパク質に取り込まれた ^{15}N のうち何％が種子に送られたのかをトレースして，野生型植物と atg 変異体で比較した．その結果，野生型植物では葉のタンパク質に取り込まれた ^{15}N のうち，およそ60％が種子に転流されたのに対して，atg 変異体ではその半分の約30％しか転流されなかった．atg 変異体では窒素の転流効率が低下しており，植物オートファジーが古い器官から新しい器官への窒素の転流に寄与していることが明らかとなった．

14

4）必須金属元素欠乏適応

　植物の育成に必要不可欠の元素は，三大要素である，窒素(N)，リン(P)，カリウム(K)を筆頭に，カルシウム(Ca)，酸素(O)，水素(H)，炭素(C)，マグネシウム(Mg)，硫黄(S)，鉄(Fe)，マンガン(Mn)，ホウ素(B)，亜鉛(Zn)，モリブデン(Mo)，銅(Cu)，塩素(Cl)，ニッケル(Ni)の17種類である．これらのうち1つでも欠けると植物体の生長が完結しない．オートファジーが主要元素の窒素や炭素のリサイクルに重要であることから，その他の必須元素のリサイクルについても関与していることが予想される．とくに，金属元素は補因子として酵素タンパク質と結合しているため，リサイクルの標的になりうる．

　最近，酵母において，必須微量金属である Zn の欠乏によってオートファジーが誘導されることが報告された[16]．また，筆者らの研究から，植物でも Zn 欠乏によってオートファジーが誘導されることがわかってきた（筆者ら：未発表データより）．加えて，Zn 欠乏培地に atg 変異体の種子を播種し生育させると，野生型よりも根の伸長が阻害され，クロロシス（白化）も早く起こったことから，植物オートファジーの細胞内 Zn 恒常性維持における役割が示唆された．しかし，この表現型は葉から種子への Zn 転流がオートファジー欠損によって阻害された結果だとも解釈できるため，種子内に貯蔵された金属元素の解析を行う必要がある．酵母で観察された Zn 欠乏によって引き起こされるオートファジーの誘導は，アミノ酸やグルコースのセンシングに関与するラパマイシン標的複合体1（TORC1）シグナル伝達経路を介している．また，分解される標的に特異性はないと考えられている．植物でも酵母と同じような機構で誘導され，同じように非選択的な分解過程であるのか，今後の解析が待たれる．動物細胞では，Zn キレート剤 TPEN の添加でオートファジーが阻害され，Zn の添加でオートファジー活性が促進される[17]．なぜ，動物細胞では酵母や植物と正反対の応答が起こるのか，その機構を解明することは非常に興味深い．

❷ 高塩・乾燥・高温・低酸素ストレス適応

　いくつかの主要な ATG 遺伝子，たとえばシロイヌナズナ ATG2，ATG5，ATG8，ATG18a やイネ ATG10b は，高塩・浸透圧（乾燥）・高温・低酸素ストレスに応答して発現誘導されることから，植物オートファジーがこれらのストレスに対して重要な役割を果たしていると考えられた．実際，ATG18a をノックダウンしたシロイヌナズナは，高塩・乾燥・活性酸素種 reactive oxygen species (ROS) に高感受性を示した[18]．イネ atg10b 変異体もまた，高塩，あるいは ROS を発生させる農薬・メチルビオロゲン methylviologen 処理で，野生型よりも早く枯死した[19]．加えて，シロイヌナズナ atg2，atg5，atg7，atg10 変異体は，水没後，野生型よりも酷くダメージを受け，低酸素ストレスに高感受性を示した[20]．高塩・乾燥・高温・低酸素ストレスは植物の生長や発達に影響を与える最も一般的な環境ストレスであり，このような環境ストレスが植物にダメージを与える原因には共通して ROS の蓄積による酸化ストレスが関与している．ストレス条件下において，シロイヌナズナ atg 変異体では酸化タンパク質の過剰な蓄積がみられることから，オートファジーは最終的に酸化ストレスによって生じた酸化タンパク質などを分解し，細胞内を浄化することで，植物をさまざまな環境ストレスから守っていると考えられる．

　環境ストレス適応における植物オートファジーの分子機構についてはあまり解明されていないものの，高温ストレスにおけるオートファジーは選択的であり，カーゴレセプター

NBR1（Neighbor of BRCA1 gene 1）が関与していることがわかっている．植物の NBR1 ホモログは動物の p62 と NBR1 タンパク質の2つの機能の特徴を備えもつハイブリッドタンパク質で，ATG8 およびユビキチンと結合する．高温ストレス条件下において，シロイヌナズナ *nbr1* 変異体は *atg* 変異体と同様，ユビキチン化された不溶性タンパク質を高蓄積し，野生型植物よりも枯れやすい．しかし，*atg* 変異体が示す炭素飢餓に対する感受性の高さは観察されなかったことから，NBR1 は高温によって変性したタンパク質の選択的分解に特異的に必要で，バルクな非選択的オートファジーには必須ではないと考えられる[21]．

　シロイヌナズナにおいて，高温・乾燥ストレス適応に重要な役割を果たしているもう1つのカーゴレセプターが同定されている．TSPO（tryptophan-rich sensory protein）とよばれるタンパク質は，非生物的ストレスによって発現誘導され，シロイヌナズナでは ATG8 と結合できるヘム結合タンパク質として知られている．これらの結合により，クロロフィルの分解生成物であるポルフィリンがオートファジーによって選択的に分解されると考えられている．面白いことに，TSPO はもう1つ別のタンパク質と結合することが報告された．TSPO は原形質膜に局在するアクアポリン PIP2；7（plasma membrane intrinsic protein 2；7）と相互作用し，選択的オートファジーによる PIP2；7の分解を促す[22]．つまり，TSPO はアクアポリンを選択的に分解するためのレセプターとして機能しており，オートファジーによってアクアポリンの量を減らし，細胞内からの水の透過を減少させることで高温や乾燥ストレス適応に貢献していると考えられる．

14-2　植物免疫

　オートファジーが植物免疫にも重要な役割を果たすことが明らかになってきている．哺乳動物細胞に感染する病原細菌の場合と異なり，植物病原細菌は感染しても細胞内には侵入しないことから，基本的に植物ではゼノファジー xenophagy による細菌の分解は存在しないと考えられている．一方，植物ウイルスはゼノファジーによって分解される．最近，NBR1 がユビキチン非依存的にカリフラワーモザイクウイルス（CaMV）のカプシドタンパク質（P4）と結合すること，*nbr1* 変異体および *atg* 変異体において CaMV 感染効率が増加すること，さらに，感染後，野生型植物に比べ，カプシドタンパク質とウイルス DNA が著しく増加することが報告された[23]．これらの結果は，CaMV が NBR1 を介したオートファジーによって選択的に分解されていることを示唆する．オートファジーは CaMV の感染初期の段階で抗ウイルス機能をもっているようだ．

　植物には哺乳動物における獲得免疫のようなシステムは存在せず，病原体に対して植物独自の防御機構が備わっている．その代表的なものの1つに過敏感反応細胞死 hypersensitive response programmed cell death（HR-PCD）があげられる．筆者らは，シロイヌナズナ *atg* 変異体に植物病原細菌 *Pseudomonas syringae* pv. *tomato*（*P. syringae*）の非親和性菌を感染させると，細胞死が接種部位を超えて過剰に起こることを観察し，これはサリチル酸シグナル伝達に依存していること，また，サリチル酸シグナルによってオートファジーが誘導されることを発見した[24]．オートファジーは病原菌感染時にサリチル酸シグナルが過剰になりすぎないよう抑制することで細胞死を負に制御していると考えられる．しかし，どのようにして

オートファジーがサリチル酸シグナルを抑制するのか，その分子機構は明らかになっていない．一方で，病原体接種部位においてオートファジーが HR-PCD を正に制御するとの報告もある[25]．非親和性 *P. syringae* (*AvrRps4*) を接種し，早い時点で細胞死の指標であるイオン漏出量を野生型植物と *atg* 変異体で比較すると，*atg* 変異体で数十％ほど減少していた．つまり，オートファジー欠損により細胞死が抑制された．しかし，最終的には HR-PCD は正常に起こることから，オートファジーが直接的に HR-PCD の促進に機能しているかは議論の余地がある．

　植物に感染しても HR-PCD を引き起こさず，病斑を形成する親和性病原菌とオートファジーの相互作用も報告されている．*atg* 変異体の表現型から，植物オートファジーは，親和性のバイオトロフ（生きた宿主の組織から栄養を摂取する生体栄養性病原菌）に対する基礎的病害抵抗性において負の調節的な役割を果たしている．また，ネクロトロフ（宿主の組織を殺しその残渣から栄養を摂取する死体栄養性病原菌）に対する抵抗性付与に機能していると推測されている．しかし，詳細な分子機構は明らかになっておらず，植物免疫におけるオートファジーの生理機能を完全に理解するにはもう少し時間が必要である．

14-3　オルガネラ品質管理

❶ クロロファジー

　植物が他の生物と一線を画する代表的な機能の1つは，光合成である．光エネルギーを化学エネルギーに変換し，最終的に有機物を合成するが，光エネルギーが過剰であると，その過程のさまざまなステップで ROS が発生し，葉緑体はダメージを受けていく．したがって，葉緑体の品質管理は，光合成活性維持，植物細胞の恒常性維持，ひいては植物の生産性にたいへん重要である．

　つい最近，余剰な光エネルギーによってダメージを受けた葉緑体がオートファジーによって丸ごと液胞に運ばれ，分解されることが報告された[26]（クロロファジー chlorophagy．図14-2）．*atg* 変異体は，野生型植物よりも紫外線 B 線(UV-B)曝露に対して高い感受性を示し，ダメージを受けた葉緑体を高蓄積していた．興味深いことに，強光ストレスによる光酸化傷害は，RCBs を介する部分的クロロファジー（葉緑体由来小胞の分解）に先立って，全体クロロファジー（葉緑体丸ごとの分解）を誘導した．しかし，ダメージを受けた葉緑体の分解に選択性があるのかどうかは明らかとなっておらず，今後の解析が待たれる．

❷ ペキソファジー

　他の生物におけるペキソファジー pexophagy に比べ，植物ペキソファジーは品質管理という意味合いが強い．筆者らは，*atg* 変異体の葉細胞においてペルオキシソームの数が非常に増大しているのを見いだした[27]．一方，非光合成器官である根細胞では，野生型植物と *atg* 変異体でペルオキシソームの数に顕著な差はなかったことから，光合成に関連したペルオキシソーム機能の維持におけるオートファジーの重要性が推測された．

　植物にはグリオキシソーム，緑葉ペルオキシソームとよばれる，機能の異なるペルオキシソームが存在している．グリオキシソームはとくに発芽時に脂質からグルコースをつくり出

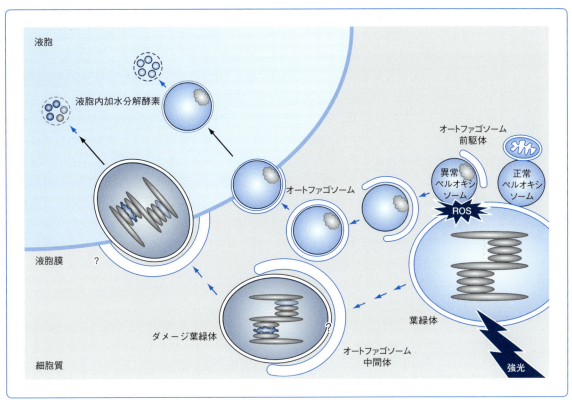

液胞

液胞内加水分解酵素

オートファゴソーム

オートファゴソーム前駆体

異常ペルオキシソーム

正常ペルオキシソーム

ROS

液胞膜 ?

ダメージ葉緑体

? 葉緑体

細胞質

オートファゴソーム中間体

強光

図14-2　植物オートファジーによるオルガネラ品質管理モデル

14

すのに重要な役割を担っており，緑葉ペルオキシソームは葉緑体・ミトコンドリアとともに光呼吸の代謝を担い，光合成機能と密接に関連している．光呼吸の過程では，緑葉ペルオキシソーム内で多くの ROS が生じ，ペルオキシソームはしだいにダメージを受けていく．オートファジーは機能不全となった緑葉ペルオキシソームを分解することで品質管理していると考えられる（図14-2）．実際，*atg* 変異体の葉細胞には活性の低い不溶性カタラーゼが多く蓄積しており，オートファジーが不能であるとカタラーゼ阻害剤に高い感受性を示した．さらに，一部のペルオキシソームのレドックス状態（redox state，酸化還元状態）は乱されており，酸化状態になっていた．また，*atg* 変異体の緑葉ペルオキシソーム膜付近には，カタラーゼの凝集体が電子密度の高い領域として高頻度で観察され，その部分にはオートファゴソーム前駆体〔PAS（pre-autophagosomal structure）〕が接していた．ペルオキシソーム近傍にある PAS はかならずその領域に接しており，オートファゴソームが異常なペルオキシソームを特異的に認識する何らかの選択メカニズムの存在が示された（図14-2）．

　酵母のペキソファジーに必須な ATG タンパク質は植物では保存されていない．また，哺乳動物細胞では，ユビキチン化されたペルオキシソーム膜タンパク質を認識した NBR1 がATG 8 と物理的に相互作用することでペルオキシソーム分解の選択性が与えられると報告されているが[28)]，筆者らの行った予備的実験の結果は，植物ペキソファジーの選択性にはユビキチン化や NBR1 は関与していないことを示した．植物ペキソファジーには光合成生物独自の認識機構が存在しているに違いない．

❸ レティキュロファジー

シロイヌナズナに糖鎖合成阻害薬チュニカマイシン tunicamycin を処理し，人為的に小胞体ストレス（ER ストレス）を引き起こすと，オートファジーが誘導され，小胞体が液胞に運ばれて分解されることが報告されている[29]．面白いことに，この過程には ER ストレスセンサーの IRE1b（inositol-requiring enzyme-1b）が必要であるが，ER ストレスシグナル伝達においてよく知られている IRE1b の標的である bZIP60は関与しないようだ．

オートファジーは，正常な高次構造に折り畳まれなかった変性タンパク質を含む小胞体を液胞に運び，分解することで，小胞体の品質を保っていると考えられる．しかし，自然生育条件下でこのようなレティキュロファジー reticulophagy が小胞体の品質管理に貢献しているかはまだ不明である．また，小胞体は，ストレスを受けると分断化されるため，単にオートファゴソームに非選択的に取り囲まれ液胞に輸送されている可能性も否定できない．ダメージを受けた小胞体が特異的に認識され，選択的に分解されているのか，今後のさらなる詳細な分子機構の解明が待たれる．

❹ マイトファジー

シロイヌナズナ atg11変異体の解析において，暗処理した葉でマイトファジー mitophagy が誘導されるという報告がある[6]．しかし，シロイヌナズナ ATG11はバルクな非選択的オートファジーにも関与していること，また，この解釈は不適切なオートファジー可視化方法に基づいていることから，少なくともこの条件下でミトコンドリアが選択的に分解されているとは考えにくく，今のところ，植物マイトファジーが存在するという証拠はない．一方で，他の特殊なストレス条件下で植物マイトファジーが誘導される可能性は否定できない．

おわりに

最近の atg 変異体を用いた逆遺伝学的解析により，植物におけるオートファジーの生理機能がつぎつぎと明らかになりつつある．独立栄養生物であるがゆえの植物独自の機能と考えられるものも多くあり，注目を集めているものの，まだまだ完全に理解できたとはいいがたい．詳細な分子機構を明らかにしなければ，植物オートファジーがおのおのの現象に能動的・直接的に機能しているのかがわからず，本当の意味で生理機能を知ることができない．今後，植物オートファジー研究をより発展させるためには，さらなる詳細な分子機構の解明に注力する必要があろう．

文　献 ‥‥‥
1) Villiers TA: Nature, 214: 1356-1357, 1967.
2) Yoshimoto K: Plant Cell Physiol, 53: 1355-1365, 2012.
3) Zhou XM, et al.: DNA Res, 22: 245-257, 2015.
4) Zhai Y, et al.: Front Plant Sci, 7: 131, 2016.
5) Shin KD, et al.: Mol Cells, 37: 399-405, 2014.
6) Li F, et al.: Plant Cell, 26: 788-807, 2014.
7) Chiba A, et al.: Plant Cell Physiol, 44: 914-921, 2003.
8) Ishida H, et al.: Plant Physiol, 148: 142-155, 2008.

9) Izumi M, et al.: Plant Physiol, 154: 1196-1209, 2010.

10) Araújo WL, et al.: Trends Plant Sci, 16: 489-498, 2011.

11) Michaeli S, et al.: Plant Cell, 26: 4084-4101, 2014.

12) Wang Y, et al.: Plant Cell, 25: 1383-1399, 2013.

13) Wang S and Blumwald E: Plant Cell, 26: 4875-4888, 2014.

14) Otegui MS, et al.: Plant J, 41: 831-844, 2005.

15) Guiboileau A, et al.: New Phytol, 194: 732-740, 2012.

16) Kawamata T, et al.: J Biol Chem, 292: 8520-8530, 2017.

17) Liuzzi JP and Yoo C: Biol Trace Elem Res, 156: 350-356, 2013.

18) Liu Y, et al.: Autophagy, 5: 954-963, 2009.

19) Shin JH, et al.: Mol Cells, 27: 67-74, 2009.

20) Chen L, et al.: Autophagy, 11: 2233-2246, 2015.

21) Zhou J, et al.: PLoS Genet, 9: e1003196, 2013.

22) Hachez C, et al.: Plant Cell, 26: 4974-4990, 2014.

23) Hafrén A, et al.: Proc Natl Acad Sci U S A, 114: E2026-E2035, 2017.

24) Yoshimoto K, et al.: Plant Cell, 21: 2914-2927, 2009.

25) Hofius D, et al.: Cell, 137: 773-783, 2009.

26) Izumi M, et al.: Plant Cell, 29: 377-394, 2017.

27) Yoshimoto K, et al.: J Cell Sci, 127: 1161-1168, 2014.

28) Deosaran E, et al.: J Cell Sci, 126: 939-952, 2013.

29) Liu Y, et al.: Plant Cell, 24: 4635-4651, 2012.

14

15 オートファジーと核酸代謝

川俣 朋子

SUMMARY

最近，オートファジーによるRNA/DNA分解経路がつぎつぎに明らかになってきた．オートファジーは細胞内のタンパク質分解だけでなく，核酸分解においても主要なルートであると認識され始めている．本章では，核酸分解系として，非選択的なマクロオートファジー，選択的経路としてリボファジー，グラニュロファジーなど，さらに最近，新規に見いだされた経路であるRNautophagy/DNautophagyについて概説する．さらに，リソソーム/液胞でRNaseにより分解された核酸分解物の行方についても述べる．

KEYWORD

○ リボファジー　　○ グラニュロファジー　　○ RNautophagy/DNautophagy

はじめに

オートファジーは真核生物に備えられた基本的な異化システムであり，自己成分をリソソーム（酵母および植物の場合は液胞）へ輸送し，分解する経路である．一般的にはタンパク質分解機構として位置づけられており，ユビキチン-プロテアソーム系 ubiquitin-proteasome system（UPS）とよく対比されるが，オートファジーは細胞内のオルガネラやリボソームなどの超分子構造体，凝集体，病原体をも分解できる．

オートファジーによりタンパク質はアミノ酸へと分解され，細胞質へ輸送され，タンパク質合成などに再利用されることから，細胞内リサイクリングシステムとして機能する．オートファジーは飢餓応答，病原体排除，寿命決定など，多様な生理機能に関与しており，最近は，癌や神経変性疾患，リソソーム病などの病態との関連がさかんに議論されている．しかし，「オートファジー＝タンパク質の分解機構」ととらえると，オートファジー不全で引き起こされる多様な現象や変化のすべてを説明することはできないのではないだろうか．タンパク質以外にも，核酸，脂質，糖などが，オートファジーによりリソソームまたは液胞へと運ばれることは確かであるが，これらの研究はほとんど進んでいない[1]．

核酸とは，いわゆる DNA（デオキシリボ核酸 deoxyribonucleic acid）と RNA（リボ核酸 ribonucleic acid）を指し，リン酸と糖，塩基からなる（デオキシ）ヌクレオチドが鎖状に連結した生体高分子である．

遺伝情報は DNA から RNA へ，そのうち mRNA は翻訳されてタンパク質となる（セントラルドグマ．図15-1）．ゲノム DNA は核内でヒストンと結合し，ヌクレオソーム構造をとっている．ミトコンドリアや葉緑体にも独自の DNA がある．最近はゲノム DNA に由来する環状 DNA の存在も報告され，解析が始まっている[2]．RNA にはさまざまな種類が存在する．mRNA（全 RNA の約5%）はリボソームに運ばれてタンパク質に翻訳される．mRNA 以外は

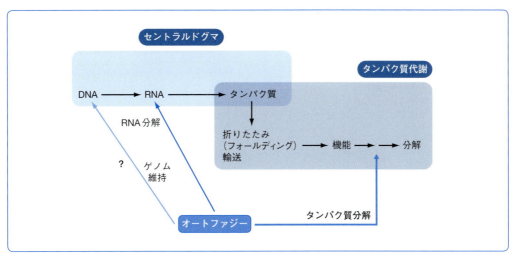

図15-1 オートファジーとDNA/RNAとの接点

ノンコーディング RNA であり，リボソーム RNA（rRNA．全 RNA の約80％），トランスファー RNA（tRNA．全 RNA の約10％），核・核小体内に存在する低分子核内 RNA や核小体低分子 RNA（snRNA や snoRNA．それぞれ数％）がある（**図15-2**）．その他，レトロトランスポゾン retrotransposon 由来 RNA や長鎖ノンコーディング RNA（lncRNA），また，small RNA では低分子干渉 RNA（siRNA），マイクロ RNA（microRNA，miRNA），Piwi-interacting RNA（piRNA）などがある．RNA にはまた，タンパク質と複合体をつくってリボヌクレオプロテイン ribonucleoprotein（RNP）として存在するものもある．すべての RNA はタンパク質と同様，ターンオーバーされる．RNA には転写後修飾を受けるものもあり，つねに品質管理されている．異常な rRNA，tRNA，mRNA，または外来の RNA は，すみやかに除去される[3]．

　近年，オートファジーによる核酸分解についての理解が急速に進んできており，これまで完全に違うフィールドであった RNA/DNA 分解の世界とオートファジーの世界がつながり始めた[4]（**図15-1**）．RNA 分解システムとして核や細胞質に局在する RNase やエキソソーム（exosome）複合体（紛らわしいが，最近話題の細胞外小胞の方の exosome ではない）が注目

KEYWORD解説

○ **リボファジー**：非選択的なオートファジーで分解される基質タンパク質よりも「優先的に」リボソームが分解される選択的な経路で，2008年に C. Kraft らにより出芽酵母で発見された．リボソームの 60S サブユニットの優先的な分解に，脱ユビキチン化酵素 Ubp3が関与するらしい．しかし，他の生物ではリボファジーはまだ確認されていない．

○ **グラニュロファジー**：P-bodies や stress granules とよばれる，mRNA や翻訳因子などのタンパク質を含む膜のない構造体の選択的な分解経路．線虫の生殖顆粒である P 顆粒の特異的分解は，アグリファジーともよばれる．

○ **RNautophagy/DNautophagy**：RNA や DNA が ATP 依存的に直接リソソームへと取り込まれ分解される経路で，株田智弘らにより発見された．シャペロン介在性オートファジー経路とよく類似している．これまでリソソームに局在する LAMP2C や SIDT2が関与していることが示されている．

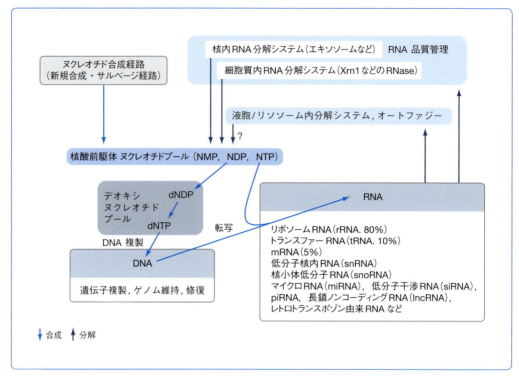

図15-2　ヌクレオチドの代謝

され，解析されてきたが（**図15-2**），実は，リソソーム/液胞系でのオートファジーによる分解も細胞内 RNA 代謝に大きく貢献しているのではないかということを示唆する結果が筆者らの研究から得られている．オートファジーによる核酸分解研究は，現在，まさに発展途上であり，その分子機構の詳細や生理機能については不明な点が多々あるが，特筆すべき点が2つある．1つはオートファジーが RNA/DNA を分解する経路は複数あるということである（**図15-3**）．もう1つは，リソソーム/液胞内の RNase と DNase は，T2型 RNase と DNaseⅡの1種類ずつのみが同定されているという点である．本章では，これまで報告の多い RNA 分解を中心とし，さまざまな RNA/DNA がどのような経路でリソソーム/液胞へと運ばれるのか，選択的分解については何が標的になるのか，RNA/DNA がどのように分解されるのかについて，RNA/DNA の視点から述べる．

　リソソーム/液胞へと輸送する経路は，マクロオートファジー，ミクロオートファジー，シャペロン介在性オートファジーに分けられる．また，基質を非選択的に取り込む非選択的オートファジーと，選択的オートファジーがある．オートファジーによる核酸分解経路についても同じような分類に沿ってまとめることができる．特異的な分解の場合は，RNA/DNA が直接認識されるのか，タンパク質と結合する RNA/DNA の場合は鍵となるレセプタータンパク質が存在するのか，オルガネラや細菌，ウイルスなど，RNA/DNA が内部に存在する場合，タンパク質やオルガネラの選択的分解に伴い分解されるのかどうか，という点についても考えていきたい．

　RNA/DNA が分解される経路として，マクロオートファジー，リボファジー，グラニュロファ

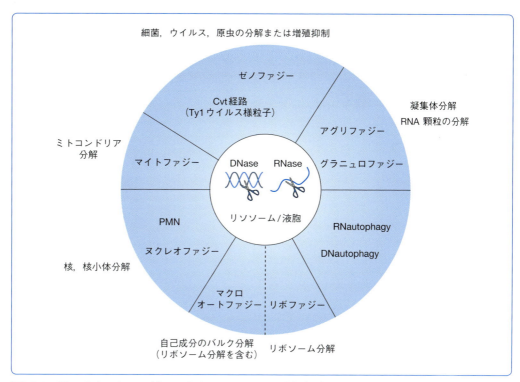

図15-3 種々のオートファジーによるRNA, DNAの分解経路

ジー, アグリファジー, ゼノファジー, ヌクレオファジー, PMN (piecemeal microautophagy of the nucleus) などが報告されている (**図15-3**). シャペロン介在性オートファジーに類似した経路としては, 最近, 株田智弘らが見いだした, 核酸がリソソームへ直接運ばれて分解される RNautophagy/DNautophagy がある.

15-1 非選択的オートファジーによるRNA分解と選択的なリボソーム分解 (リボファジー)

マクロオートファジーとリボファジー ribophagy について記述する前に, リボソームについて簡単に解説する. リボソームはタンパク質の翻訳装置であり, リボソーム RNA (rRNA) とタンパク質比がほぼ1:1で構成されている. 細胞はリボソーム合成に非常に多くのエネルギーを費やす. リボソームタンパク質は細胞内の全タンパク質で最も量が多く (全 mRNA のうちのほぼ半数がリボソームタンパク質をコードしている), リボソームはタンパク質と RNA の宝庫であるといえる.

動物細胞の電子顕微鏡観察において, オートファゴソームのなかには多数のリボソームが含まれていることが昔から認識されていた. 酵母においても同様で, 窒素源飢餓によりオートファジーを誘導すると, オートファジックボディのなかに細胞質と同程度の密度でリボソームが検出されていた (**図15-4**). 1980～1990年代に行われた培養細胞や動物を用いた実

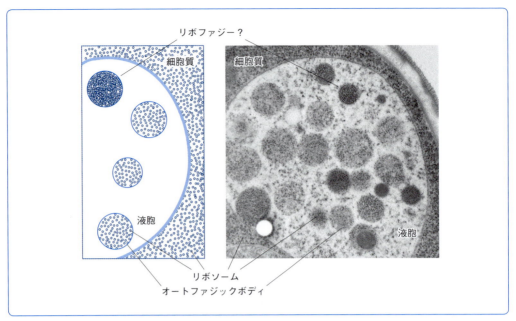

図15-4　リボソームとオートファジー
窒素源飢餓4.5時間後の液胞内プロテアーゼ欠損酵母（*pep4Δ prb1Δ*）の電子顕微鏡観察．酵母の液胞に20個程度のオートファジックボディがある．細胞質にあるリボソーム密度と同じ程度のリボソームを含むオートファジックボディと，それよりもリボソームをかなり濃縮したようなかたちで含まれているオートファジックボディが観察された．
[Huang H, et al.：EMBO J, 34：154-168, 2015を一部改変]

験では，アミノ酸飢餓などの条件でオートファジーを誘導すると，RNA が大規模に分解されることを示すたいへん重要な論文が数報発表されたが[5, 6]，その後は RNA からアプローチを行う研究は報告がなく，RNA 分解はブラックボックスのまま忘れ去られようとしていた．

　最近，筆者らは，酵母を用いた研究で RNA 分解に関与する液胞内の責任酵素を同定し，オートファジーによる RNA 分解系を明らかにした[7]（**図15-5**）．オートファジーを誘導すると，マクロオートファジー経路で RNA が液胞に運ばれる．RNA は T2型 RNase である Rny1により液胞内で切断され，3'-NMP（ヌクレオチド）を生じる〔N は，A（アデノシン），C（シチジン），U（ウリジン），G（グアノシン）．後で詳述する〕．3'-NMP はその後，ホスファターゼ/ヌクレオチダーゼ Pho8によりリン酸基が外れ，ヌクレオシドになる．ヌクレオシドは，液胞から細胞質へと輸送され，ヌクレオチダーゼ Urh1と Pnp1により，塩基とリボースに分解される．塩基はほとんどが再利用されることなく細胞の外（培地）へ放出されることが明らかになった．筆者らは，おもにメタボローム解析により，3'-NMP，ヌクレオシド，塩基を測定していたが，マクロオートファジーの変異体や Rny1の変異体では，細胞内外の RNA 分解物の増加がまったく認められなかった．全 RNA の80％が rRNA であることと，電子顕微鏡観察の結果から，オートファジーで分解された RNA の大半はリボソーム由来の rRNA であると推測された．また，培地に放出された塩基の量から大まかに逆算すると，1時間あたり約4％程度の RNA が分解されると見積もられ，この数値は過去にタンパク質分解から実験的に見積もられた数値ともよく一致している[8]．窒素源飢餓時にはエネルギーを必要とするリボソーム合成が停止するとともに，多くの mRNA の翻訳活性が低下する．それに加えて，オートファジーにより既存のリボソームを分解して適切にタンパク質合成を

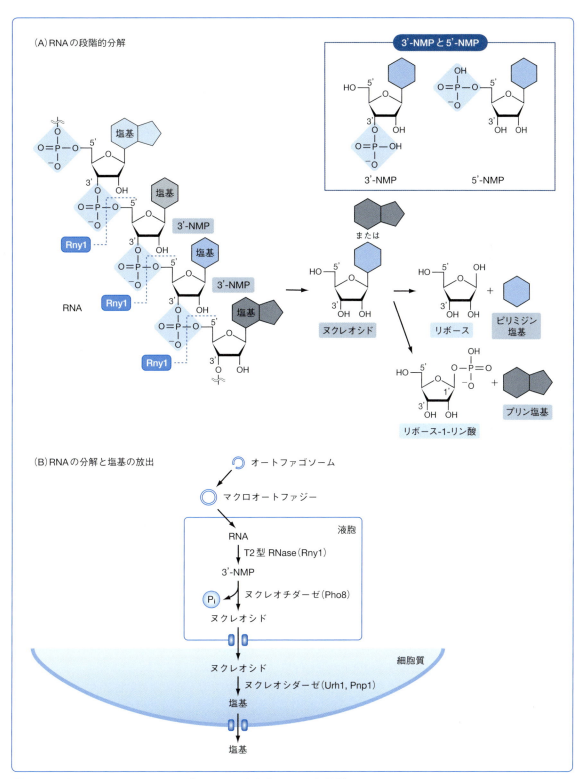

図15-5　酵母におけるオートファジーによる液胞内RNA分解機構

オートファジーにより液胞に運ばれたRNAはRNaseであるRny1，ヌクレオチダーゼPho8，ヌクレオシダーゼPnp1，Urh1により段階的に分解され，3'-NMP（ヌクレオチド）→ ヌクレオシド → 塩基となる．塩基はさらに細胞質で代謝されたのち，ピリミジン塩基は最終的にはウラシル，プリン塩基は最終的にはキサンチン，ヒポキサンチンとして細胞外へ放出される（出芽酵母にはキサンチンオキシダーゼが存在しないため，プリン塩基は尿酸になることはない）．

低下させるという点でも，リボソームを分解すること自体に生理学的な意義があるだろうと考えられる．

　もし完全に非選択的にリボソームが取り込まれるのであれば，細胞質とオートファゴソーム中のリボソームの密度はほぼ同じになるはずであるが，しばしばオートファゴソーム中のリボソームは細胞質中よりも濃縮されているような像も確認できる（図15-4，左上）．そのため，非選択的なオートファジーの誘導条件下でもリボソームは他の細胞質成分よりも優先的にオートファゴソームに取り込まれる可能性が示唆されていた．リボソームを特異的に分解する機構として，リボファジーが C. Kraft らにより提唱されている[9]．出芽酵母を用いた実験で，リボソームの60S サブユニット（Rpl3，Rpl25など）と40S サブユニット（Rps2，Rps3など）のタンパク質分解を調べ，それらが他の基質より優先的に分解されることを示した．それらはオートファジーの変異体では起こらないため，マクロオートファジー経路でリボソームが優先的に分解されている可能性を示唆している．彼女らはさらに，Ubp3/Bre5という脱ユビキチン化酵素が60S サブユニットの優先的な分解について特異的に関与していることを示した（40S サブユニットも優先的に分解されるが，これら因子とは無関係であるらしい）．今後，非選択的オートファジーによるリボソーム分解以上にリボソームを選択的に分解する仕組みのより詳細な解析（特異的なレセプター分子の発見など）が望まれる．さらに，リボファジーと Ubp3/Bre5の関与について，進化的に保存されているかについても検証が必要と思われる．

15-2 細胞内凝集体，RNA 顆粒の分解（グラニュロファジー，アグリファジー）

　P-bodies や stress granules などの RNA 顆粒は，細胞内に粒子状に存在する mRNA と，翻訳因子や RNA 分解酵素などのタンパク質を含む膜構造のない構造体で，RNA 代謝の場となっている．R. Parker らのグループは，初めて P-bodies を報告しているが，P-bodies や stress granules はオートファジーの標的であり，分解されることを酵母と培養細胞の系で見いだし，RNA 顆粒の分解系をグラニュロファジー granulophagy と定義した．線虫では，線虫の生殖顆粒である P 顆粒の例があげられる[10]．胚発生で生殖細胞に分配されず体細胞に残された P 顆粒は，オートファジーにより選択的な分解を受ける．その際，体細胞にのみ発現する SEPA-1が必須である．メカニズムとしては，P 顆粒の構成タンパク質である PGL-1，PGL-3と，自己凝集した SEPA-1が相互作用し，PGL 顆粒が形成され，それがオートファジーで認識され選択的分解を受ける．SEPA-1依存的に凝集体を形成することから，アグリファジー aggrephagy にも分類される．

　レトロトランスポゾンはヒトゲノムでは40％程度を占めており，ゲノムの不安定化の要因となっている．オートファジーはレトロトランスポゾン RNA を特異的に分解することでゲノムの安定性維持にはたらくということが複数報告されている．酵母ではオートファジーに類似した経路である Cvt 経路（cytoplasm-to-vacuole targeting pathway）のレセプターである Atg19を介して Ty1トランスポゾンが選択的に分解されることが示されている[11]．哺乳動物でも，レトロトランスポゾンの LINE-1（long interspersed nucleotide element-1）などは

P-bodies や stress granules に局在し，p62や NDP52のオートファジーレセプターを介して選択的に分解される．

15-3　核および核小体の分解（ヌクレオファジー，PMN）

　最近，中戸川 仁らのグループは，ER ファジー（またはレティキュロファジー reticulophagy）とヌクレオファジー nucleophagy を報告している．小胞体や核の一部が，Atg 39，Atg 40を介した選択的オートファジーにより分解される機構である[12]．麹菌ではユニークなヌクレオファジーが定義されている．麹菌では，基部の細胞が多核であり，多核のうちの一部の核が飢餓時に丸ごと分解される可能性が提示されている[13]．

　PMN（piecemeal microautophagy of the nucleus）はミクロオートファジーの一種で，酵母で報告されている．マクロオートファジーが誘導されるような栄養飢餓下において，核と液胞の接合部位で核の一部が液胞内へ陥入し，くびり取られるようにしてその中身が分解される経路である[14]．PMN では核小体の一部が分解される様子が観察されており，実際に核小体のマーカータンパク質が PMN の指標として使われている．これらの経路において，実際に核や核小体の DNA/RNA 成分が分解されているかどうか，選択性はあるのか，また，その生理学的意義について解明することが期待されている．

15-4　病原体の分解（ゼノファジー），ウイルス分解とミトコンドリア分解

　細胞内に侵入した細菌やウイルスなどの病原体を特異的に駆逐するゼノファジー xenophagy の際や，オートファジーの標的となるウイルスを分解する際には，タンパク質分解とともに RNA/DNA の分解が起こると思われる．一方，原核生物型のミトコンドリアは，独自の DNA をもつ．ミトコンドリアは，非選択的なオートファジーやマイトファジーにより分解されるが[15]，その際，ミトコンドリア DNA や RNA が分解されるかどうかはまだ明らかではない．

15-5　RNautophagy/DNautophagy

　最近，株田らのグループは，RNautophagy/DNautophagy という新しい核酸輸送経路を見いだした[16]．彼らは，単離したリソソームと RNA や DNA を混合すると，ATP 依存的に RNA や DNA が直接リソソームへと取り込まれ分解されることを示した（図15-6）．この経路は，シャペロン介在性オートファジー chaperone-mediated autophagy（CMA）のタンパク質分解経路とよく類似しており，RNA と DNA 分解がリソソーム膜タンパク質 LAMP2のスプライシングバリアントである LAMP2C に依存しているのに対し，タンパク質分解は LAMP2A に依存している（図15-6）．RNA や DNA は LAMP2C のサイトゾル（細胞基質 cytosol）側に結合する．LAMP2 のノックアウトでは，RNA 分解が顕著に抑制されるが，完全に RNautophagy/DNautophagy 活性が失われるわけではない．そこで彼らは，RNautophagy/DNautophagy の系ではたらく別のリ

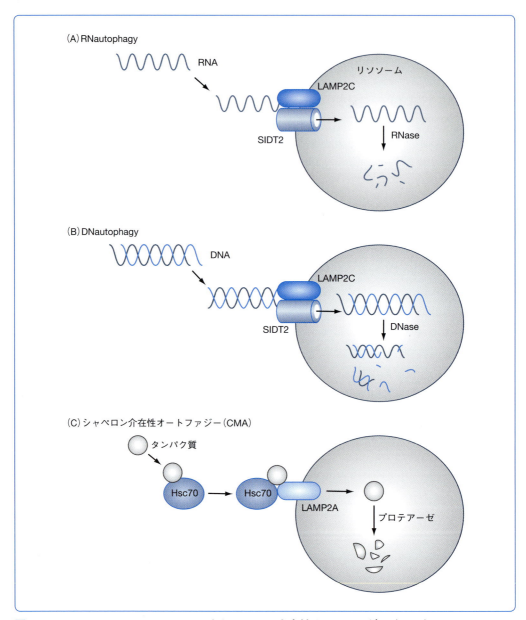

図15-6　RNautophagy/DNautophagy とシャペロン介在性オートファジー（CMA）

ソソームタンパク質を探索し，複数回膜貫通型のタンパク質である SIDT2（SID 1 trasmembrane family member 2）が RNA/DNA を直接輸送する因子であると結論づけた．実際に SIDT2のノックダウンでは，RNA 分解が約50%抑制された．SIDT2と LAMP2C は結合するが，LAMP2ノックアウトでも SIDT2を過剰発現すれば経路が活性化することから，SIDT2は LAMP2C とは独立にはたらくことが示唆された．LAMP2のオルソログ（相同分子種 ortholog）は酵母には存在しないため，RNautophagy/DNautophagy は高等生物の新規 RNA/DNA 分解経路として獲得されてきたと思われる．LAMP2C にはたくさんの RBP（RNA binding protein）が結合しやすいという性質もあり，RNautophagy/DNautophagy の基質になりやすい RNA/DNA や，その配列などの情報が，近い将来明らかになるものと期待される．

15-6　RNaseとDNase

　リソソーム/液胞内に局在し，オートファジーによる分解に関与するRNaseは，T2型RNaseである．このRNaseファミリーはエンドヌクレアーゼで，至適pHが酸性側にある場合が多い．ウイルスからヒトまであらゆる生物に存在する（出芽酵母Rny1/哺乳動物Rnaset2）．Rny1について，*rny1*破壊株についてはこれまで顕著な表現型は報告されていない．しかし，ヒトの白質脳症患者で*RNASET2*遺伝子に異常が認められることと，ゼブラフィッシュの*RNASET2*の変異は脳にrRNAが蓄積し，白質脳症と似た表現型を示すことから，T2型RNaseの変異は，リソソームでのRNA分解異常により直接または間接的にリソソーム病に似た症状を示す可能性がある[4]．リソソームに局在するDNaseについては，酸性DNaseであるDNaseⅡがリソソームでのDNA分解に関与しているとされている．DNaseⅡはアポトーシス細胞のDNA分解にも関与しており，ノックアウトは胎生致死を示す．以上のように，リソソーム/液胞内のRNaseとDNaseは決定的な酵素が1種類ずつ同定されているが，DNaseⅡは酵母や植物には存在しないため，他のRNase/DNaseが必要かどうか，二次構造をとるような基質の完全分解のために，ヘリケースhelicaseなどのタンパク質が必須かどうかについて，今後明らかにしていく必要がある．

15-7　RNA/DNAの分解後の運命：細胞内輸送と細胞内の核酸代謝系との接点

　最後に，RNA/DNA分解で生じる分解代謝物について議論してみたい．タンパク質の場合は，タンパク質 → アミノ酸 → リサイクルという図式が成立する．図15-2のヌクレオチド代謝マップと図15-5を参照しつつ，核酸でも，RNA → NMP → リサイクル，DNA → dNMP → リサイクルが成立するのかどうかを議論したい．

　T2型RNaseは，3'位にリン酸を有する3'-オリゴヌクレオチドを生じる．この酵素は塩基特異性が低いため，最終的にはモノヌクレオチドである3'-NMPを生じる．一方，とくに明記されないが，普段われわれがよく目にするAMP，ADP，ATPや，GTPなどは，すべて5'位にリン酸を有する．DNA複製やRNAの転写の基質も，5'-dNTPや5'-NTPである．よって，オートファジーにより生じた3'-NMPはそのままでは核酸前駆体として利用できない（図15-2，図15-5）．ただし，細胞内の5'-AMP，ADP，ATPの存在量で規定されるエネルギーチャージには3'-NMPは影響を与えないので，3'-NMPはサイレントな分解物といえる．また，DNaseⅡの切断様式も3'-dNMPであり，そのままでは使えない．酵母では3'-NMPはPho8によりリン酸が外され，ヌクレオシドになる．それでは，そのヌクレオシドが5'-NMPになるのだろうか？　筆者らは5'-NMPも測定したが，オートファジー依存的な5'-NMPの増加は確認できなかった（Huang，川俣．未発表データより）．ヌクレオシドはさらに分解される方向に進み，リボースと塩基に分解され，塩基は細胞外へと輸送される（リン酸，リボースの運命はまだ不明である）．よって，少なくとも酵母の系では塩基はリサイクルされないという結論に至った．窒素源飢餓にもかかわらず窒素を含む塩基を細胞外に放出するのかについては，現時点では明確な答えがない．細胞が塩基を必要とする条件になれば細胞外に放出しない，または

細胞外から塩基を取り込むことがあってもよいのではないかと考えている．1987年に報告されたラット肝臓の灌流実験では，アミノ酸飢餓によりヌクレオシドのシチジンが最終核酸分解物として放出されることが確認されているが，これもリボソーム由来で生じたヌクレオシドだと考えられる[6]．肝臓ではシチジンの代謝酵素が発現していないため，放出されたという可能性もある．よって，それぞれの種，組織，細胞レベルでの核酸代謝酵素の発現と，細胞内の代謝に応じて，最終的な核酸分解物およびそれらの運命は変化しうるのではないかと考えている．オートファジーに依存して生じる核酸分解物が優れたバイオマーカーになる可能性もあるため，基礎研究とともに応用的な展開が待たれる．

　最後に，リソソーム/液胞から核酸分解物が輸送される際，輸送体が存在する可能性が示唆されている．そのような輸送体を同定し，細胞内輸送が阻害されたときに生じる表現型を解析することで，リソソーム/液胞内での核酸代謝の重要性が明らかになることも期待したい．

文　献 ‥‥‥

1) Rabinowitz JD and White E：Science, 330：1344-1348, 2010.
2) Møller HD, et al.：Proc Natl Acad Sci U S A, 112：E3114-E3122, 2015.
3) Doma MK and Parker R：Cell, 131：660-668, 2007.
4) Frankel LB, et al.：Autophagy, 13：3-23, 2017.
5) Mortimore GE, et al.：Revis Biol Celular, 20：79-96, 1989.
6) Lardeux BR, et al.：Biochem J, 252：363-367, 1988.
7) Huang H, et al.：EMBO J, 34：154-168, 2015.
8) Tsukada M and Ohsumi Y：FEBS Lett, 333：169-174, 1993.
9) Kraft C, et al.：Nat Cell Biol, 10：602-610, 2008.
10) Zhang Y, et al.：Cell, 136：308-321, 2009.
11) Suzuki K, et al.：Dev Cell, 21：358-365, 2011.
12) Mochida K, et al.：FEBS Lett, 588：3862-3869, 2014.
13) Shoji JY, et al.：PLoS One, 5：e15650, 2010.
14) Roberts P, et al.：Mol Biol Cell, 14：129-141, 2003.
15) Youle RJ and Narendra DP：Nat Rev Mol Cell Biol, 12：9-14, 2011.
16) Fujiwara Y, et al.：J Biochem, 161：145-154, 2017.

16 栄養飢餓とオートファジー

久万 亜紀子

SUMMARY

オートファジーは栄養飢餓によって著しく活性化する．これは，酵母から高等動植物に至るまで共通した特徴である．飢餓時のオートファジーが栄養リサイクルシステムとして重要であることは，古くから広く認識されてきた．オートファジーはさまざまな細胞内成分を分解することから，タンパク質，グルコース，脂質，核酸などの代謝に密接に関与することは容易に想像される．しかし，オートファジーと栄養代謝の関係性を十分に説明できる具体的な実験データはまだ少なく，その理解は最も根本的かつ重要課題の1つとして残されている．また，飢餓に伴うオートファジーは，分化や発生ともかかわることが示唆されている．本章では，飢餓応答としてのオートファジーの栄養学的役割について述べる．

KEYWORD

○ 飢餓適応　　○ バルク分解　　○ 栄養リサイクル

はじめに

オートファジーとは，二重膜構造体（オートファゴソーム）が細胞質成分を取り囲み，リソソームに送り込んで分解する仕組みであり，真核生物に広く保存されている．オートファジーの特徴として，栄養飢餓で著しく活性化することと，細胞質成分を「バルク bulk」に分解することがあげられる．バルク分解とは，オートファゴソームが細胞質成分を「ひとまとめに，一括して（バルク）」取り囲み，分解する様子を指している．オートファゴソームは，動物細胞では直径約 $1\mu\mathrm{m}$ ほどの袋状の構造で，細胞質の液性成分のみならず，ミトコンドリアや小胞体などのオルガネラや，ときには細胞内に侵入した細菌を形あるまま取り込み分解することができる[1]．

1960年代にラットの肝臓でオートファジーが最初に発見されてから，電子顕微鏡や灌流肝を用いた研究などにより，オートファジーは「栄養飢餓で誘導される非選択的でバルクな自己分解系」という基本概念が確立された．その後，選択的に分解されるタンパク質 p62 の発見や，ミトコンドリア分解の選択性などが明らかとなり，オートファジーには選択性がある場合もあることがわかってきた[2]．しかし，これらの選択的オートファジーの誘導は，かならずしも栄養飢餓を必要とせず，栄養飢餓とは異なる場面で重要になると考えられる．オートファジーの生理的重要性は，これまでにオートファジー遺伝子改変モデル生物（出芽酵母，細胞性粘菌，線虫，ショウジョウバエ，マウスなど）の解析によって明らかとなってきた．いずれの生物においても，オートファジーを起こせないオートファジー遺伝子変異体（*atg* 変異体）は飢餓条件において野生型よりも早く死ぬことから，オートファジーの最も基本的な役割は，飢餓への適応であると考えられる．本章では，栄養代謝の観点から，飢餓応答としてのオートファジーの役割について述べる．

16-1　飢餓応答

❶ 飢餓への適応

オートファジーは飢餓条件において活性化する．このときのオートファジーの目的は，自己の細胞質成分を分解し，その分解産物（アミノ酸，グルコース，脂肪酸など）を栄養素として確保し，再利用することにあると考えられる（図16-1）．オートファジーは，細胞質成分やオルガネラをオートファゴソームで取り囲んでリソソームに送り込んで分解するが，リソソームは数十種類のさまざまな分解酵素（プロテアーゼ，グルコシダーゼ，リパーゼ，ヌクレアーゼなど）を含むオルガネラであり，基本的にすべての細胞質成分を単純な化合物にまで分解することが可能である．その分解産物はさまざまな用途でリサイクルされると考えられる．

オートファジーによる栄養供給は飢餓環境への重要な適応機構であり，生存を左右する．たとえば出芽酵母では，*atg* 欠損株は富栄養下では正常に増殖するが，飢餓条件では野生型が1週間経過しても死なないのに対し，*atg* 変異株は5日ほどでほぼ死滅する[3]．飢餓時の生存率低下は，細胞性粘菌，線虫，ショウジョウバエ，マウスなどのモデル生物でも観察される．全身性に *Atg* 遺伝子を欠損したマウスでは，新生仔マウスの場合は出生に伴う一時的な飢餓状態において重篤な栄養レベルの低下を示し，成獣では一晩の絶食を耐えられずに死亡することが報告されている．自然界を生きる生物にとって栄養飢餓は日常的に遭遇するストレスであり，オートファジーは飢餓に適応する仕組みとして進化的に高度に保存されてきたものと考えられる．

❷ 飢餓応答と分化

栄養飢餓は分化の引き金にもなる．出芽酵母，細胞性粘菌，線虫では，飢餓環境においてその形態と性質を変化させることで，飢餓耐性になることが知られている（図16-2）．*atg* 変異体はこの過程で表現型が現れる．たとえば，出芽酵母は，二倍体の場合，飢餓条件下において胞子（飢餓や乾燥に耐性）を形成し飢餓を耐えるが，環境が好転すると発芽して一倍体となる．しかし，*atg* 変異体は飢餓時に正常な胞子を形成できない[3]．細胞性粘菌も好環境下では単細胞アメーバとして増殖するが，栄養飢餓などのストレスにより単細胞アメーバが集合して子実体となり胞子を形成する．*atg* 変異体はこの過程で分化不全となる．線虫は卵から孵化して1令幼虫となり，さらに脱皮を繰り返しながら成虫となるが，飢餓などで環境が悪化するとストレスに耐性のあるダウアー幼虫となる．栄養条件にかかわらずダウアー幼虫

KEYWORD解説

○ **飢餓適応**：オートファジー遺伝子変異体は飢餓条件下で野生型よりも早く死ぬことから，オートファジーは飢餓への適応であり，細胞がオートファジーによって細胞内成分の一部を分解することにより，栄養素の自給自足を図ると考えられている．

○ **バルク分解**：オートファゴソームが分解基質を選択せずに，「ひとまとめに，一括して」取り囲んで分解する様式をいう．バルク bulk とは，「かさの大きい，大規模な」の意味である．

○ **栄養リサイクル**：細胞がオートファジーによって細胞内成分を単純な化合物にまで分解し，分解物を栄養素として再利用すること．

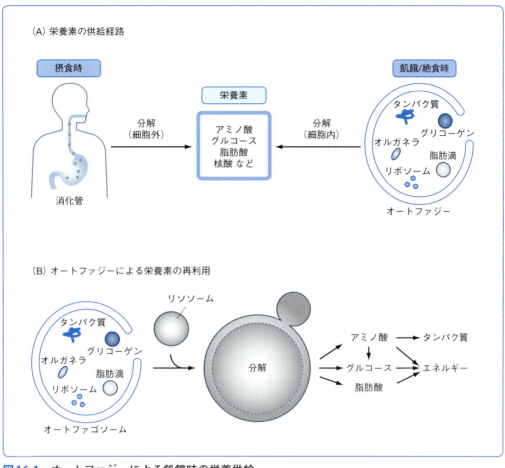

図16-1　オートファジーによる飢餓時の栄養供給

（A）摂食時は食物から栄養を確保する．絶食時，われわれは身体に備蓄してあるグリコーゲン，脂肪，タンパク質を分解し，内部から栄養素を供給する．この内因的栄養供給にオートファジーが重要な役割を果たすと考えられている．オートファジーにより，細胞内成分（タンパク質，グリコーゲン，脂肪滴，リボソーム，オルガネラなど）を分解することで，分解産物である栄養素（アミノ酸，グルコース，脂肪酸など）を細胞に提供する．（B）リソソームは数十種類の分解酵素（プロテアーゼ，グルコシダーゼ，リパーゼ，ヌクレアーゼなど）を含むため，オートファゴソームで運び込まれたさまざまな細胞質成分を単純な化合物にまで分解することができる．分解産物であるアミノ酸などは，タンパク質合成，糖新生，エネルギー産生など，さまざまな用途でリサイクルされると考えられる．

へ分化する *daf-2* 変異体では，*atg* を同時に欠損すると正常にダウアー幼虫へと分化できない[4]．ショウジョウバエの場合は，幼虫 → 蛹 → 成虫と発生するが，*atg* 変異体では絶食となる蛹期で致死となる場合が多い．

　オートファジーに必要なコア ATG タンパク質は20種類ほどあり，オートファジー以外の機能をもつものも多いため，これらの異常がすべてオートファジー不全に起因するかは不明である．これらの過程におけるオートファジーの役割は明らかではないものの，複数の *atg* 変異体が飢餓に伴う分化過程で異常を示すという観察結果はたいへん興味深い．ひとつの解釈としては，飢餓という場面での大規模なスクラップアンドビルドを遂行するために，オートファジーを誘導して不要物を積極的に壊し，同時に，その分解産物を供給することで，新生を可能にしているのかもしれない．

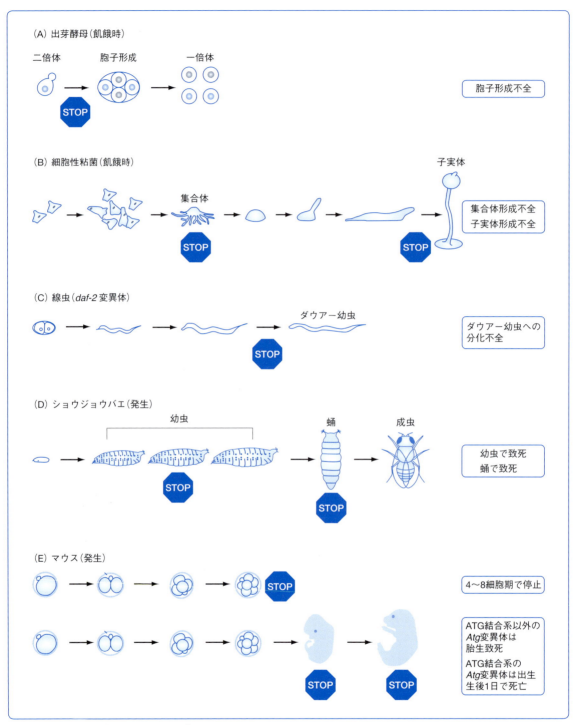

図16-2　分化・発生とオートファジー

分化・発生過程で観察されるオートファジー遺伝子変異体の表現型. 出芽酵母, 細胞性粘菌, 線虫では, 飢餓環境においてその形態と性質を変化させることで飢餓耐性になることが知られているが, オートファジー遺伝子変異体はこのときに異常を示す. また, ショウジョウバエは絶食となる蛹期に大きく形態を変化させるが, このときに異常が観察される. マウスでは, 受精卵でオートファジーが起こらないと発生が停止する. 初期胚以降でオートファジーが起こらない場合は, ATG結合系以外の変異体は胎生致死であり, ATG結合系の変異体はほぼ正常に生まれるが生後1日で死亡する.

16-2　オートファジーと栄養供給

❶ タンパク質分解

　では，飢餓で活性化したオートファジーは，どのように栄養代謝に関与するのだろうか．オートファジーによるランダムな細胞質成分の取り囲みは，タンパク質がおもな分解対象となるため，長らくオートファジーの研究は，タンパク質分解における解析が主流であった．古くはラットなどを用いた臓器灌流実験などにより，アミノ酸プールやタンパク質代謝への影響，オートファジーのホルモン応答などがていねいに調べられており，オートファジーがタンパク質代謝回転を担うという概念はこの時代に築かれた．

　オートファジーによるタンパク質分解に由来するアミノ酸は，飢餓時のアミノ酸プールの維持に重要である．出芽酵母の *atg* 変異体では，窒素飢餓によって細胞内のアミノ酸濃度が野生株に比べて低下する．マウスでは，出生時には母親からの胎盤を介した栄養供給が突然遮断されるため，一過的な飢餓状態に陥り，このときオートファジーが著しく亢進することが知られている．*Atg* 遺伝子欠損マウスではこの出生に伴うオートファジーが起こらないため，出生後，組織および血中アミノ酸レベルが野生型マウスの6割程度にまで低下する[5]．

　これらのアミノ酸は，飢餓時のタンパク質合成，エネルギー産生，糖新生に寄与すると考えられている．すでに述べた *Atg* 遺伝子欠損新生仔マウスでは，出生に伴う飢餓状態において血中・組織中のアミノ酸レベルの低下とともに，エネルギー低下のサインである AMP 活性化キナーゼ(AMPK)のリン酸化が野生型マウスよりも早いタイミングで観察されることから，オートファジーが飢餓時のエネルギー産生にはたらくことが示唆される[5]．

　オートファジー由来のアミノ酸は，飢餓時のタンパク質合成にも重要である．飢餓時には全体としてのタンパク質合成は低下するが，飢餓適応のために必要なタンパク質の合成はむしろ亢進する．たとえば出芽酵母では，飢餓時に呼吸鎖構成因子や抗酸化タンパク質の合成が亢進し，活性酸素(ROS)からミトコンドリアを保護する．しかし，*atg* 欠損株ではこれらのタンパク質合成が亢進できないことから，オートファジー由来のアミノ酸は飢餓やストレス応答に必要なタンパク質の合成に利用されると考えられる[6]．哺乳動物の場合，飢餓時のタンパク質合成へのオートファジーの寄与はまだよくわかっていないが，受精によってオートファジーが活性化し，これが初期胚におけるタンパク質合成に寄与することが示されている[7]．なお，オートファジー由来のアミノ酸がエネルギー産生にはたらくと述べたが，糖や脂質からのエネルギー調達が可能であることを考えると，オートファジー由来のアミノ酸はエネルギーの材料としてよりも，タンパク質合成の貴重な材料としての利用が優先されると予想される．飢餓の早い段階で，飢餓やストレス応答に必要なタンパク質を合成して備えることが得策であると考えられる．

　さらに，オートファジーは絶食時の糖新生にも寄与する．哺乳動物にとって，絶食時の血糖値維持は生存にかかわる．絶食時にはまずグリコーゲン，ついでアミノ酸，ピルビン酸，グリセロールが貴重な糖原となる．肝臓特異的 *Atg* 遺伝子欠損マウスでは，コントロールマウスに比べて絶食時の血糖値が低く，また，薬剤誘導性に全身で *Atg* 遺伝子を欠損したマウスも絶食時に血糖値が著しく低下し，24時間の絶食で死亡する[8,9]．よって，オートファジーは絶食時の血糖維持に不可欠であり，その一部はタンパク質分解を通じて供給される糖原性アミノ酸供給によることが示唆されている．

16

❷ 脂質分解

　絶食条件ではグルコースの利用が制限されるため，細胞は解糖系からβ酸化へと代謝を切り替える．β酸化は，ミトコンドリアにおいて脂肪酸を酸化してアセチル CoA を産生する過程であるが，まず，細胞中の脂肪滴に蓄えられていたトリグリセリドが加水分解されて脂肪酸となる必要がある．脂肪滴中のトリグリセリドの分解は，おもに細胞質の脂肪細胞特異的トリグリセリドリパーゼやホルモン感受性リパーゼなどの作用によるが，一部，リソソームもその分解にかかわっていることが知られている．2009年にオートファジーによって脂肪滴が選択的に取り込まれて分解される現象（リポファジー lipophagy）が発見され，脂質代謝へのオートファジーの関与が注目されるようになった．絶食24時間のマウス肝臓では，いわゆる普通の非選択的なオートファジーは活性化するが，より長時間の絶食ではリポファジーが亢進することが観察されている[10]．しかし，その分子機構はまだ解明されておらず，*Atg* 遺伝子欠損肝ではリポファジー不全により肝臓に脂肪が蓄積するとの報告がある一方で，脂肪蓄積が抑制されるとの報告もあり，まだよくわかっていない点も多い．また，非選択的オートファジーも脂肪滴，ミトコンドリア，小胞体などのオルガネラなどを分解するため，脂質のリサイクルに少なからず寄与すると考えられる．培養細胞では，飢餓時の非選択的オートファジーが脂肪酸やコレステロールを細胞に提供し，これが脂肪滴の補充に必要であることも報告されている[11]．

❸ グリコーゲン分解

　哺乳動物では，余剰グルコースはおもに肝臓および筋肉にグリコーゲンとして蓄えられる．飢餓時にはこのグリコーゲンが分解され，主要な炭素源となる．グリコーゲンは，おもに細胞質のグリコーゲンホスホリラーゼによって分解されるが，一部はリソソームに運ばれ分解されることが知られている．古くから，新生仔マウスの筋肉や肝臓でオートファジー様の小胞がグリコーゲンを取り囲む様子が電子顕微鏡で観察されており，細胞質のグリコーゲンがオートファジー経由でリソソームに運ばれると考えられる[12]．ショウジョウバエでは，飢餓による効率的なグリコーゲン分解には細胞質グリコーゲンホスホリラーゼとオートファジーの両方が必要であり，また，片方が他方を相補できることから，グリコーゲン分解におけるオートファジーの寄与は小さくはないようである[13]．一方，マウスでは，全身性に *Atg7* 遺伝子を欠損した場合，むしろグリコーゲン消費は亢進することが報告されており，哺乳動物ではオートファジーがグリコーゲン分解にどの程度寄与するかはよくわかっていない[9]．

16-3　栄養によるオートファジーの制御

　栄養飢餓は，どのようなシグナルによってオートファジーを誘導するのだろうか．培養細胞では，培地からアミノ酸や血清を抜くと30分以内にはオートファジーが活性化される．マウスでは，24絶食時間の絶食でほぼ全身の臓器でオートファジーが活性化することが観察されている．また，絶食によりオートファジーが亢進しているマウスに餌を与えると，1時間以内にはオートファジーは定常状態に戻る．よってオートファジーは，生体内においても食事や栄養状態によってかなりダイナミックに制御されている．オートファジーの誘導

には，インスリンやグルカゴンなどのホルモン，アミノ酸，グルコースなどの関与が知られている（詳細は **第2章** 参照）．オートファジーの活性制御は，短時間では ATG タンパク質の翻訳後修飾によるが，長時間では，さらに転写レベルの調節もかかわってくると考えられており，この制御には栄養感知キナーゼとして知られる mTORC1 がとくに重要な役割を果たす．以下にマウス個体における，ホルモン，アミノ酸，栄養応答性転写因子によるオートファジー制御機構について述べる．

❶ ホルモン

インスリンは膵臓から分泌され，糖，脂質，タンパク質の代謝をつかさどるホルモンであり，摂食により著しく血中レベルが上昇する．古くからインスリンがオートファジーを強く抑制することが，灌流肝実験などにより知られていた．より生理的な実験条件では，絶食によりオートファジーが亢進したマウスに，グルコースクランプ法を用いて血糖値を一定にしたまま定常レベルのインスリンを投与したところ，臓器によって感受性は異なるものの，骨格筋ではオートファジーが強く抑制されることが示されている[14]．

インスリンによるオートファジー抑制は，おもに mTORC1 を介した作用であると考えられる．マウスに mTORC1 の阻害剤であるラパマイシン rapamycin を投与すると，摂食状態でもオートファジーが誘導される[14]．また，mTORC1 が恒常的に活性化する遺伝子改変マウス（RAG 活性型マウス，Pten 欠損マウス，Tsc1 欠損マウスなど）ではオートファジーが抑制され，mTORC1 の活性が抑制される遺伝子改変マウス（*Rheb* 欠損マウス，*Raptor* 欠損マウスなど）ではオートファジーが亢進することが確認されている．

血中インスリンは，各組織に発現するインスリン受容体と結合してクラス I PI3K を活性化し，PDK1 および AKT の活性化を引き起こす．AKT はさまざまな分子にシグナルを伝えるが，AKT‑TSC1/TSC1‑RHEB‑mTORC を介して mTORC1 が活性化される．mTORC1 はオートファゴソーム形成過程の初期にはたらくタンパク質である ULK1 および ATG13 のリン酸化を介してオートファジーを負に制御する[15〜17]．

インスリンと同じく膵臓から分泌され，糖代謝をつかさどるホルモンにグルカゴンがある．グルカゴンは絶食で分泌が亢進されるホルモンであり，オートファジー亢進にはたらくことが灌流肝実験で報告されている．グルカゴンによるオートファジー抑制の作用機序はよくわかっていない．

❷ アミノ酸

アミノ酸がオートファジーの強力な抑制因子であることが，培養細胞，組織灌流実験，マウス実験により示されている．アミノ酸による抑制作用も，おもに mTORC1 を介した作用であると考えられる．アミノ酸は，低分子量 G タンパク質 small G-protein である RAG を介してインスリンとは独立した経路で mTORC1 を活性化する（詳細は **第2章** 参照）．すでに述べたグルコースクランプ法を用いたインスリン投与実験と同様に，絶食でオートファジーが亢進したマウスにアミノ酸のみ摂食レベルになるよう投与すると，骨格筋ではその抑制効果は弱いものの，肝臓ではオートファジーが強く抑制される[14]．骨格筋と肝臓のアミノ酸応答の違いの理由は不明であるが，1つの可能性としては，食事由来のアミノ酸は門脈から肝臓に取り込まれるため，肝臓は末梢組織に比べてより直接的にアミノ酸の濃度変動の影響

16

> **Column　新生仔マウスのオートファジー**
>
> 　出芽酵母における Atg タンパク質の機能解析で学位取得後，最初の仕事が Atg5 欠損マウスの解析でした．学位を取ったラボは酵母の研究室だったので，マウスには触ったこともなく，医学の知識もありませんでした．ただ，「観察する眼さえ優れていれば，大丈夫」と無責任に（？），共同研究先に送り出されました．Atg5 ノックアウトマウスは外見上は正常に生まれるものの，生後12時間で死亡します．1人送り出された先は医学部で，現役のお医者さんも多かったので，心臓じゃないか，肺じゃないかと，医学の知識のない私にいろいろアドバイスをくださいました．でも，どうもピンとこない．毎日，新生仔マウスを観察しながら死因を考えつづけ，しまいには自分でマウスを出産する夢までみていました．そして，「出生直後のマウスは栄養飢餓だ！このときオートファジーが大事に違いない！」と思いついたときは，本当に興奮しました．マウス初心者のビギナーズラックだったかもしれませんが，知識に頼りすぎず，とにかく生き物をよく観て，よく考えれば，答えにたどりつけるものだと学びました．
>
> 　話は変わりますが，2016年の大隅先生のノーベル賞授賞式当日，ストックホルムのホテルで大隅先生に書いていただいた色紙には「観る力，知る喜び」とありました．研究にはいろいろなスタイルがあると思いますが，生き物のていねいな観察とそこから何を読み取るかのセンスの大切さを，心に刻んだ次第です．

を受けることになり，その感受性が高いのかもしれない．

❸ 栄養応答性転写因子

　短時間の栄養飢餓では mTORC1 や AMPK などによる ATG タンパク質の翻訳後修飾がおもな制御としてはたらくと考えられるが，長時間の飢餓では遺伝子発現による調節もかかわってくる．これまでに，オートファジー関連遺伝子群の発現を制御する転写因子が20種類以上報告されている[18]．そのうち，栄養状態に応答してオートファジーを制御する転写因子としては，転写因子 EB（TFEB），ペルオキシソーム増殖因子活性化受容体 α（PPARα），FXR（farnesoid X factor），FOXO（forkhead box O），SREBP-2（sterol regulatory element binding protein-2）があげられる．TFEB，PPARα，FOXO，SREBP-2は絶食時にオートファジー関連因子の発現亢進にはたらき，FXRα は抑制的にはたらく[18]．Atg 遺伝子の転写亢進が，どのくらいオートファジーの活性を直接的に制御するのかはまだよくわかっていないが，たとえば，酵母 Atg8のホモログである LC3は，オートファジーによって一部分解を受けるため，オートファジー活性維持のためには転写亢進が必要であると考えられる．なお，TFEB，SREBP-2，PPARα などの転写因子は，mTORC1による活性調節を受けることが報告されている．よって，mTORC1は栄養に応答した ATG タンパク質の翻訳後修飾のみならず，転写制御によってもオートファジーを制御するマスターレギュレーターであるといえる．

おわりに

　オートファジーはさまざまな生命現象にかかわることが知られているが，飢餓適応は種を超えて保存された最も基本的な役割であるといえる．自然界では，生物はつねに飢餓に曝されており，飢餓時の生存戦略としてオートファジーが高度に保存されてきたと考えられる．オートファジーの栄養代謝における役割の理解は，最も根本的かつ重要な研究課題であり，研究者の関心も高いが，解析のむずかしさからあまり進んでいない．近年になり，メタボロー

ム解析やリピドーム解析などの技術進歩により，この問題への具体的な取り組みが可能になってきた．また，病気の観点からも，オートファジーは，肥満，糖尿病，脂肪肝，老化などの栄養代謝にかかわる病態とも深く関連することが予想され，オートファジーの栄養学的役割の理解が求められている．今後の研究展開が期待される．

文　献 ‥‥‥

1) Mizushima N and Komatsu M：Cell, 147：728-741, 2011.

2) Marcias JD and Kimmelman AC：J Mol Biol, 428：1659-1680, 2016.

3) Tsukada M and Ohsumi Y：FEBS Lett, 333：169-174, 1993.

4) Mesquita A, et al.：Autophagy, 13：24-40, 2017.

5) Kuma A, et al.：Nature, 432：1032-1036, 2004.

6) Suzuki SW, et al.：PLoS One, 6：e17412, 2011.

7) Tsukamoto S, et al.：Science, 321：117-120, 2008.

8) Ezaki J, et al.：Autophagy, 7：727-736, 2011.

9) Karsli-Uzunbas G, et al.：Cancer Discov, 4：914-927, 2014.

10) Singh R, et al.：Nature, 458：1131-1135, 2009.

11) Rambold AS, et al.：Dev Cell, 32：678-692, 2015.

12) Kotoulas OB, et al.：Pathol Res Pract, 202：631-638, 2006.

13) Zirin J, et al.：PLoS Biol, 11：e1001708, 2013.

14) Naito T, et al.：J Biol Chem, 288：21074-21081, 2013.

15) Hosokawa N, et al.：Mol Biol Cell, 20：1981-1991, 2009.

16) Jung CH, et al.：Mol Biol Cell, 20：1992-2003, 2009.

17) Ganley IG, et al.：J Biol Chem, 284：12297-12305, 2009.

18) Füllgrabe J, et al.：J Cell Sci, 129：3059-3066, 2016.

16

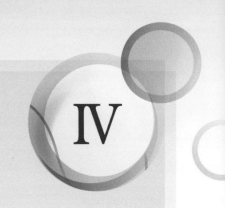

オートファジーと疾患・臨床応用

17 パーキンソン病の分子病態とオートファジー - リソソーム系の破綻

佐藤 栄人・服部 信孝

SUMMARY

　パーキンソン病の治療は患者のQOL（quality of life）を保つのに十分ではなく，その病態に基づいた新たな治療法の開発が急務である．遺伝性パーキンソン病の研究を含めた多くの先行研究から，パーキンソン病に共通した病態の場としてオートファジー - リソソーム系の関与が指摘されている．とりわけ，PINK1/Parkin変異→オートファジー - リソソーム系の破綻→異常ミトコンドリアの蓄積→神経変性に関する分子病態の解明は，従来提唱されてきたパーキンソン病のミトコンドリア障害説（異常ミトコンドリアの蓄積）を支持する知見である．その後もリソソーム（ATP13A2）やミトコンドリア（CHCHD2）に関連する病因分子の報告が相次ぎ，オートファジー - リソソーム系の病態への関与が示唆される．

KEYWORD

○ パーキンソン病　　○ 遺伝性パーキンソン病　　○ PARK2　　○ PARK6　　○ マイトファジー

はじめに

　パーキンソン病 Parkinson's disease では，中脳黒質のドーパミン神経細胞の変性により，動作が遅くなる，手足が震えるなどの運動障害が出現する．今後予想される高齢化社会に向け，患者が増加することが確実視されているが，その根本的治療法はまだ開発されていない．これまでに提唱されたパーキンソン病の発症機構は諸説紛々あるが，振り返ってみると，パーキンソン病の病態研究は約10年ごとに大きな変遷がみられる．1990年代の孤発性パーキンソン病におけるミトコンドリアの複合体 I（Complex I）の活性低下の研究に始まり，2000年頃より，*synuclein*, *Parkin*, *ATP13A2*をはじめとする遺伝性パーキンソン病の原因遺伝子がつぎつぎと単離された．単離された原因遺伝子産物のなかにはミトコンドリアに局在するものやタンパク質分解に関連する因子が多く，背景に共通した病態の存在を推測させる．実際，2010年代からはミトコンドリア品質管理の分子機構が明らかになるなど，パーキンソン病の分子病態の一端が明らかになり，遺伝性パーキンソン病の病態研究の展開は目を見張るものがある．その結果，PARK2，PARK6，PARK9を含め，遺伝性パーキンソン病の早期発症の原因としてオートファジー-リソソーム系の障害が浮かび上がってきた．

17-1　孤発性パーキンソン病とミトコンドリア研究

　パーキンソン病の記載は，1817年の J. Parkinson による『An Essay on the Shaking Palsy』が最初とされる．この著書のなかで，Parkinson 自身が診察したパーキンソン病の特徴的な症状を呈する6例の患者が報告され，パーキンソン病の疾患概念を確立させる基となった．

Parkinson は著書のなかで，四徴のうちの，振戦，無動，姿勢反射障害に相当する記述をしている．その後，60年以上が経ってフランスの有名な神経学者 J. M. Charcot が，本疾患を「パーキンソン病」とよぶことを提唱し，さらに固縮を追加することにより現在のパーキンソン病の原型が完成した．

その後，パーキンソン病の責任病巣が中脳黒質であることが，1919年，C. Tretiakoff の研究によって明らかにされたが，本格的な病態研究は1983年の J. W. Langston らによる，1‑メチル‑4‑フェニル‑1,2,3,6‑テトラヒドロピリジン 1-methyl-4-phenyl-1,2,3,6-tetrahydropyridine（MPTP）によるヒトパーキンソニズムの発生がきっかけとなった[1]．1987年に水野美邦 らは，マウスで MPTP モデルを作製し，MPTP が Complex I を阻害することを *in vivo* で証明した[2]．実際にパーキンソン病患者の黒質で Complex I の活性が低下していることを示したのは，1989年の A. H. Schapira ら[3]である．この初めての報告は実に短い Letter であり，9人のパーキンソン病患者の死後脳から採取した黒質の Complex I の活性を測定している．この論文の結語として，L-dopa が Complex I と呼吸鎖の活性低下に影響を与える可能性を示唆する一文があり，この考察は現在に通じる着眼である．その後，ヒト前頭葉で Complex I の活性が低下するという例はあるものの，パーキンソン病患者の黒質での Complex I の活性低下を示す続報はなく，死後脳での活性測定そのものが困難であると思われる．一方，骨格筋，血小板，リンパ芽球で Complex I の活性が低下するとの記載もある．しかし，有意差は非常にわずかなものであり，かならずしも Complex I 特異的な低下ではない．このことは，逆の視点からすると，パーキンソン病の病巣は脳に限局したものではなく，全身性の疾患であることを示唆している．確かに MPTP は Complex I を阻害し，MPTP 投与マウスはパーキンソン病モデルとして現在も有用である．しかし，パーキンソン病の発症機序として着眼点を Complex I に限定するのは尚早であるのかもしれない．

17-2 遺伝性パーキンソン病の原因遺伝子とタンパク質分解異常

遺伝性パーキンソン病の研究は2000年代にめざましい発展を遂げる．パーキンソン病の約10％は遺伝性であるが，これまでに多くの原因遺伝子が単離され（**表17-1**），パーキンソ

KEYWORD解説

● **パーキンソン病**：中脳黒質のドーパミン神経細胞の変性をきたす代表的な神経変性疾患である．無動，固縮，振戦，姿勢反射障害を四徴とする．

● **遺伝性パーキンソン病**：パーキンソン病の多くは孤発性であるが，約10％ に遺伝性のものがみられる．そのほとんどは原因遺伝子が不明である．

● **PARK 2**：常染色体劣性の遺伝形式を呈する遺伝性パーキンソン病．遺伝性パーキンソン病のなかでも最も多くの頻度を占め，若年発症が特徴である．*Parkin* が原因遺伝子である．

● **PARK 6**：常染色体劣性の遺伝形式を呈する遺伝性パーキンソン病．PARK 2に次いで患者数が多い．*PINK 1* が原因遺伝子である．

● **マイトファジー**：オートファジーによる不良ミトコンドリア分解システム．

表17-1　遺伝性パーキンソン病の原因遺伝子

遺伝子座	遺伝子		遺伝形式	タンパク質機能/性質
4q21-23	PARK1	α-synuclein	AD	凝集体の構成成分
6q25.2-27	PARK2	Parkin	AR	ユビキチンリガーゼ
4q21-22	PARK4	α-synuclein	AD	PARK1の3倍体
4p14-15.1	PARK5	UCH-L1	AD	ユビキチンC末端加水分解酵素
1p35-36	PARK6	PINK1	AR	ミトコンドリア中のプロテアーゼ
1p36	PARK7	DJ-1	AR	抗酸化薬
12p11.2-q13.1	PARK8	LRRK2	AD	プロテアーゼ
1p36	PARK9	ATP13A2	AR	リソソーム
2q36-37	PARK11	GIGYF2	AD	Grb10相互作用：シグナル
2p13	PARK13	Omi/HtrA2	AD	ミトコンドリア中のプロテアーゼ
22q13.1	PARK14	PLA2G6	AR	ホスホリパーゼ
22q12-13	PARK15	FBXO7	AR	F-BOXタンパク質
16q12	PARK17	VPS35	AD	レトロマー
7p11.2	PARK22	CHCHD2	AD	ミトコンドリア

AD：常染色体優性，AR：常染色体劣性．

ン病の病態解明に大きく貢献してきた．遺伝性パーキンソン病のなかで常染色体優性の遺伝形式をとる *PARK1*（*α-synuclein* が原因遺伝子）は最初に同定された遺伝子であり，1997年の *α-synuclein* の53番目のアラニン残基のスレオニン残基への変異（A53T 変異）の報告により遺伝性パーキンソン病研究の幕が切られた[4]．その後，*α-synuclein* は Lewy 小体の主要な構成成分であることが判明したが，Lewy 小体の形成機構と病態への関与はまだ謎の部分が多く，パーキンソン病研究における主要な研究テーマである．

　常染色体劣性遺伝形式を呈する *PARK2*（*Parkin* が原因遺伝子）は，1998年に順天堂大学と慶應義塾大学の共同研究により単離された[5]．*Parkin* 変異は遺伝性パーキンソン病のなかで最も頻度が高い．臨床像は若年発症であり，L-dopa が有効である反面，L-dopa によって誘発されるジスキネジアや wearing off などの運動障害が早期から出やすいという特徴をもつ．また，日内変動や睡眠効果がみられることも共通点である．病理学的には Lewy 小体が形成されないと定義されるが，Lewy 小体を有する剖検例も散見され，議論の余地がある．

　Parkin は465個のアミノ酸残基からなる分子量約52,000のタンパク質で，N 末端にユビキチン様（Ubl）ドメインを，C 末端には2つの RING finger ドメインとそれに挟まれた IBR（in between Ring finger）からなる RING box 構造，さらに Ubl ドメインと RING box 構造をつなぐリンカー領域により構成されている．RING finger ドメインは多くのタンパク質でみつかるモチーフであり，ユビキチン化反応に関与している（RING 型 E3酵素）．基質候補としては多種多様な分子が特定され，混沌とした状況である．たとえば，Parkin のノックアウトマウスについては複数の報告があるものの，一部の基質については蓄積しているようであるが，まだ統一した見解はない．しかし，Parkin タンパク質の発見は，分解機構の破綻が神経変性を引き起こすという概念を病態研究に導入するきっかけとなるとともに，その考えは損傷ミトコンドリア（膜電位の低下したミトコンドリア）の分解異常（ミトコンドリア品質管理の異常）へとつながることになる．

17-3 遺伝性パーキンソン病とミトコンドリア品質管理の破綻

　遺伝性パーキンソン病のなかでも，常染色体劣性の遺伝形式を呈する PARK2（*Parkin*）と PARK6（*PINK1*）は，若年発症であることや，L-dopa が有効であるなどの理由から，非常に類似した疾患群である．2006年に，ショウジョウバエを用いた遺伝学的解析[6, 7]から両分子は同じカスケード上ではたらいていることが判明し，このような臨床や基礎からの知見により，両者の作用機序は非常に近いものであることが推測された．そのような折，2008年の R. J. Youle らの報告[8]を契機に，オートファジー誘導不全によるミトコンドリア分解機構の破綻が遺伝性パーキンソン病の病態として注目された．すなわち，Parkin は膜電位の低下した損傷ミトコンドリアを認識し，オートファジーを発動することによって分解し，神経細胞内の環境維持（損傷ミトコンドリアのクリアランス）に貢献している．

　2010年以降，PINK1 と Parkin が協調的にはたらくことによるマイトファジー mitophagy の分子機構の解明が爆発的に発展した．その要点は次のとおりである．

　①細胞を脱共役剤で処理すると，Parkin は膜電位の低下したミトコンドリアに移行する．

　②その際に PINK1 が Parkin をリン酸化することにより Parkin を活性化する．

　③膜電位の低下した損傷ミトコンドリアはユビキチン化され，オートファジーの発動（マイトファジー）によって分解される．

❶ PARK2/PARK6：PINK1/Parkin によるマイトファジーの発動メカニズム

　脱共役剤の CCCP（carbonylcyanide *m*-chlorophenylhydrazone）はミトコンドリア膜透過性を亢進させ，プロトン勾配を解消することにより膜電位を失わせる．細胞を CCCP 処理すると，通常は細胞質に存在する Parkin は膜電位低下依存的にミトコンドリアに移行する．この際に Parkin はミトコンドリア上の何を認識して移行するのかは興味深い点であるが，PINK1 のミトコンドリア外膜での蓄積は指標の1つである．すなわち，PINK1 ノックアウトマウス由来の MEF（mouse embryonic fibroblast）細胞に Parkin を導入して，CCCP 処理しても，Parkin はほとんどミトコンドリアに移行しない．しかし，PINK1 を補うことにより，Parkin のミトコンドリアへの移行が回復した．その後の詳細な検討により，PINK1 はミトコンドリア膜電位の低下を察知し，Parkin に先んじてミトコンドリア表面に局在し，そのリン酸化活性を発揮して Parkin をリン酸化することにより活性型に変換し，ミトコンドリアにリクルートすることによりマイトファジーを誘導することがわかった．実際，PINK1 の変異はキナーゼドメインに集中している．

❷ PARK2/PARK6：マイトファジーの破綻と異常ミトコンドリアの蓄積

　Parkin は自己をユビキチン化する活性をもつが，ミトコンドリアに移行することによりこのリガーゼ活性を発揮する[9]．このことからミトコンドリア上にも基質が存在することが推測され，候補として VDAC1[10]や Mitofusin[11]がすでに報告されている．Parkin が移行したミトコンドリアを長期観察するとしだいに消退していくが，オートファジーの欠損した細胞ではミトコンドリアのクリアランスが滞る．このことからオートファジーによるミトコンドリアのクリアランス（マイトファジー）の関与が指摘されている[12]（図17-1）．このように，細胞内には損傷ミトコンドリアの分解機構が備わっているが，PINK1 や Parkin の変異によ

17

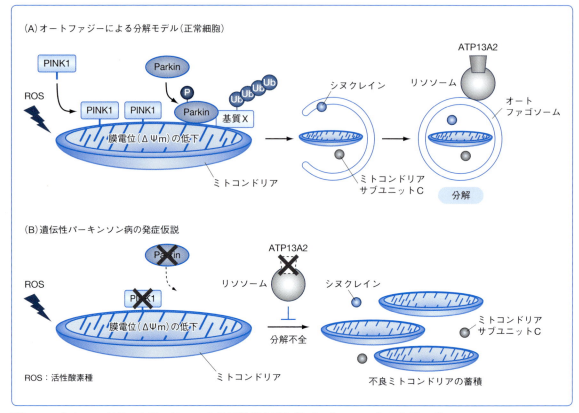

図17-1　ミトコンドリアクリアランスの分子機構と遺伝性パーキンソン病の病態モデル

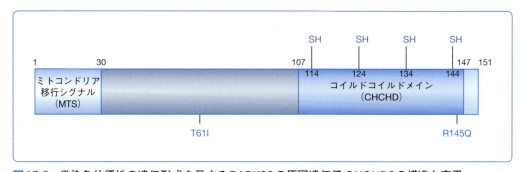

図17-2　常染色体優性の遺伝形式を呈するPARK22の原因遺伝子CHCHD2の構造と変異

る機能不全はマイトファジーの破綻をきたし，異常ミトコンドリアの蓄積は細胞死を引き起こす．一方で，PINK1やParkinの補足的な機能としてミトコンドリア呼吸能に影響を与えるため[13]，PINK1とParkinの変異バリエーションによっては異常ミトコンドリアの産生が促進され，さらにマイトファジー誘導不全が合併すると細胞死を加速し，パーキンソン病の若年発症を惹起することが推測される．

❸ PARK22

　遺伝性パーキンソン病の原因遺伝子として*CHCHD2*遺伝子変異〔61番目のスレオニン残基のイソロイシン残基への変異（T61I），145番目のアルギニン残基のグルタミン残基への変

異（R145Q）〕が常染色体優性遺伝形式を呈するわが国の4家系から同定された[14]. CHCHD2は151個のアミノ酸残基からなるタンパク質で，N末端にミトコンドリア移行シグナル（MTS），C末端にコイルドコイルドメイン coiled-coil domain（CHCHD）という構造モチーフを有する（図17-2）. 詳細にミトコンドリア内の局在を検討したところ，ミトコンドリア膜間腔への局在が示唆された. CHCHD2ノックアウトショウジョウバエの解析にて異常ミトコンドリアの蓄積を認め，ミトコンドリア内膜の構造維持に重要であることがわかった[15]. 分裂増殖機能をもたない神経細胞にとって，異常ミトコンドリアのクリアランス機構は存続のために非常に重要である.

17-4 パーキンソン病とLewy小体

　アルツハイマー病，パーキンソン病，ハンチントン病，筋萎縮性側索硬化症に代表される神経変性疾患では，封入体とよばれる不溶性タンパク質の凝集体を生じることが病理学的な特徴となっている. 封入体の形成機構はいまだに謎が多く，封入体形成と細胞障害の因果関係は解決すべき課題の1つである. パーキンソン病も例外ではなく，1997年，家族性パーキンソン病の原因遺伝子として synuclein の A53T 変異が同定された[4]. synuclein 変異の頻度はまれなものであったが，一方で，synuclein が Lewy 小体の構成成分であることが判明したことから，封入体研究の中心に躍り出ることとなった. ときを同じくしてタンパク質分解研究の発展は封入体研究にも大きな影響を与えた.

　Lewy 小体は，ヘマトキシリン・エオジン染色（HE 染色）で神経細胞の胞体内あるいは突起内に認められる好酸性の core と周囲の明瞭な halo からなる構造がみられる封入体である. 進行したパーキンソン病では神経細胞脱落は黒質に限局するばかりではなく，青斑核，迷走神経背側核，マイネルト核にも及び，同部位は必須であるが，その他の中枢神経系および末梢自律神経に広範囲に分布するとされている. 典型的な Lewy 小体の中心部分には脂質が存在し，それを取り囲むようにユビキチンと synuclein が存在する. synuclein は二次構造をもたないタンパク質であるが，病的代謝によりクロス β 構造からなる fibril 形成に至って，封入体を形成すると考えられている. また，その中間形の構造（protofibril）をとることも明らかになり，中間体は強い毒性を示すことから，おもに細胞毒性に関与するのは protofibril 中間体であって，封入体に至っては細胞保護的にはたらくのではないかという議論が巻き起こるきっかけとなった.

　パーキンソニズムも認知症も認められないが，剖検により Lewy 小体が認められた例を incidental Lewy body disease とよぶ. これは発症前の集団であり，発症以前から細胞内で凝集変化が起こっていることがわかった. Braak らがパーキンソン病における Lewy 小体の進展様式を報告したのが2003年であるが，それは延髄と嗅球に始まり，延髄の病変は脳幹を上行し大脳に展開するというものであり，Braak 仮説とよばれる[16]. 1950年代に中脳黒質における神経細胞脱落と Lewy 小体の出現がパーキンソン病の責任病巣であることが発見されて以来，パーキンソン病の病変は黒質に始まると考えられていたため，Braak 仮説は驚きをもって迎えられた. その後，複数の同様な報告があり，パーキンソン病の病期を表すスタンダードとして国際的に認知されるようになった.

17

17-5　オートファジー-リソソーム系と封入体形成

　封入体の多くはユビキチン陽性を示し，それらの周囲にオートファゴソームやオートリソソーム様の膜構造物が散見される．このことはユビキチン-プロテアソーム系 ubiquitin-proteasome system（UPS）とオートファジー-リソソーム系の関与を暗示させるものである．

　オートファジーの特性として栄養飢餓の状態で誘導されるという特性があるが，脳においてはその作用機序が他の臓器と異なる．多大なエネルギーを消費し，他の臓器に比べてその栄養供給が優先されるべき状況を考えれば利にかなっているのかもしれないが，エネルギー供給という意味での脳におけるオートファジーの役割は小さい．しかしその役割は長期にわたり発揮されるようである．すなわち，脳内では最低限（基底レベル）のオートファジーが掃除役（ハウスキーピング）としてはたらいている．神経変性疾患にみられる封入体形成には長期の時間を有するが，このようなオートファジーの機能不全によって封入体が形成されることが明らかになってきた．

　脳特異的にオートファジーの構成因子である Atg7 をノックダウンすると，ユビキチンと p62 陽性の凝集体が観察される[17]．p62 は Lewy 小体にも含まれるため，オートファジーが封入体形成に寄与していることを示唆している．Lewy 小体のおもな構成成分である synuclein の分解についてはオートファジー-リソソーム系あるいはプロテアソームを介するのかは議論の分かれるところである．しかも，synuclein の変異の有無でも異なる．しかし，最近の傾向としてはオートファジー-リソソーム系による分解経路が優勢である．現在，筆者らはドーパミン神経細胞特異的にオートファジーを欠損した実験系で synuclein の蓄積を観察しているが，同様な傾向にある．一方，syunuclein の過剰発現や Lewy 小体の形成がオートファジーを阻害するとの知見もあり，そのような細胞では synuclein の蓄積が亢進し，悪循環に陥ることが推測される．

　一方で，オートファジー-リソソーム系の最終段階であるリソソーム障害も synuclein の代謝に影響を与える．リソソームに含まれる代表的な加水分解酵素の1つにカテプシン cathepsin があるが，カテプシン D は synuclein の分解において主要な役割を担っている．カテプシン D ノックアウトマウスでは，オートファゴソームと finger-print 様の膜構造体が細胞質に貯留[18]するとともに，synuclein の蓄積が観察される[19]．近年，リソソームに局在する ATP13A2 が遺伝性パーキンソン病 PARK9 の原因遺伝子産物であることが明らかとなり，機能解析が進んでいる．オートファジー-リソソーム系の障害がパーキンソン病の原因になる例として興味深い．

17-6　遺伝性パーキンソン病とリソソームの破綻

　遺伝性パーキンソン病の原因遺伝子がつぎつぎと発見され，とくに常染色体劣性の遺伝形式を呈する遺伝性パーキンソン病については先にあげた Parkin（PARK2）や PINK1（PARK6）を筆頭に，それらのコードするタンパク質の本来の機能が明らかになってきた．そのような疾患の1つに PARK9 も含まれる．

❶ PARK9

PARK9の家系は，常染色体劣性を呈する L-dopa が有効な若年発症パーキンソニズムに，核上性眼球運動障害，錐体路障害，認知症を併発する特徴をもち，古くからヨルダンやチリの一部の地域では Kufor-Rakeb syndrome（KRS）という病名で知られていた原因不明の疾患群であった．2006年，これらの疾患群の原因遺伝子として *ATP13A2* が同定され[20]，病態の解析が急速に進展した．メダカやマウスなどのモデル動物による解析も相次いで報告され，遺伝性パーキンソン病のなかで最も解明の進んでいる領域の1つである．

1）わが国のPARK9家系

ATP13A2 の変異の頻度はまれではあるが，わが国にも PARK9家系は存在する．117例の若年発症パーキンソン病の患者検体から抽出した DNA についてハプロタイプ解析を行い，ハプロタイプ解析により PARK9の領域にホモ接合性 homozygosity を認める28症例につき，29エクソンの全領域について直接シークエンスを行ったところ，新規の182番目のフェニルアラニン残基のロイシン残基への変異（F182L 変異）をホモに有する家系を発見した[21]．

遺伝子同定当時，このタンパク質はリソソームに局在すること，中脳に強く発現することがわかっているものの，その機能についてはほとんどが謎であった．筆者らの解析によると，遺伝子の変異によって2種類の局在を呈することがわかってきた．すなわち，変異の導入により小胞体（ER）にとどまるタイプと，変異を加えてもリソソームに局在するタイプからなる．わが国での F182L 変異体は ER にとどまるタイプの変異であった．常染色体劣性の遺伝形式を呈することから，病態としては loss of function が推測されるが，本来，作用する場所であるリソソームに局在できないことにより，もともとの機能が果たせないことが推測される．

2）ATP13A2の機能解析

メダカはヒトの *ATP13A2* に相当する唯一の相同遺伝子を有する．京都大学の高橋 淳らとの共同研究により，病的変異（エクソン13の欠損）を有するノックダウンメダカを解析したところ，ATP13A2ホモ変異を有するメダカでは1年の経過でドーパミン神経細胞の細胞死と膜様構造を有する異常なリソソームが観察された[22]．脳特異的に ATP13A2を欠損するコンディショナルノックアウトマウスの解析では，高齢化に伴い運動機能障害を呈した．リソソームの詳細な観察によると，電子顕微鏡で finger print とよばれる膜様構造が明確となり，一部にドーパミン神経細胞の細胞死が観察された．機能的には，リソソームの代表的な分解酵素であるカテプシン D の活性低下をメダカ同様に認めた．以上のことから，ATP13A2はリソソーム膜に局在する ATPase であり，リソソームの機能維持に重要なはたらきをしていることが *in vivo* でも確認された．さらなる病理学的検討により，脳内に synuclein やミトコンドリアの構成成分であるサブユニット C が顕著に蓄積していることを見いだした．これらの病理所見はリソソーム蓄積症で確認されるものであることから，リソソーム機能不全が遺伝性パーキンソン病とリソソーム蓄積症の両者の病態に関与している可能性がある．ノックアウトマウスについての解析は，P. J. Schultheis[23]，L. R. Kett[24]，S. Sato[25]らの報告があるが，リソソーム蓄積に類似の病態を呈するのは共通した知見である．

ATP13A2はリソソーム膜に局在する ATPase であることから，機能として pH 調整に関与することが推測される．また，*in vitro* の実験からは亜鉛やマンガンなどの金属イオン代謝に関与することが指摘されている[26]．患者由来の線維芽細胞には synuclein が蓄積してお

17

り，カテプシン D の活性低下が synuclein の分解に重要であることを示唆している[27]．筆者らの研究結果やこれまでの報告を総合すると，ATP13A2欠損はリソームの機能不全を引き起こし，synuclein やミトコンドリア関連タンパク質の蓄積をもたらす．

❷ WDR45

一方，PARK9と同様に純粋なパーキンソン病とは異なるが，脳に鉄沈着を伴う神経変性疾患の一型で，ジストニア，パーキンソニズム，認知症を呈する SENDA（static encephalopathy of childhood with neurodegeneration in adulthood）の原因遺伝子として WDR45 が単離された．WDR45 は出芽酵母 Atg18 のヒトホモログ WIPI4 をコードする．患者のリンパ芽球ではオートファジー活性が低下しており，オートファジーに必須である遺伝子の変異が神経変性疾患を引き起こす例として興味深い[28]．これまでの知見を俯瞰的に眺めてみると，マイトファジーの誘導から最終段階のリソームでの分解まで多岐にわたるオートファジーの破綻がパーキンソン病を含めた神経変性疾患の病態に関与している．

おわりに

本章では，パーキンソン病に関連した病態研究を，ミトコンドリアの分解と封入体形成に着目し解説した．昨今，常染色体劣性遺伝形式を呈する若年発症遺伝性パーキンソン病の病態の一端が明らかになりつつあり，PARK2，PARK6，PARK9を含め，早期発症の原因としてオートファジー‐リソーム系の障害が浮かび上がってきた．同時に，封入体はプロテアソームやオートファジーを阻害するという知見も集積しつつある．しかし，封入体形成と細胞障害の因果関係の解明には，もうしばらく時間を要しそうである．一方で，凝集体の形成阻害，オートファジーの活性化などの手法により，治療に向けた動きもある．一刻も早い全容解明に向け，今後の研究に期待したい．

文　献 ･････

1) Langston JW, et al.：Science, 219：979-980, 1983.
2) Mizuno Y, et al.：J Neurochem, 48：1787-1793, 1987.
3) Schapira AH, et al.：Lancet, 333：1269, 1989.
4) Polymeropoulos MH, et al.：Science, 276：2045-2047, 1997.
5) Kitada T, et al.：Nature, 392：605-608, 1998.
6) Park J, et al.：Nature, 441：1157-1161, 2006.
7) Clark IE, et al.：Nature, 441：1162-1166, 2006.
8) Narendra D, et al.：J Cell Biol, 183：795-803, 2008.
9) Matsuda N, et al.：J Cell Biol, 189：211-221, 2010.
10) Geisler S, et al.：Nat Cell Biol, 12：119-131, 2010.
11) Gegg ME, et al.：Hum Mol Genet, 19：4861-4870, 2010.
12) Kawajiri S, et al.：FEBS Lett, 584：1073-1079, 2010.
13) Amo T, et al.：Neurobiol Dis, 41：111-118, 2011.
14) Funayama M, et al.：Lancet Neurol, 14：274-282, 2015.
15) Meng H, et al.：Nat Commun, 8：15500, 2017.
16) Braak H, et al.：Neurobiol Aging, 24：197-211, 2003.
17) Komatsu M, et al.：Nature, 441：880-884, 2006.

18) Koike M, et al.: J Neurosci, 20: 6898-6906, 2000.

19) Qiao L, et al.: Mol Brain, 1: 17, 2008.

20) Ramirez A, et al.: Nat Genet, 38: 1184-1191, 2006.

21) Ning YP, et al.: Neurology, 70: 1491-1493, 2008.

22) Matsui H, et al.: FEBS Lett, 587: 1316-1325, 2013.

23) Schultheis PJ, et al.: Hum Mol Genet, 22: 2067-2082, 2013.

24) Kett LR, et al.: J Neurosci, 35: 5724-5742, 2015.

25) Sato S, et al.: Am J Pathol, 186: 3074-3082, 2016.

26) Park JS, et al.: Hum Mol Genet, 23: 2802-2815, 2014.

27) Cullen V, et al.: Mol Brain, 2: 5, 2009.

28) Saitsu H, et al.: Nat Genet, 45: 445-449, 2013.

17

18 オートファジーと癌

川端　剛・吉森　保

SUMMARY

オートファジーは正常細胞の恒常性を維持して発癌を防ぐ．しかし，いったん腫瘍が形成されると，オートファジーは癌微小環境のなかで癌細胞が受ける代謝ストレスを緩和し，また，癌細胞の高い代謝要求性を満たすため，その生存に有利にはたらく．この二面性がオートファジーの癌研究を複雑にしている．後者の癌細胞の特徴をターゲットとしたオートファジー阻害薬が開発され，臨床試験で効果が検証されている．しかし，モデル動物を用いた実験により，オートファジー阻害の効果は癌の状況により変化することを示す知見が得られており，その基本的なメカニズムの解明が急務となっている．本章では，近年，発展の著しいオートファジーの癌生物学について，諸刃の剣にたとえられる二面性とオートファジー阻害薬の応用に焦点を当てて概説する．

KEYWORD
- 代謝ストレス
- 組織特異的ノックアウト
- ヒドロキシクロロキン(HCQ)

はじめに

　近年の爆発的なオートファジー研究の発展により，オートファジーがさまざまな疾患に対する防御機構として機能することがわかってきた．これらは神経変性疾患や糖尿病など多岐にわたるが，そのなかでも特殊な位置づけとなるのが癌である．これはオートファジーが正常細胞の恒常性維持に必要とされるのみならず，癌細胞の代謝要求性を満たし，その生存に有利にはたらくためである．とくに癌細胞は，癌微小環境のなかで代謝ストレスに曝されており，正常細胞よりもその生存にオートファジーが必要となる傾向がある．これら癌細胞の特徴に着目した短期的なオートファジーの阻害が，癌を効率的に除去する手段として期待されている．

　また，同時に，オートファジーはさまざまなかたちで正常細胞の恒常性の維持にかかわり，その欠損は発癌を促進する要因となりうる．実際，オートファジーを欠損したマウスでは高頻度で腫瘍が形成される．これら発癌の抑制と癌細胞の生存維持における役割という二面性がオートファジーの癌研究を複雑にしている（図18-1）．

　さらに，近年の研究により，癌の種類によっては，かならずしもオートファジーの阻害が有効な手段とはならず，むしろ逆に癌の進行を促進する可能性が指摘されている．加えて，癌細胞そのものの解析が重要なのはもちろん，癌微小環境に含まれる周りの細胞のオートファジーの状態を考慮する必要がある．これは，周りの腫瘍間質の細胞から分泌される代謝産物がしばしば癌細胞の生存に使われ，かつ，これら間質細胞からの代謝産物の供給に間質細胞のオートファジーが必要とされるためである．

　このように，オートファジーの癌生物学では状況によってオートファジーの役割が大きく

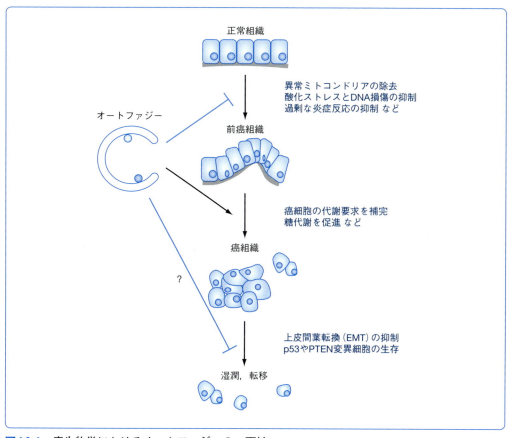

図18-1　癌生物学におけるオートファジーの二面性

オートファジーは正常組織の細胞の恒常性を維持し，異常ミトコンドリアの蓄積やDNA損傷を抑制して発癌を防ぐが，いったん癌が生じるとその代謝要求性を満たすなどして腫瘍形成に有利にはたらく．この後者の特徴を逆手にとり，オートファジー阻害薬を抗癌剤として利用する臨床試験が多数行われている．しかし，癌細胞におけるオートファジーの役割はp53およびPTEN変異の影響を受けるなど，状況により変化するため注意を要する（詳細については本文中で後述する）．

18

変化するため，その応用には基礎的なメカニズムの理解が欠かせない．本章ではまず，オートファジーの発癌抑制における役割から説明し，つづいて癌細胞の生存における役割と，オートファジー阻害薬の抗癌剤としての応用について概説する．

◤ KEYWORD解説 ◢

- **代謝ストレス**：癌微小環境では，癌細胞の秩序を無視した増殖により血管網が十分に形成されず，とくに腫瘍の中心部の細胞は酸素やグルコースなど生存に必須となる成分が十分に届かないストレス状態に陥る．それに伴い，生命現象を維持するための ATP が確保できなくなると細胞死が誘導される．

- **組織特異的ノックアウト**：2つの同方向の *loxP* という 34 bp の配列に挟まれた領域は，Cre リコンビナーゼという酵素によって除去される．さまざまな組織特異的なプロモーターから Cre リコンビナーゼを発現させて遺伝子破壊することで，特定の組織に標的をしぼった遺伝子の機能を解析できる．

- **ヒドロキシクロロキン** hydroxychloroquine (**HCQ**)：抗マラリア薬のクロロキンの類縁体．リソソームに蓄積して pH を上昇させ，リソソーム機能を阻害する．オートファジー阻害剤として利用される．全身性エリテマトーデスの治療薬としても知られる．

18-1　癌抑制遺伝子としてのオートファジー遺伝子

　オートファジーは複数の複合体による段階的な反応により進行する（**図18-2**．詳細については**第4章**を参照されたい）．ホスファチジルイノシトール3-キナーゼ phosphatidylinositol 3-kinase〔PI3キナーゼ（PI3K）〕複合体は，オートファジーの隔離膜形成に必要な他の ATG タンパク質のオートファゴソーム形成部位への集積に必要であるホスファチジルイノシトール3-リン酸 phosphatidylinositol 3-phosphate（PI3P）を生成する．その構成因子の1つ，酵母 Atg6のホモログ Beclin 1をコードするヒト *beclin 1*（*BECN 1*）遺伝子が B. Levine らのグループにより同定された[1]．この *beclin 1* 遺伝子の片アリルの欠損が多くの孤発性の乳癌患者にみられたため，オートファジーの癌抑制因子としての機能が注目された．

　beclin 1 遺伝子は家族性乳癌の原因遺伝子の1つ，*BRCA 1* 遺伝子の近傍に位置しており，のちの解析により，*BRCA 1* 遺伝子と独立した *beclin 1* 遺伝子の変異は癌ゲノムにみられないことが報告された[2]．しかし，その発現プロファイリングからは *beclin 1* の独立した癌抑制遺伝子としての役割が示されている[3]．*Becn 1* の片アリル欠損マウス（両アリルとも欠損するマウスは胎性致死となる）ではオートファジーの低下がみられ，さらに，高頻度で自然発癌がみられた[4, 5]．これらの結果は PI3K 複合体の発癌抑制における役割を示唆するが，PI3K 複合体はオートファジー以外にもエンドサイトーシスなど，他の現象も制御するため，これら他の機能低下が発癌につながっている可能性があった．

　Atg5 および Atg7は，オートファゴソーム形成に必要な LC3タンパク質のホスファチジルエタノールアミン（PE）修飾を促進する複合体に含まれる（**図18-2**）．これらのホモ欠損ノックアウトマウスは生後まもなく致死となるが，*Atg5* をモザイク状に欠損したマウスは成体まで生存し，高頻度で肝臓に腫瘍が形成された[6]．また，腫瘍に由来する細胞は両アリルの *Atg5* 遺伝子を欠損していたため，これは細胞自律的な現象と考えられる．肝臓特異的に *Atg5* を欠損したマウスでも同様に高頻度で肝障害および腫瘍がみられた[6, 7]．全身でモザイ

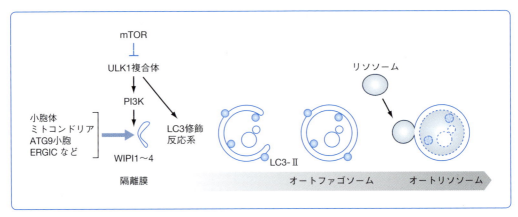

図18-2　オートファジーの分子機構
オートファジーは隔離膜の形成から内容物の取り込み，隔離膜の末端のシーリング（オートファゴソームの形成）につづいて，加水分解酵素を含むリソソームとの融合による内容物の分解と段階的に進行する．細胞が飢餓に曝されると，mTOR複合体によるULK1複合体の抑制がはずれ，その下流のPI3K複合体などが隔離膜形成部位に集積してオートファゴソーム形成が進む．隔離膜の材料の供給には小胞体，ミトコンドリア，ATG9小胞など多数の因子がかかわっている．Atg8ホモログであるLC3タンパク質は，Atg5およびAtg7などを含む複合体により翻訳後修飾を受けて隔離膜に集積し，その後の反応を促進する．分子機構の詳細については**第4章**を参照されたい．

ク状に *Atg5* を欠損したマウスの結果にみられるように，オートファジーの発癌抑制における役割は肝臓でとくに顕著にみられる．しかし，各組織特異的にオートファジー遺伝子をノックアウトしたマウスを用いた研究により，肝臓のほかにも，膵臓，肺などでもオートファジーが腫瘍の形成を抑制する証拠が得られている[8~10]．前立腺や乳腺におけるオートファジーの欠損では顕著な発癌の促進がみられないケースも報告されているため，組織もしくはモデル実験系によりオートファジーの腫瘍形成抑制における寄与の多寡は異なると予測される[11, 12]．

これら各種オートファジー欠損組織から得られた腫瘍の病理解析より，異常ミトコンドリアおよびタンパク質凝集体の蓄積，酸化ストレスの上昇，DNA 損傷マーカー陽性細胞の増加，炎症反応の上昇がみられ，オートファジーはこれらの現象を抑制することで発癌を抑制すると予想される[6, 7, 13, 14]．また，オートファジーは中心体タンパク質の分解を介して染色体分配の正確性を担保しているようである[15]．これは *becn 1*$^{+/-}$ 細胞で染色体異常がみられることに一致する[16]．さらに，オートファジーは核ラミナの分解を介して癌遺伝子の発現により誘導される細胞老化を促進するなど，癌化を抑制する機構とオートファジーの関与が多く報告されている[17]．これら個々の因子の相互作用については今後の検討が待たれるが，現在のところ p62 タンパク質の蓄積とタンパク質凝集体の形成が鍵となる現象として注目され，解析が進んでいる．

Sqstm 1 遺伝子にコードされる p62 タンパク質はオートファジーにより分解される基質として知られ，オートファジー欠損細胞および欠損マウス組織に蓄積がみられる[13, 14, 18]．*Atg 7* もしくは *Atg 5* ノックアウトマウスの肝臓にみられるユビキチン陽性の凝集体は，*Sqstm 1* 遺伝子のホモ変異によりみられなくなる[14, 18]．さらに，*Atg 7* の欠損により生じる肝硬変および肝癌が p62 の欠損により顕著に抑制されるため，p62 タンパク質の蓄積がオートファジー不全により引き起こされる発癌の原因として注目されている[14, 18]．通常，酸化ストレス応答にかかわる転写因子 Nrf2 は Culin 3 E3 リガーゼである Keap1 タンパク質により恒常的にユビキチン化を受け，プロテアソームにより分解されている．しかし，オートファジー欠損細胞では蓄積した p62 が競合して Keap1 に結合するため，Nrf2 タンパク質がプロテアソームによる分解を免れる．結果として核内に移行した Nrf2 が酸化ストレス応答遺伝子群の転写を上昇させ，癌細胞の生存を促進する[19]（**図18-3**）．*Atg 7* ノックアウトマウスの肝臓に限らず，p62 の蓄積もしくは Nrf2 の機能異常が肺癌や乳癌などさまざまな癌の進行に関与する報告があり，病理学的に重要なターゲットとなっている[20~22]．しかし，その応用には，正常細胞で p62 がさまざまな経路を介して細胞内恒常性の維持にかかわっている点に留意する必要がある（詳細については**第10章**を参照されたい）．

18-2　癌の進行とオートファジー

注目すべき点として，これら *Atg5* もしくは *Atg7* などオートファジーに必須の遺伝子を不可逆的に欠損した肝臓でみられる腫瘍は良性腫瘍であり，浸潤を伴うグレードの高い癌には進行しない[6]．これは，後述のとおり癌細胞の生存に対するオートファジーへの依存性が癌の進行の障害となるためと考えられる．*becn 1* の片アリル欠損マウスではオートファジーが完全には欠損していないために後期の癌までみられると予想される[10]．オートファジー

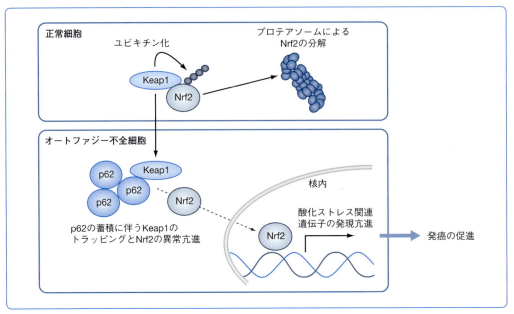

図18-3　オートファジーの欠損に伴うp62の蓄積とNrf2経路の異常亢進
通常，Nrf2はKeap1依存的にユビキチン化されてプロテアソームにより分解されている．しかし，*Atg5*や*Atg7*欠損細胞など，オートファジー不全の細胞ではp62が蓄積してKeap1がトラップされるため，結合していないフリーのNrf2が分解を免れるとともに核内に移行し，転写因子として癌細胞の生存に有利となる酸化ストレス関連遺伝子の転写を上昇させる．

の欠損により生じた肝臓の腫瘍のみならず，変異 *Kras* などの癌遺伝子の発現により誘導された肝癌，膵臓癌，肺癌，乳癌，大腸癌などのさまざまな癌においても，オートファジーの欠損が癌の進行を遅らせる結果が観察されている[8~12, 18, 23, 24]．また，タモキシフェン tamoxifen 誘導性の Cre リコンビナーゼを利用して腫瘍が生じたのちに *Atg7* をノックアウトしても，生じた腫瘍のサイズが顕著に縮小するため[25]，オートファジーの阻害はすでに形成された悪性腫瘍に対する方策になりうると考えられる．また，オートファジーの正の制御因子である TFEB を含む MiT/TFE ファミリータンパク質の異常亢進が癌を促進することが知られている[26]．これら一連の証拠はオートファジー阻害薬を抗癌剤として利用する論理的根拠となる．一方，オートファジーの阻害が癌細胞の除去に顕著な効果を示さない例も報告されており[27]，全貌の解明にはまだ道半ばである点に留意されたい．

　これらをふまえたうえで，オートファジーの阻害が悪性腫瘍の形成を抑制する要因は何であろうか．まず，癌細胞の代謝の変化に伴う代謝要求性に加え，癌細胞がその異常増殖に伴って低栄養・低酸素条件に置かれるため，高い基底オートファジーがその生存に有利となることがあげられる．これらはとくに *Kras* 変異をもつ膵臓癌などに代表される癌にみられ，しばしばオートファジー依存状態にあると表現される[28]．また，オートファジーは癌細胞の生存に有利となる糖代謝の促進に必要である[29]．オートファジー不全細胞では異常ミトコンドリアが蓄積しており，それが癌細胞のオートファジー依存性の要因の1つと予想されていたが，オートファジーを欠損した *Kras*^{G12D} 誘導性の肺癌組織ではミトコンドリア機能に影響を与えるようなミトコンドリア DNA の変異はほとんど観察されず，それよりもオートファジーによるミトコンドリアへのグルタミンなどの代謝産物の供給の低下が大きく寄与す

ると考えられる[30].

オートファジーと癌の進行の関係を理解するには，癌細胞そのものに限らず，癌細胞を取り囲む周りの間質細胞を含んだ癌微小環境を考慮しなくてはならない．これら間質細胞は，成長因子や代謝産物など癌細胞の生存に有利となる因子を分泌することが明らかとなっているが，これらの供給には間質の細胞のオートファジーが必要であることを示す研究結果が近年たてつづけに報告されている[31, 32]．また，癌の再発の原因となる，癌細胞を除去したのちに残る細胞（おそらくは癌幹細胞など）の生存にオートファジーが必要とされることを示す実験結果が報告されている[33]．これは，造血幹細胞をはじめとした幹細胞の維持にオートファジーが必要とされることに一致する[34]．さらには，腸上皮特異的 *Atg7* ノックアウトに伴う腸内細菌叢の変化と免疫細胞の浸潤が大腸癌の抑制に寄与する[24]．このように，癌の進行におけるオートファジーの役割は複合的であり，これらを総合的に考慮した実験結果の解釈が必要である．

18-3 抗癌剤としてのオートファジー阻害剤

オートファジー阻害剤が多くの臨床試験で検討され，一部では良好な結果が報告されている．その大部分は，すでに抗マラリア薬として利用されてきたクロロキン chloroquine（CQ）とその類縁体であるヒドロキシクロロキン hydroxychloroquine（HCQ）である（2017年現在，HCQ を含むフェーズ II の臨床試験のリストを表18-1に示す）．CQ および HCQ はリソソームに蓄積し，その pH を上げて機能を阻害する，つまり，リソソーム阻害剤である[35]．リソソームはオートファジー以外にもさまざまな機能をもっているため，HCQ を用いた臨床試験の結果の要因をオートファジーの阻害に求めるか否か，慎重な解釈が求められる．実際，オートファジーに依存しない HCQ の抗癌作用を示す報告もある[27]．

リソソームは細胞内分解系の終点として機能し，オートファジーのみならず細胞外や細胞膜からエンドサイトーシスにより取り込まれた因子を分解するためにも必要である．また，多くの臨床試験で HCQ は他の抗癌剤と併用されて効果を検討されているが，それらのなかにはチロシンキナーゼ阻害剤のイマチニブ imatinib など，リソソームに蓄積するものもある（表18-1）．つまり，HCQ によるリソソーム機能の低下は抗癌剤のリソソーム局在を低下させ，抗癌剤としての効果を高める可能性がある[36]．また，リソソームは障害を受けた細胞膜の修復にも関与する[37]．HCQ が効果を発揮する主要因を明らかにして効率的に癌細胞を除去するとともに，リソソーム阻害剤の副作用を軽減する方策を開発するために，オートファジー特異的阻害剤の開発とその臨床応用が必要とされている．

18-4 オートファジー阻害剤の応用と問題点

抗癌剤としてのオートファジー阻害剤の応用に際して考慮が求められる点として，まず，オートファジーが根本的に細胞内恒常性維持に必要であり，正常細胞にも影響が出る可能性が懸念される．すでに述べたとおりオートファジーは発癌を抑えるはたらきがあるため，長

18

表18-1　ヒドロキシクロロキン（HCQ）を含むフェーズII臨床試験のリスト

	がんの種類	NCT番号	オートファジー阻害薬	併用する方策
1	膵臓癌	NCT01273805	HCQ	—
2	前立腺癌	NCT00726596	HCQ	—
3	膵臓癌	NCT00786682	HCQ	ドセタキセル
4	前立腺癌	NCT01494155	HCQ	カペシタビン 放射線治療
5	肝細胞癌	NCT03037437	HCQ	ソラフェニブ
6	前立腺癌	NCT01828476	HCQ	アビラテロン ABT-263
7	結腸直腸癌	NCT01006369	HCQ	ベバシズマブ
8	結腸直腸癌	NCT02316340	HCQ	ボリノスタット レゴラフェニブ
9	非小細胞性肺癌	NCT01649947	HCQ	パクリタキセル
10	乳癌	NCT03032406	HCQ	エベロリムス
11	乳癌	NCT00765765	HCQ	イキサベピロン
12	小細胞性肺癌	NCT02722369	HCQ	ゲムシタビン カルボプラチン エトポシド
13	肺癌	NCT00728845	HCQ	ベバシズマブ カルボプラチン
14	非小細胞性肺癌	NCT00809237	HCQ	ゲフィチニブ
15	卵巣上皮癌	NCT03081702	HCQ	イトラコナゾール
16	膵臓癌	NCT01978184	HCQ	ゲムシタビン パクリタキセル
17	乳癌	NCT01292408	HCQ	—
18	直腸癌，結腸癌，腺癌（転移性）	NCT01206530	HCQ	オキサリプラチン ロイコボリン フルオロウラシル ベバシズマブ
19	膵臓癌	NCT01128296	HCQ	ゲムシタビン
20	非小細胞性肺癌	NCT00977470	HCQ	エルロチニブ
21	進行性腺癌，腺癌（転移性）	NCT01506973	HCQ	ゲムシタビン
22	脳腫瘍	NCT00486603	HCQ	テモゾロミド
23	多発性骨髄腫，形質細胞腫	NCT00568880	HCQ	ボルテゾミブ
24	肉腫	NCT01842594	HCQ	シロリムス
25	白血病	NCT01227135	HCQ	イマチニブ
26	神経膠芽腫	NCT01602588	HCQ	放射線治療
27	慢性リンパ球性白血病	NCT00771056	HCQ	—
28	転移性腎細胞癌	NCT01550367	HCQ	IL-2
29	進行性 BRAF 変異メラノーマ	NCT02257424	HCQ	トラメニチブ
30	転移性腎明細胞癌	NCT01510119	HCQ	エベロリムス
31	肝細胞癌	NCT02013778	HCQ	

出典：NIH U. S. National Library of Medicineの公開情報よりHCQを使用したフェーズII試験を抜粋（https://clinicaltrials.gov/）

期間に及ぶオートファジー阻害はリスクを伴う．また，オートファジーは Snail タンパク質の分解を介して癌の浸潤と転移に重要な役割を果たす上皮間葉転換 epithelial-mesenchymal transition（EMT）を抑制するため，その阻害が癌の転移を促進する危険がある[38, 39].

　さらに，すべての癌細胞においてオートファジーがその生存に有利にはたらくとは限らない点が大切である．*Atg7*を膵臓特異的に欠損したマウスは変異 *Kras* 誘導性の膵臓癌が高頻度でみられるが，それらは良性腫瘍の膵上皮内腫瘍 pancreatic intraepithelial neoplasia（PanIN）にとどまる．しかし，p53を欠損した遺伝学的背景では，*Atg7* もしくは *Atg5* の欠損による悪性腫瘍化の阻害はみられず，逆に生存率が低下する[9]．加えて，p53欠損条件下ではすでに述べたオートファジー阻害剤である CQ が膵臓癌の進行を促進させる．

　では，なぜp53欠損下ではオートファジーの欠損が癌細胞の生存に不利にならないのであろうか．p53欠損下では，*Atg7*の欠損はグルコースの取り込みおよび消費が上昇しており，オートファジーの要求性がバイパスされるためと予想される[9]．通常，オートファジーの欠損が糖代謝の抑制につながるにもかかわらず，p53欠損下では逆の効果がみられるようになる理由は定かではない．*Braf*^*V600E* 変異により誘導される肺癌では，p53欠損下であっても *Atg7*^−/− による若干の癌抑制効果がみられるため，癌の種類によって影響は異なるようである[10]．*TP53*（p53をコードする）はおおよそ半数の悪性腫瘍においてその変異もしくは機能異常がみられる重要な癌抑制遺伝子である．また，p53は DNA 損傷に応答してオートファジーを誘導するなど両経路には機能的に密接なつながりがある[40, 41]．これより，p53とその関連因子の状態を考慮に入れたオートファジーの役割の理解が求められる．また，p53のみならず多くの癌で変異がみられる *PTEN* についても p53と類似した関係がみられ，変異型 *Kras* により誘導されるマウスの膵臓癌が *Pten*^−/− 条件下においては *Atg7*^−/− により増悪するという報告がある[42]．*Pten*^−/− にみられる前立腺癌はオートファジーのノックアウトにより抑制されるため，組織により影響は異なるようである[11]．

　総じて，オートファジー阻害薬の併用は新しい抗癌剤として有望であるが，オートファジーの機能の多様さゆえ，その応用には，おのおのの状況に応じた基礎的な分子機構の理解が欠かせないといえる．

おわりに

　近年のオートファジーの癌生物学の発展は，*Atg5* や *Atg7* に代表されるオートファジーに必須の遺伝子のモデルマウスの表現型の解析による一連の基礎的な発見によるところが大きい．癌モデルの選択と，各種組織・時期特異的に発現する *Cre/LoxP* システムを用いた *Atg* 遺伝子のノックアウトにより，さまざまな状況におけるオートファジーの役割が明らかとなっている．さらに，解析手法の発展により，癌微小環境や組織間を行き来する各種代謝産物の寄与や，腸内細菌叢の関与まで明らかとなりつつある．

　ヒト癌ゲノムの解析によれば，癌細胞にはほとんどオートファジー遺伝子の変異がみられないようだ[43]．おそらく，前癌状態から悪性腫瘍の形成，さらに浸潤・転移と癌が進行するなかで，オートファジーの役割がめまぐるしく変化するため，不可逆的な遺伝情報の変化によるオートファジーの異常は単純に進行癌にはつながらないという，オートファジーの癌生物学の複雑さを反映しているのであろう．

　今後は，これまでの基礎的な理解をふまえたうえで，肥満などの生活習慣病や加齢など生理学・病理学的に起こりうるオートファジーの変化をターゲットとしたオートファジーの癌生物学が展開すると予想される．一例として，高脂肪食を原因とする脂肪肝と肝機能障害があげられる．高脂肪食を与えたマウス肝ではオートファジーの負の制御因子である Rubicon

タンパク質が蓄積しており，Rubicon を欠損したマウスでは脂肪肝および肝機能障害が顕著に低下するため，Rubicon の蓄積に伴うオートファジーの低下がこのような肝機能障害の原因と考えられる[44, 45]．今後，さらなるオートファジーの分子病態の基礎的な理解が的をしぼった抗癌剤の開発の道しるべになると期待される．

文　献 ･････

1) Liang XH, et al.: Nature, 402: 672-676, 1999.

2) Laddha SV, et al.: Mol Cancer Res, 12: 485-490, 2014.

3) Tang H, et al.: EBioMedicine, 2: 255-263, 2015.

4) Yue Z, et al.: Proc Natl Acad Sci U S A, 100: 15077-15082, 2003.

5) Qu X, et al.: J Clin Invest, 112: 1809-1820, 2003.

6) Takamura A, et al.: Genes Dev, 25: 795-800, 2011.

7) Inami Y, et al.: J Cell Biol, 193: 275-284, 2011.

8) Rao S, et al.: Nat Commun, 5: 3056, 2014.

9) Rosenfeldt MT, et al.: Nature, 504: 296-300, 2013.

10) Strohecker AM, et al.: Cancer Discov, 3: 1272-1285, 2013.

11) Santanam U, et al.: Genes Dev, 30: 399-407, 2016.

12) Wei H, et al.: Genes Dev, 25: 1510-1527, 2011.

13) Mathew R, et al.: Cell, 137: 1062-1075, 2009.

14) Komatsu M, et al.: Cell, 131: 1149-1163, 2007.

15) Watanabe Y, et al.: Nat Commun, 7: 13508, 2016.

16) Mathew R, et al.: Genes Dev, 21: 1367-1381, 2007.

17) Dou Z, et al.: Nature, 527: 105-109, 2015.

18) Takamura A, et al.: Genes Dev, 25: 795-800, 2011.

19) Katsuragi, Y, et al.: Curr Opin Toxicol, 1: 54-61, 2016.

20) Luo RZ, et al.: Onco Targets Ther, 6: 883-888, 2013.

21) Ohta T, et al.: Cancer Res, 68: 1303-1309, 2008.

22) Inoue D, et al.: Cancer Sci, 103: 760-766, 2012.

23) Guo JY, et al.: Genes Dev, 27: 1447-1461, 2013.

24) Lévy J, et al.: Nat Cell Biol, 17: 1062-1073, 2015.

25) Karsli-Uzunbas G, et al.: Cancer Discov, 4: 914-927, 2014.

26) Perera RM, et al.: Nature, 524: 361-365, 2015.

27) Eng CH, et al.: Proc Natl Acad Sci U S A, 113: 182-187, 2016.

28) Guo JY, et al.: Cell, 155: 1216-1219, 2013.

29) Lock R, et al.: Mol Biol Cell, 22: 165-178, 2011.

30) Guo JY, et al.: Genes Dev, 30: 1704-1717, 2016.

31) Sousa CM, et al.: Nature, 536: 479-483, 2016.

32) Katheder NS, et al.: Nature, 541: 417-420, 2017.

33) Viale A, et al.: Nature, 514: 628-632, 2014.

34) Salemi S, et al.: Cell Res, 22: 432-435, 2012.

35) Piao S and Amaravadi RK: Ann N Y Acad Sci, 1371: 45-54, 2016.

36) Fu D, et al.: Nat Chem, 6: 614-622, 2014.

37) Andrews NW, et al.: Trends Cell Biol, 24: 734-742, 2014.

38) Grassi G, et al.: Cell Death Dis, 6: e1880, 2015.

39) Catalano M. et al.: Mol Oncol, 9, 1612-1625, 2015.

40) Crighton D, et al.: Cell, 126: 121-134, 2006.

41) Kenzelmann BD, et al.: Genes Dev, 27: 1016-1031, 2013.

42) Rosenfeldt MT, et al.: Cell Death Differ, 24: 1303-1304, 2017.

43) Lebovitz CB, et al.: Autophagy, 11: 1668-1687, 2015.

44) Matsunaga K, et al.: Nat Cell Biol, 11: 385-396, 2009.

45) Tanaka S, et al.: Hepatology, 64: 1994-2014, 2016.

19 オートファジーと代謝性疾患

藤谷 与士夫・福中 彩子

SUMMARY

オートファジーは栄養素や代謝状態を感知しつつ，細胞内の分解およびリサイクルを担う基本的な生命現象として研究されてきた．このような背景から，オートファジー機構の破綻は，さまざまな代謝性疾患の発症・進展とも関係することが想像される．実際，肝臓，膵β細胞，脂肪細胞など，種々の代謝臓器におけるオートファジー機能の低下，あるいは異常が疾患の発症に関与する可能性が示唆されてきた．今後，これらの異常の分子基盤を明らかにすることにより，疾患発症の解明および新たな治療法の開発につながることが期待される．

KEYWORD

○ GLP-1　　○ ベージュ脂肪細胞　　○ 非アルコール性脂肪性肝疾患（NAFLD）

はじめに

　現在，わが国では，中年期以降の男性において，栄養過剰摂取を背景とした肥満症の増加が著しい．肥満症は，高血圧，糖尿病，非アルコール性肝障害，動脈硬化症など，さまざまな生活習慣病を誘発し，個体の寿命にも大きなインパクトを与えることは想像にかたくない．代謝臓器は，栄養素やエネルギー摂取量の変化を敏感に察知し，その恒常性を維持しようとするが，それが破綻したときに生活習慣病の発症につながるものと考えられる．

　オートファジーは，代謝臓器の恒常性維持にきわめて重要な機能を担うことが明らかになってきた．本章では，代謝臓器のなかでも，とくにオートファジー研究の進展が著しい膵β細胞，脂肪細胞，肝臓の分野について，比較的最近得られた知見に焦点を当てて解説したい．

19-1　膵β細胞におけるオートファジー

　膵β細胞の機能不全および膵β細胞量の低下は，1型糖尿病，2型糖尿病に共通の原因となる．筆者らを含む複数のチームは，膵β細胞におけるオートファジーの生理的機能を明らかにすべく，*RIP-Cre（rat insulin promoter-Cre）*を用いて，膵β細胞特異的に *Atg7* を欠損するマウスを作製した[1〜3]．

① 膵β細胞の機能維持とオートファジー

　膵β細胞特異的 *Atg7* 欠損マウスは，通常食条件下で，ブドウ糖応答性インスリン分泌の低下を伴った耐糖能異常を示した．*Atg7* 欠損膵島では，異常ミトコンドリアの蓄積に加えて，ブドウ糖応答性の ATP 産生の低下を認めたことから，ミトコンドリアのターンオーバー

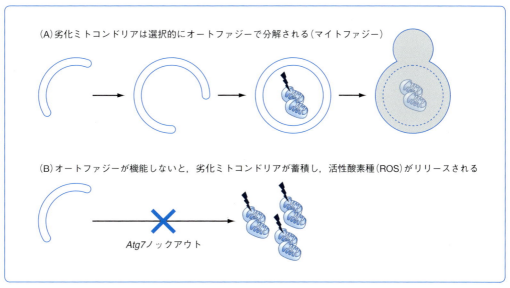

図19-1　マイトファジー不全による活性酸素種（ROS）の産生

turnover が低下したことによる劣化ミトコンドリアの蓄積が *Atg7* 欠損 β 細胞の機能低下の背景にあることが考えられた[1].

　劣化ミトコンドリアは活性酸素種 reactive oxygen species（ROS）の供給源となることが知られているが，実際に膵 β 細胞特異的 *Atg7* 欠損マウスに抗酸化剤である *N*-アセチルシステインを投与すると，オートファジー機能低下そのものの改善は認められないが，膵 β 細胞における ROS の蓄積が軽減されるとともに，耐糖能低下が劇的に改善される．これより，劣化ミトコンドリア由来の ROS が膵 β 細胞の機能低下に関与する可能性が示唆された[3]（**図19-1**）．したがって，正常な膵 β 細胞の機能の維持に，オートファジーによる劣化ミトコンドリアの分解，すなわち，マイトファジー mitophagy が重要であることがわかる.

19

> **KEYWORD解説**
>
> ○ **GLP-1**（glucagon-like peptide-1）：消化管から産生される生理活性ペプチドであり，インスリン分泌促進，グルカゴン分泌抑制，胃内容物排出遅延作用などを介して血糖降下作用を発揮する．GLP-1 受容体作動薬は，糖尿病治療薬として臨床でも用いられている．2 型糖尿病にみられる β 細胞のオートファジー機能不全を改善させるはたらきがあることが最近報告された.
>
> ○ **ベージュ脂肪細胞**：白色脂肪組織中に存在し，褐色脂肪細胞とは起源の異なる脂肪細胞であるが，ミトコンドリアに富み，寒冷刺激やノルアドレナリン刺激などに反応して UCP1 を高発現し，褐色脂肪細胞と同様，熱を産生することが可能である．最近の研究から，成人の褐色脂肪細胞は，ベージュ脂肪細胞であると考えられている.
>
> ○ **非アルコール性脂肪性肝疾患** non-alcoholic fatty liver disease（**NAFLD**）：肝炎ウイルスやアルコール摂取に関係なく発症する肝疾患として，非アルコール性脂肪性肝疾患（NAFLD）や非アルコール性脂肪肝炎 non-alcoholic steatohepatitis（NASH）が注目されている．これらは，進行すると肝硬変や肝癌になるリスクがある．生活習慣に深く関連し，メタボリックシンドロームの肝臓における表現型と考えられる．オートファジー不全との関連が最近示唆されている.

❷ 膵β細胞量の維持とオートファジー

　膵β細胞特異的 *Atg7* 欠損マウスに高脂肪食を負荷すると，高まるインスリン抵抗性に対する代償性のβ細胞増殖が認められないため，耐糖能がさらに悪化する．インスリン需要が高まった際のβ細胞増殖がなぜオートファジー不全状態で阻害されるのかは，よくわかっていない[3]．2型糖尿病患者の膵β細胞において，オートファゴソームの数が増加するとの報告を認めるが[4]，これは，オートファジーの流れ（autophagy flux）が低下している結果をみている可能性が高い[5]．

　最近，F. P. Zummo らは，単離膵島やβ細胞株を高グルコース＋パルミチン酸で刺激して糖尿病状態での糖・脂肪毒性を反映した際に，オートファゴソーム数の増加が観察されるが，これはリソソーム機能が低下したために autophagy flux がブロックされた結果であることを報告した[6]．機能低下したリソソームは膜透過性が亢進し，その結果，リソソームから細胞質へと漏出したカテプシン D などのタンパク質分解酵素がβ細胞死の誘導に一役買っているという．これに対して糖尿病治療薬としてすでに臨床で用いられている，GLP-1受容体作動薬のエキセンディン-4 exendin-4 を投与すると，リソソーム機能が改善することにより，autophagy flux を上昇させてβ細胞死を阻止していることが示された[6]．リソソーム生合成を統御する主要制御因子（マスターレギュレーター）として TFEB（transcription factor EB）が知られているが，糖・脂肪毒性は TFEB を介してリソソーム生合成を低下させているのではなく，糖・脂肪毒性の存在下では，むしろ TFEB は核に移行することにより，リソソーム機能を維持しようとする代償機転がはたらいており，エキセンディン-4は TFEB の核移行をさらに促進させることが示された[6]．

❸ Clec16aとオートファジー

　Clec16a（C-type lectin domain family 16 member A）は GWAS（genome-wide association study）解析により，1型糖尿病を含む自己免疫性疾患の疾患感受性遺伝子として同定されていたが[7]，最近の解析により，膵β細胞や小脳プルキンエ細胞においてマイトファジーおよびオートファジーの正常機能維持に関与することが報告された[8, 9]．*Clec16a* を *Pdx1-Cre* を用いて膵臓特異的に欠損させると，構造の異常なミトコンドリアが蓄積し，ブドウ糖応答性のインスリン分泌低下を伴った耐糖能異常を呈した[8]．*Clec16a* 欠損β細胞においては，マイトファジーの機能が低下しており，LC3とミトコンドリアの共局在が増加する．このことは，*Clec16a* のショウジョウバエにおけるホモログである *ema* の変異体において，オートファジーの基質である p62のターンオーバーが遅延し，マイトファジーが低下することと矛盾しない[10]．重要なことに，ショウジョウバエの *ema* 変異体の表現型をヒトあるいはマウスの Clec16a を用いてレスキューできることから，*Clec16a* のオートファジーあるいはマイトファジー機能維持における重要性は，種を超えて保存されていることが示唆された．

　また，Clec16a は，E3ユビキチンリガーゼとして知られる Nrdp1と結合して，Nrdp1のプロテアソームによる分解から保護していることが明らかとなった[8]．Nrdp1はマイトファジーに関与する Parkin の分解を調節している分子であることから，Clec16a は Nrdp1/Parkin 経路を介してマイトファジーの調節にかかわることが想定されるが，その詳細はよくわかっていない．

19-2　脂肪細胞とオートファジー

　哺乳類は機能と構造の面から大きく分けて2つの異なるタイプの脂肪細胞を有している. すなわち, 白色脂肪細胞は過剰なエネルギーを中性脂肪として備蓄し, 褐色脂肪細胞はエネルギーを熱に変えることによりエネルギーを消費することができる. 過剰なエネルギーを消費可能とすることから, 褐色脂肪細胞の活性化は肥満や糖尿病など過栄養からもたらされる疾患に対する新たな治療手段として注目されている[11].

　成人とマウスは, 寒冷刺激などで白色脂肪組織中に誘導される褐色脂肪細胞様の細胞を有することが明らかとされており, これをベージュ脂肪細胞とよんでいる[11]. 褐色脂肪細胞とベージュ脂肪細胞は, ミトコンドリアに富んでいるために褐色を呈すること, 多胞性の脂肪滴を有すること, UCP1 (uncoupling protein 1)を有し, ミトコンドリアでの酸化的リン酸化を脱共役させてエネルギーを熱として散逸する機能を有していることなど, 生化学的・解剖学的に共通性を有するが, これらの発生学的起源は異なる[11] (図19-2).

　オートファジーは, 細胞内のミトコンドリアの分解, リモデリングに深くかかわることから, 脂肪細胞の分化・成熟や分化した性質の維持に重要と考えられる. 実際, マクロオートファジー誘導に関与する *Atg5* や *Atg7* を脂肪細胞で欠損させることにより, 脂肪細胞におけるオートファジーの役割を解析した研究はこれまでにいくつか報告されている. ただし, これらの解析に用いたマウスモデルは用いたプロモーターの違いにより, 異なる細胞集団と異なるタイミングで *Atg* が欠損するために, 実にさまざまな表現型を呈しており, 結果の解釈には注意を有する. たとえば, *Atg5* を欠損した MEF (mouse embryonic fibroblast) 細胞では白色脂肪組織の正常分化ができなくなるが[12], その一方で, *aP2-Cre* で *Atg7* を欠損させたマウスは, 白色脂肪組織のミトコンドリア密度が上昇し, 解剖学的特徴がベージュ脂肪細胞のそれに酷似するようになるとともに, インスリン感受性が亢進し, 高脂肪食誘導性の肥満に抵抗性を示すようになる[13]. また, 骨格筋においてオートファジーを阻害したマウスでは, 予期せぬ白色脂肪組織の褐色化が起こるが, これは筋組織で誘導される FGF21 を介した non-cell autonomous な効果であることがわかっている[14].

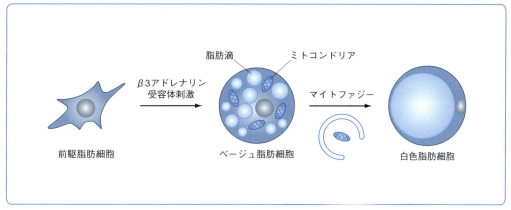

図19-2　マイトファジーによる脂肪細胞の運命制御

19

201

19-3　脂肪細胞のベージュ化とオートファジー

　マウスに寒冷刺激やβ3アドレナリン受容体刺激を与えた際に起こる白色脂肪細胞のベージュ化は，一過性であり，これらの刺激を取り去るとすみやかにベージュ脂肪細胞としての形態学的特徴や熱産生能を失い，白色脂肪細胞へと戻ってしまう．梶村らは，このベージュ脂肪細胞から白色脂肪細胞への転換について細胞系譜解析を行ったところ，この運命転換は未分化脂肪細胞などを経由せずに直接に起こること，その過程には積極的なミトコンドリア分解が関与していることを見いだした[15]．

　細胞系譜解析に合わせて試みた網羅的解析からも，オートファジーの関与が予想されたが，その可能性を検証するために，*Ucp1-Cre* を用いて，成熟した褐色脂肪細胞およびベージュ脂肪細胞において，*Atg5* あるいは *Atg12* を欠失させることにより，オートファジーが機能不全になるマウスを作製した．オートファジー不全マウスでは，寒冷刺激やβ3アドレナリン受容体刺激を除いたあとでも，鼠蹊部白色脂肪組織におけるミトコンドリア量と UCP1 タンパク質の発現は維持されつづけた．重要なことに，維持されたベージュ脂肪細胞は熱産生という意味でも機能を維持しており，高脂肪食誘導性の肥満に抵抗性を示した．このように，ベージュ脂肪細胞から白色脂肪細胞への転換にはオートファジーの活性化による，積極的なミトコンドリア分解が必要であることが明らかとなった[15]（図19-2）．

19-4　肝細胞とオートファジー

　肥満症は多くの場合，脂肪肝を伴う．食事誘導性の肥満や *ob/ob* マウスといった遺伝性の肥満症の肝臓においては，オートファジー活性の低下と小胞体ストレス（ER ストレス）の亢進，インスリン感受性の低下が報告されている[16]．*Atg7*，*Vsp34* あるいは *Treb* を肝特異的に欠損させると，肝臓内に脂肪が蓄積し，肝肥大を生じる[17]．逆に，アデノウイルスを用いて *Atg7* や *Treb* を肝臓に過剰発現させると，肝臓内の脂肪蓄積と肝肥大を減少させ，高脂肪食誘導性の体重増加を抑制し，耐糖能とインスリン感受性を改善させるとの報告がある[16, 18]．

　最近，このような高脂肪食誘導性の肝障害において，オートファジー機能の低下に関与する調節因子として Rubicon が報告された[19]．Rubicon はオートファゴソームとリソソームの融合を阻害する，オートファジーの負の制御因子として，吉森らにより同定された[20]．高脂肪食負荷やパルミチン酸の添加などにより，Rubicon は肝細胞で翻訳後修飾により安定化し，オートファジー機能の低下に関与する（図19-3）．興味深いことに，Rubicon の機能抑制下では，高脂肪食を負荷してもオートファジー活性の低下は起こらず，脂肪肝と肝障害の誘導は著明に軽減された[19]．今後，Rubicon のような病態にかかわるオートファジーの調節因子は，治療のよいターゲットになると考えられる．

おわりに

　さまざまな状況下でのオートファジーの役割が解析されることで，これまで未知であった代謝調節機構が明らかにされ，生活習慣病を代表とする代謝疾患の病態の理解がよりいっそう深まることが期待される．オートファジー研究の進展は，疾患の発症メカニズムについて，

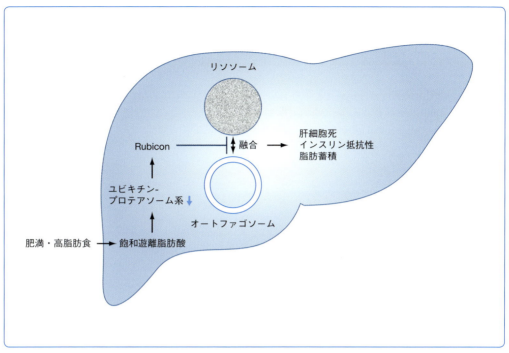

図19-3　非アルコール性脂肪肝におけるRubiconを介したオートファジーの抑制機構
肥満・高脂肪食摂取時には，Rubiconが安定化することにより，オートファジー機能の低下を招く．

10年前には予想しえなかった新たな概念を提供することとなった．細胞内オートファジー活性の異常と病態とのかかわりは，神経変性疾患，非アルコール性脂肪性肝疾患および非アルコール性脂肪性肝炎（NAFLD/NASH），心不全，自己免疫疾患，動脈硬化症，癌などの，多くの疾患においてすでに報告がなされており，その病態への関与が注目される．その一方で，疾患の発症メカニズムは複雑かつ多面性があり，すべての局面や組織でオートファジーの低下や活性化が疾患の進展に関して同様の意味を有するとは限らず，オートファジーの病態形成における意味の解釈には慎重を要する．今後ますます研究が進み，オートファジーの概念が糖尿病を含む多くの疾患の理解と治療に役立つことを祈念して筆を置く．

文　献 ・・・・・
1) Ebato C, et al.: Cell Metab, 8: 325-332, 2008.
2) Jung HS, et al.: Cell Metab, 8: 318-324, 2008.
3) Wu JJ, et al.: Aging（Albany NY）, 1: 425-437, 2009.
4) Masini M, et al. : Diabetologia, 52: 1083-1086, 2009.
5) Abe H, et al.: Endocrinology, 154: 4512-4524, 2013.
6) Zummo FP, et al.: Diabetes, 66: 1272-1285, 2017.
7) Hakonarson H, et al.: Nature, 448: 591-594, 2007.
8) Soleimanpour SA, et al.: Cell, 157: 1577-1590, 2014.
9) Redmann V, et al.: Sci Rep, 6: 23326, 2016.
10) Kim S, et al.: Proc Natl Acad Sci U S A, 109: E1072-E1081, 2012.
11) Kajimura S, et al.: Cell Metab, 22: 546-559, 2015.

19

12) Baerga R, et al.: Autophagy, 5: 1118-1130, 2009.

13) Zhang Y, et al.: Proc Natl Acad Sci U S A, 106: 19860-19865, 2009.

14) Kim KH, et al.: Nat Med, 19: 83-92, 2013.

15) Altshuler-Keylin S, et al.: Cell Metab, 24: 402-419, 2016.

16) Yang L, et al.: Cell Metab, 11: 467-478, 2010.

17) Singh R, et al.: Nature, 458: 1131-1135, 2009.

18) Settembre C, et al.: Nat Cell Biol, 15: 647-658, 2013.

19) Tanaka S, et al.: Hepatology, 64: 1994-2014, 2016.

20) Matsunaga K, et al.: Nat Cell Biol, 11: 385-396, 2009.

20 オートファジーと老化

中村 修平・吉森　保

SUMMARY

　近年のモデル生物を用いた解析により，動物の老化を抑制し，寿命延長する分子経路がつぎつぎと明らかになっている．現在，これら多くの寿命延長経路に共通してはたらく下流のメカニズムとして細胞内分解システムであるオートファジーが着目されている．本章では，さまざまな老化抑制，寿命延長経路でのオートファジーの関与とその制御機構や役割について概説する．

KEYWORD
- 老化
- 線虫（*Caenorhabditis elegans*）
- 長寿変異体
- エピスタシス

はじめに

　老化は，加齢に伴ってさまざまな生体機能が低下する現象である．動物の老化や寿命がどのように制御されているのか長らく不明であったが，近年，モデル生物を用いた解析により，老化を遅らせ，寿命を延長させるメカニズムがつぎつぎと明らかになっている．とくに，モデル生物である線虫を用いた解析で，野生型と比べて約2倍の寿命をもつ長寿変異体，*age-1*〔PI3キナーゼ（PI3K）をコード〕や *daf-2*（インスリン/IGF-1シグナル受容体をコード）が同定されたことで，老化の速度や寿命が遺伝子によって決まっていることが示された[1]．その後の解析から，この変異体ではインスリン/IGF-1シグナルが低下していることがわかり，さらにこのシグナル経路低下による寿命延長効果は哺乳類までよく保存されていることが明らかとなった．

　インスリン/IGF-1シグナル経路に加えて，今日までいくつかの寿命延長経路が同定されており，栄養センサーである TOR（target of rapamycin）シグナル低下，カロリー制限，生殖細胞除去，ミトコンドリア機能抑制などが知られている．これらの多くの経路では，一部重複しつつも別々の転写因子のセットがはたらいて，寿命延長に寄与する個々の遺伝子発現調節を担っていることがわかっている．一方，これら多くの寿命延長経路で共通してはたらくメカニズムの探索がさかんに行われており，最近の結果から，細胞内大規模分解システムであるオートファジーがこの候補としてとくに注目されている（図20-1）．本章では，これまでの解析から明らかとなってきたオートファジーと老化抑制，寿命延長のかかわりについて概説する．

20-1　寿命制御経路で共通して必要なオートファジーの活性化

　これまでのモデル生物の解析から，以降であげるいくつかの老化抑制，寿命延長経路が知られている．基本的には以降のすべての寿命延長経路で，酵母，線虫，ショウジョウバエの

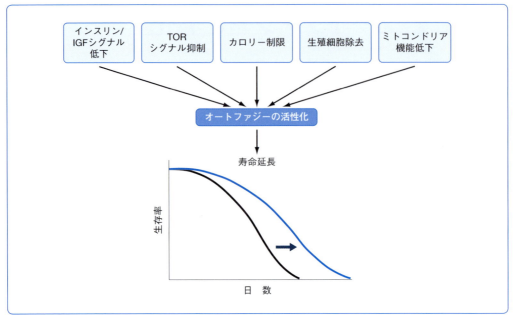

図20-1　オートファジーは多くの寿命延長経路で共通してはたらく

いずれか（線虫はすべて）においてオートファジーの活性化がみられ，エピスタティックな相互作用解析によりこの活性化が寿命延長に必須であることが示唆されている（**表20-1**）．

20-2　インスリン/IGF-1 シグナル

　インスリン/IGF-1 シグナルは栄養状態によって制御を受け，動物の成長に重要なシグナル経路である．インスリンやインスリン様成長因子1（IGF-1）に応答して，インスリン/IGF-1受容体は下流の PI3K, PTEN, PDK, SGK, AKT などのキナーゼ，ホスファターゼの一連のカスケードを活性化することにより，フォークヘッド型転写因子である FOXO を抑制する．線虫，ショウジョウバエ，マウスでは，このインスリン/IGF-1シグナル経路の抑制で寿命が延びることが知られている．また，ヒトのセンチナリアン centenarian（百寿者）ではこの経路での変異が見つかっていることからも，ヒトまで共通した老化抑制，寿命延長経路であると考えられる[1]．

KEYWORD解説

○ **老化**：身体の成熟が終了した後に起こるさまざまな生理機能の低下をさす．

○ **線虫（*Caenorhabditis elegans*）**：寿命がたったの3週間と短く，老化研究のための実験動物としてよく使われる．

○ **長寿変異体**：遺伝子に変異をもった結果，野生型と比べて寿命が延びる表現型を示すようになった個体．

○ **エピスタシス**：遺伝学において2つの異なる遺伝子座間の相互作用の存在を表す．A の変異が B の変異を打ち消すとき，A は B に対してエピスタティックであるという．

表20-1　オートファジー活性化による寿命延長

遺伝学的/薬理学的操作	動　物	表現型	オートファジー因子抑制による効果（エピスタシス解析）	文　献
インスリン/IGF-1シグナル低下	線虫	寿命延長 オートファジー活性化	寿命延長のキャンセル	2
カロリー制限	線虫	寿命延長 オートファジー活性化		8
TORシグナル抑制	線虫	寿命延長 オートファジー活性化		4
ミトコンドリア機能抑制	線虫	寿命延長 オートファジー活性化		17
生殖細胞除去個体	線虫	寿命延長 オートファジー活性化		14
HLH-30/TFEB過剰発現	線虫	寿命延長 オートファジー活性化		15
ウロリチンA投与	線虫, マウス	寿命延長（線虫） 筋肉機能改善（マウス） マイトファジー活性化		28
レスベラトロール投与	線虫	寿命延長 オートファジー活性化		37
スペルミジン投与	線虫, ショウジョウバエ	寿命延長 オートファジー活性化		26
ラパマイシン投与	ショウジョウバエ	寿命延長 オートファジー活性化		5
筋肉特異的dFOXOの過剰発現	ショウジョウバエ	寿命延長 プロテオスタシス改善	プロテオスタシスの低下	38
脳特異的ATG8a過剰発現	ショウジョウバエ	雌で寿命延長	なし	21
ATG5の過剰発現	マウス	寿命延長 オートファジーの活性化	なし	20

オートファジーと寿命延長の最初の直接的なリンクは線虫の研究から得られている[2]．*daf-2* 変異体はインスリン/IGF-1シグナルが低下している変異体で，寿命が約2倍延びる．この変異体では野生型と比べてオートファジーがより活性化しており，オートファジー制御因子である *bec-1*，*atg-7*，*atg-13*，*lgg-1/LC3* などをこの変異体でノックダウンすると寿命延長がみられなくなることから，*daf-2* の寿命延長にオートファジーが必須の役割をしていることが示された．

20-3　TORシグナル

TOR経路は老化に影響を与える別の重要な経路である．TOR は PI3K 様ファミリーに属し，栄養状態によって活性化し，成長や分裂を促す．TOR タンパク質自体はラパマイシンのターゲットとして見つかった．TOR は TORC1 および TORC2 という2つの複合体として存在し，それぞれ別の機能を担っている．とくに TORC1 シグナルが多くの生物で老化に関与する．

TOR 機能抑制は，酵母，線虫，ショウジョウバエ，マウスで寿命を延長させる．酵母では

20

ラパマイシンによる TOR 抑制でオートファジーが誘導され，経時寿命（chronological lifespan）は延長するが，この寿命延長にオートファジー遺伝子のはたらきが必要である[3]．線虫では TOR の負の制御因子である *daf-15/Raptor* の変異体の寿命が延長し，このときオートファジーの高い活性がみられ，これが寿命延長に必要である[4]．また，ショウジョウバエではラパマイシン投与による TOR 抑制で寿命が延長し，これには ATG5 のはたらきが必要である[5]．

20-4　カロリー制限

　カロリー制限は多くの生物で老化を遅らせ，寿命を延長することが示されており，これまで試されているなかで最も有効な老化抑制の方法である．この効果自体は100年ほど前にラットの実験から示されていた．現在では，酵母，無脊椎動物，魚類，イヌ，ハムスター，マウス，サルにおいて，カロリー制限で寿命が延びることが示されている．下流のメカニズムとして，インスリン/IGF-1 シグナルや TOR シグナルが関与するとされるが，その寄与の程度などは不明である．

　酵母においてアミノ酸制限をすると，オートファジーの誘導と，経時寿命の延長がみられる[6]．しかし，グルコース制限による分裂寿命（replicative lifespan）延長に多くのオートファジー因子は関与しておらず[7]，この点は複雑である．線虫においてはカロリー制限の方法はいくつかあるが，大きな分類では，咽頭筋の動きが抑制され餌の取り込みが抑えられる *eat-2*（咽頭筋のアセチルコリン受容体の機能不全）変異体を使用する方法と，餌であるバクテリアを直接希釈して与える方法に分けられる．どちらの方法でもオートファジーの活性化がみられる．*eat-2* 変異体の寿命延長においては，オートファジーのはたらきが必要なことが示されており[4, 8]，とくに腸でのオートファジーが重要であることも最近明らかになっている[9]．TOR の抑制で *eat-2* 変異体の寿命がさらに延びることはないので，線虫におけるカロリー制限の経路は TOR 経路とオーバーラップしているのかもしれない[10]．また，線虫では断続的飢餓でも寿命が延びることが知られており，このときは GTPase の RHEB-1 がこの寿命延長を担っている[11]．

20-5　生殖腺からのシグナル：生殖細胞除去

　個体生存と繁殖能力のあいだには負の相関が多くの生物でみられ，このあいだにはトレードオフの関係があるとされている．しかし，近年の結果から，単なるトレードオフだけではなく，生殖細胞や生殖腺からのシグナルが老化や寿命に積極的に影響していることが示唆されている．

　線虫やショウジョウバエでは生殖幹細胞を除去すると，寿命が延びることが知られている．しかし，線虫の場合，生殖細胞に加えて生殖細胞周囲の生殖腺体細胞も除去すると，不妊であるにもかかわらず，寿命延長がみられなくなる．このことは不妊であることよりも，生殖細胞，生殖腺体細胞からの拮抗するシグナルが存在し，これが寿命延長に寄与することを意味している．同様のことが哺乳類でも起こっているかは不明であるが，若いマウスの卵巣を

老齢マウスに移植すると寿命が延びること[12]，朝鮮王朝時代の宦官が長生きしたとの報告などもあり[13]，哺乳類においても生殖腺からのシグナルが老化や寿命に影響を与えているかもしれない．

線虫では Notch レセプターをコードする *glp-1* が生殖幹細胞の維持に必要であり，この変異体はレーザー除去を行った場合と同様に生殖細胞がなくなって，長寿になる．*glp-1* 変異体では TOR の活性が低下しており，オートファジーが活性化し，これが寿命延長に必要なことが示されている[14]．この生殖細胞除去個体のオートファジー活性化には HLH-30 / TFEB，MML-1 / Mondo，PHA-4 / FOXA などの転写因子のはたらきが必要なことが示されている[14~16]．

20-6　ミトコンドリア機能抑制

老化のフリーラジカル説では，時間とともに酸化傷害が蓄積し，細胞の機能不全，細胞死に至ることが老化の要因であるとされる．この傷害はミトコンドリア呼吸鎖から生じる活性酸素種(ROS)によって引き起こされる．酸化傷害は加齢とともに上昇するが，これが老化と直接関与するかは，これを支持する結果，その逆の結果が両方存在し，不明である．ただし，重要なこととして，酵母，線虫，ショウジョウバエ，マウスで，ミトコンドリア呼吸鎖の機能低下を呈する変異体では ROS が減少し，寿命が延長する．

線虫では，この寿命延長にはミトコンドリアのストレス応答(UPR^{mt})が必要なことがわかっている．線虫で，*isp-1* というミトコンドリア呼吸鎖の複合体Ⅲ(ComplexⅢ)の鉄硫黄クラスタータンパク質の機能欠損変異体，NADH：ユビキノン還元酵素(NADH：ubiquinone reductase)である *nuo-6* のノックダウン個体などでは，オートファジー活性が上昇している．また，複合体Ⅴのミトコンドリア ATP 合成酵素をコードする *atp-3* や，コエンザイム Q 生合成因子 *clk-1* のノックダウンによる寿命延長に，*unc-51* /Atg 1，*atg-18* / WIPI，または *bec-1* / Beclin 1 などのオートファジー因子のはたらきが必要なことが示されている[17]．

20-7　オートファジーの誘導による抗老化と寿命延長

老化がオートファジー活性にどう影響するかは哺乳類を用いた実験で調べられている．マウスの胸腺や肝臓において，オートファゴソームの数を電子顕微鏡観察で比較したところ，若年に比べて老齢のマウスでオートファゴソームの数が減少していた[18]．また，老齢マウスではオートファゴソームマーカーである LC3-Ⅱ量の減少が観察されている．これらの結果は，老化によってオートファジー活性が低下することを示唆している．また，ラット初代培養肝細胞においても老化によるオートファジー活性の低下がみられている[19]．

加齢に伴ってオートファジー活性が低下すること，さまざまな要因による寿命延長にオートファジー活性化が必要なことをふまえると，オートファジーを人為的に活性化することによって健康寿命を延長することができるかもしれない．実際，オートファジー活性化のみを目的とした遺伝学的改変により寿命が延長することがいくつかのモデル生物で報告されている(表20-1)．マウスでオートファジーの制御因子 ATG 5 を過剰発現すると，寿命が延長し，

加齢に伴うインスリン感受性低下，体重減少，筋肉機能低下などを改善することが報告されている[20]．また，脳特異的な ATG8 の過剰発現はショウジョウバエの寿命を延長させる[21]．しかし，単純に ATG5 や ATG8 を過剰発現しただけで，オートファジーが活性化する機構は不明であり，この点はさらに検証する必要があるだろう．

　カロリー制限によってもオートファジーを誘導し寿命を延長させるが，体重減少，創傷治癒の遅れなどの副作用もみられることから，薬理学的な方法でカロリー制限様の効果をもたらす方法が模索されている．TOR の阻害剤であるラパマイシンはオートファジーを誘導し，多くの動物で寿命を延長させる．重要なことに，ショウジョウバエにおいて，ラパマイシンによる寿命延長は *Atg5* のノックダウンで抑制されることから，この寿命延長がオートファジー依存的であることが示唆されている[5]．しかし，マウスにおいて，ラパマイシン投与はインスリン抵抗性や耐糖能異常などの副作用も引き起こすため，問題が残る．

　ポリフェノールの一種で，赤ワインに含まれるレスベラトロール resveratrol は，オートファジーを誘導することが知られており，酵母，線虫で寿命を延長する[22, 23]．不思議なことに，レスベラトロール投与は通常食を与えたマウスには影響がないが，高脂肪食を与えたマウスの寿命を延長する[24, 25]．一部のポリアミンは加齢とともに減少し，ポリアミンのスペルミジン spermidine はタンパク質のアセチル化に影響を与えることが示されている．また，スペルミジンは，オートファジーも活性化し，酵母，線虫，ショウジョウバエの寿命をオートファジー依存的に延長する[26]．さらに，これらポリアミンはマウスやヒト細胞の寿命延長にも寄与する[26, 27]．最近では，ザクロに由来する成分のウロリチン A urolithin A がマイトファジーを誘導して線虫の寿命を延ばし，マウスでは筋肉機能を改善することが明らかとなり，これも非常に有力なオートファジーおよび健康寿命延長の誘導剤の1つとして注目されている[28]．

20-8　寿命制御におけるオートファジー制御因子

　近年になり，オートファジーの転写レベルでの制御，エピジェネティックな制御も明らかになりつつあり，特定のオートファジーやリソソーム関連因子の継続的な発現に寄与することで老化抑制や寿命延長に関与することがわかってきた．以降ではいくつかの代表的な制御因子をあげる．

❶ HLH-30/TFEB

　TFEB は当初，リソソーム生合成のマスター因子として同定されたが，その後の解析からオートファジー関連因子の遺伝子発現も制御するマスターレギュレーターとしてはたらくことが示された[29]．TFEB は栄養センサーの mTOR によって負に制御される．富栄養時には TFEB はリソソーム上でリン酸化され，その後 14-3-3 タンパク質と結合して，おもに細胞質に存在する．飢餓時には mTOR が不活性化することで脱リン酸化され，核へ移行して CLEAR とよばれる配列に結合し，下流のターゲット遺伝子の発現調節を行う．

　線虫の TFEB ホモログである HLH-30 も同様に，オートファジー，リソソーム生合成関連因子を制御する．また，HLH-30は TOR のノックダウン，インスリン/IGF-1シグナル抑制，

mRNA 翻訳抑制，ミトコンドリア機能制限，生殖細胞除去など，多くの寿命延長シグナルによって核移行し，また，これらの寿命延長に必須であることが示されており，多くの寿命制御経路ではたらくマスター転写因子の1つと考えられる[15]．また，HLH-30の過剰発現によってオートファジー依存的に寿命が延長することも示されている．

❷ MML-1/Mondo

TFEB 同様に bHLH（basic helix-loop-helix）転写因子であり，グルコースセンサーとして知られる MondoA および ChREBP の線虫ホモログ MML-1が，多くの寿命延長経路ではたらく転写因子として同定されている[16]．MML-1や，そのヘテロ二量体パートナーの MXL-2は，生殖細胞除去，TOR のノックダウン，インスリン/IGF-1シグナル抑制，ミトコンドリア機能制限，カロリー制限などによる寿命延長に必要であり，HLH-30/TFEB 同様，多くの寿命延長経路ではたらくマスター転写因子の1つである．また，MML-1/MXL-2は生殖細胞除去によるオートファジー活性化に寄与する．生殖細胞除去個体で MML-1/MXL-2はアミノ酸センサー *lars-1* の抑制を介して TOR シグナルを抑制し，これが HLH-30の活性化につながる．逆に HLH-30も MML-1を活性化しており，両者が相互依存的な活性化を行っている．

HLH-30と MML-1/MXL-2の下流のターゲットは多くが重複しているが，一部，別々のターゲットが存在する．オートファジーに関しては，HLH-30は unc-51/ULK1や lgg-1/LC3をおもに制御するのに対し，MML-1/MXL-2は atg-2/ATG2，atg-9/ATG9や epg-9/ATG101をおもに制御するといった役割分担が行われているようである（図20-2）．

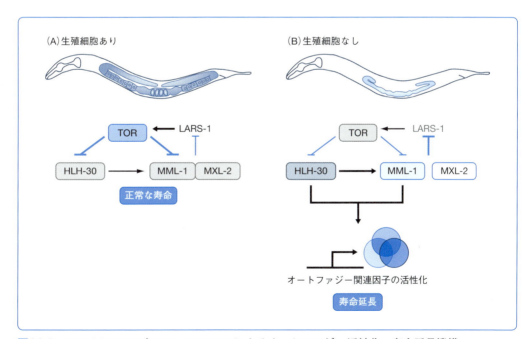

図20-2 HLH-30/TFEB と MML-1/Mondo によるオートファジー活性化，寿命延長機構

（A）野生型（生殖細胞あり）ではHLH-30やMML-1/MXL-2の活性は低く，TORの活性が高い状態で，通常の寿命になる．（B）生殖細胞除去によりHLH-30とMML-1/MXL-2は活性化し，オートファジーの活性化と寿命延長に寄与する．HLH-30とMML-1/MXL-2は互いに活性化しあう．MML-1/MXL-2はアミノ酸センサーのLARS-1を介したTORの抑制によってHLH-30を活性化することがわかっている．HLH-30とMML-1/MXL-2は一部重複しつつも別々のターゲットの発現調節を担い，寿命延長に寄与する．オートファジーに関しては，HLH-30はunc-51/ULK1やlgg-1/LC3をおもに制御するのに対し，MML-1/MXL-2はatg-2/ATG2，atg-9/ATG9やepg-9/ATG101をおもに制御する．

❸ フォークヘッド型転写因子：DAF-16/FOXO，PHA-4/FOXA

　線虫，ショウジョウバエ，マウスで，インスリン/IGF-1シグナルの低下によって FOXO の活性が上昇し，寿命が延長する．線虫において DAF-16/FOXO は一部のオートファジー関連因子の発現を上昇させることでオートファジーフラックス（autophagy flux）を増加させている．これと一致して，DAF-16を過剰発現させた個体ではオートファゴソームの増加がみられる[30]．しかし，*daf-2*と *daf-16/FOXO* の二重変異体は寿命延長を示さなくなるものの，オートファジーの活性は保たれており，この場合，他の転写因子のはたらきでオートファジー活性が補われているのかもしれない．もしくは，DAF-16は別の時期にオートファジーの活性調節に寄与している可能性がある．

　また，別のフォークヘッド型転写因子である PHA-4/FOXA も線虫において *unc-51/Ulk*，*bec-1/Becn1*，*lgg-1/LC3* などの初期オートファゴソーム形成ではたらく遺伝子のプロモーター領域に結合し，これらの遺伝子発現を上昇させることで，オートファジーを活性化する[31]．PHA-4は TOR 抑制，生殖細胞除去，カロリー制限などによるオートファジーの活性化と寿命延長に必要である．

❹ miR-34

　多くのマイクロ RNA（miRNA）が老化抑制，寿命延長に関与することがわかってきているが，なかでも miR-34はいくつかの種でオートファジー，寿命制御に関与する．線虫において miR-34の機能欠損により寿命が延長し，この寿命延長はオートファジー制御因子の *bec-1*，*atg-9*，*atg-4.1* などの RNA 干渉（RNAi）によるノックダウンでキャンセルされる[32]．また，マウスにおいて miR-34はカロリー制限で発現が減少する．miR-34は線虫で加齢に伴い増加し，オートファジー因子の Atg9a の発現を抑制する．一方，ショウジョウバエでは Mir34 の増加によって寿命が延長し，ポリグルタミンタンパク質による神経変性を抑制することが知られているが，ここでのオートファジーの関与は不明である．哺乳類細胞においても MIR34がオートファジー関連因子の発現を制御する報告があるが，老化や寿命制御での役割は今のところ不明である．

❺ サーチュイン

　ヒストン脱アセチル化酵素のサーチュイン1（SIRT1）は老化の制御因子としてよく知られている．SIRT1の過剰発現，もしくは薬理学的方法による SIRT1の活性化により，酵母，線虫，ショウジョウバエの寿命が延長する．また，マウスでは SIRT6のユビキタスな過剰発現や脳特異的な SIRT1の過剰発現で寿命が延びる．線虫において，SIRT1のアクチベーターであるレスベラトロール投与による寿命延長は bec-1/Becn1依存的であることから，オートファジーがこの寿命延長にも必要であることが示唆されている[4]．

　SIRT1はヒストン4の16番目のリジン（H4K16）の脱アセチル化を介してオートファジー制御因子の遺伝子発現に関与する．さらに，SIRT1は細胞質のタンパク質の脱アセチル化を介してオートファジーの誘導にも寄与する．SIRT1は ATG5，ATG7，LC3/ATG8と直接の相互作用しこれらを脱アセチル化することが知られており，これがオートファジーの誘導に重要である[33]．

20-9 オートファジー活性化による抗老化と寿命延長のメカニズム

　オートファジーが亢進してなぜ抗老化，寿命延長につながるのだろうか？　オートファジーによるオルガネラの品質管理は老化抑制に重要であると考えられる．たとえば，オートファジーは機能の低下したミトコンドリアを除去することで，ROS の発生やアポトーシス誘導を抑えている．また，オートファジーの細胞保護的な役割は加齢に伴い増加するタンパク質凝集体を除去すると考えられる．

　アルツハイマー病（AD），パーキンソン病，筋萎縮性側索硬化症（ALS）など，加齢性の神経変性疾患は異常凝集タンパク質の蓄積がその発症のおもな原因とされる．タンパク質分解にかかわるユビキチン-プロテアソーム系（UPS）や小胞体ストレス応答（unfolded protein response）では，比較的小さなオリゴマーのみ分解できるのに対し，オートファジーでは比較的大きなタンパク質凝集体も分解できると考えられる．これと一致して，さまざまなオートファジー誘導剤でこれら神経変性疾患の病態が改善する報告がされている．ラパマイシン処理によってマウスのアルツハイマー病の進行が抑えられ，また，トレハロース，ラパマイシン，スペルミジンで ALS モデルマウスの病態進行を遅らせることができる．さらに，ショウジョウバエにおいてスペルミジンによるオートファジーの活性化は加齢に伴う記憶低下も改善する[34]．

　これらプロテオスタシスでの機能に加え，代謝におけるオートファジーの機能も明らかになっている．脂肪滴の分解を担うオートファジーはリポファジー lipophagy とよばれており，脂質動員に寄与して，加齢に伴う脂肪肝の抑制に寄与する．オートファジーはまた，ホルミシス効果によるストレス耐性獲得にも寄与している．ホルミシスとは，高濃度・大量のストレスでは有害であるのに，低濃度・微量であれば逆に有益な作用をもたらす現象である．線虫では短時間のマイルドな熱ショックでホルミシス効果が発揮され，寿命延長，ポリグルタミン（polyQ）凝集の軽減などがみられるようになるが，これらはオートファジーの活性に依存している[35]．この際，オートファジーがどのようなターゲットを分解してホルミシス効果に寄与するのかは興味深いところである．これら以外にもオートファジーがもつ自然免疫系としての機能，腫瘍の抑制機能など，多彩な役割が複合的に老化抑制，寿命延長に寄与しているだろう．

おわりに

　世界で最も急速に高齢化が進むわが国において，老化の遅延により健康寿命を延ばす方法の確立は，個人の生活の質を向上するうえでも，社会的な観点からも急務の課題である．オートファジーの活性化による老化抑制および寿命延長はきわめてプロミシングな方法であり，特異的な活性化剤の開発に期待が集まる．しかし，オートファジーがどのようにして老化抑制に寄与するのか，そもそも，なぜ加齢とともにオートファジー活性が低下するのかなど，根本的な疑問は未解決である．また，すでに述べた多くの実験で寿命延長のオートファジー依存性を示すのに一部のオートファジー制御因子のみしか使っておらず，真にオートファジー活性に依存するプロセスをより正確に検討することも必要だろう．実際，一部の報告では，オートファジー因子の違いで寿命への影響が異なるとの報告もある[36]．オートファジーの老化抑制にはたらく時期，組織なども今後明らかにすべき課題であり，これには *in*

20

vivo で正確にオートファジー活性を定量できる技術の開発も合わせて必要になるだろう.

文　献 ･････

1) Kenyon CJ：Nature, 464：504-512, 2010.

2) Meléndez A, et al.：Science, 301：1387-1391, 2003.

3) Alvers AL, et al.：Autophagy, 5：847-849, 2009.

4) Hansen M, et al.：Plos Genet, 4：e24, 2008.

5) Bjedov I, et al.：Cell Metab, 11：35-46, 2010.

6) Alvers AL, et al.：Aging Cell, 8：353-369, 2009.

7) Tang F, et al.：Autophagy, 4：874-886, 2008.

8) Jia K and Levine B：Autophagy, 3：597-599, 2007.

9) Gelino S, et al.：Plos Genet, 12：e1006135, 2016.

10) Hansen M, et al.：Aging Cell, 6：95-110, 2007.

11) Honjoh S, et al.：Nature, 457：726-U726, 2009.

12) Mason JB, et al.：J Gerontol A Biol Sci Med Sci, 64：1207-1211, 2009.

13) Min KJ, et al.：Current Biology, 22：R792-R793, 2012.

14) Lapierre LR, et al.：Curr Biol, 21：1507-1514, 2011.

15) Lapierre LR, et al.：Nat Commun, 4：2267, 2013.

16) Nakamura S, et al.：Nat Commun, 7：10944, 2016.

17) Tóth ML, et al.：Autophagy, 4：330-338, 2008.

18) Uddin MN, et al.：Age（Dordr）, 34：75-85, 2012.

19) Donati A, et al.：J Gerontol A Biol Sci Med Sci, 56：B375-B383, 2001.

20) Pyo JO, et al.：Nat Commun, 4：2300, 2013.

21) Simonsen A, et al.：Autophagy, 4：176-184, 2008.

22) Wood JG, et al.：Nature, 430：686-689, 2004.

23) Howitz KT, et al.：Nature, 425：191-196, 2003.

24) Pearson KJ, et al.：Cell Metab, 8：157-168, 2008.

25) Baur JA, et al.：Nature, 444：337-342, 2006.

26) Eisenberg T, et al.：Nat Cell Biol, 11：1305-U1102, 2009.

27) Soda K, et al.：Exp Gerontol, 44：727-732, 2009.

28) Ryu D, et al.：Nat Med, 22：879-888, 2016.

29) Settembre C, et al.：Science, 332：1429-1433, 2011.

30) Jia K, et al.：Proc Natl Acad Sci U S A, 106：14564-14569, 2009.

31) Zhong M, et al.：Plos Genet, 6：e1000848, 2010.

32) Yang J, et al.：Age, 35：11-22, 2013.

33) Lee IH, et al.：Proc Natl Acad Sci U S A, 105：3374-3379, 2008.

34) Gupta VK, et al.：Nat Neurosci, 16：1453-1460, 2013.

35) Kumsta C, et al.：Nat Commun, 8：14337, 2017.

36) Hashimoto Y, et al.：Genes Cells, 14：717-726, 2009.

37) Morselli E, et al.：Cell Death Dis, 1：e10, 2010.

38) Demontis F and Perrimon N：Cell, 143：813-825, 2010.

21 オートファジーと心疾患

種池　学・大津 欣也

SUMMARY

　心不全とは心室のポンプ機能が障害されることによって生じる複雑な症候群であり，先進国における罹患率は高く，死亡率の主要因である．細胞小器官の異常，炎症細胞の浸潤，神経体液性因子の活性化といった悪循環が，心筋細胞障害，心筋細胞死，心臓線維化などを引き起こし，心機能低下や心不全に至る．心筋細胞は最終分化細胞であることから，心不全に至る過程において，オートファジーによるタンパク質やミトコンドリアのクオリティコントロールは非常に重要な役割を果たしている．定常状態やストレス下の心臓および心不全におけるオートファジーやマイトファジーの制御機構を明らかにすることで，心不全を予防することに加え，発症や進行を遅らせることができる新しい治療法の開発につながる可能性がある．

KEYWORD
- 心不全　● 心臓におけるリモデリング　● リバースリモデリング　● 神経体液性因子
- Bcl2-L-13

はじめに

　心不全とは，構造的もしくは機能的な要因で血液充満もしくは血液駆出といった心室のポンプ機能が障害され，全身の組織酸素需要を満たすだけの血液量を供給できなくなったことによりもたらされる複雑な症候群である．心不全の発症にかかわる機構は複雑でまだよく明らかになっておらず，心血管領域の研究やエビデンスに基づいた治療法が進歩しているにもかかわらず，現代の先進国における罹患率と死亡率の主要因である．

　不全心においては心筋の壁負荷が増加することによって，ミトコンドリア障害などの細胞小器官（オルガネラ）の異常や異常タンパク質の蓄積をもたらす[1]（**図21-1**）．傷害を受けたミトコンドリアは活性酸素種（ROS）やアポトーシス誘導タンパク質の蓄積や細胞内の炎症を引き起こす[2]．細胞小器官の異常〔ミトコンドリア障害，小胞体ストレス（ERストレス）〕，酸化ストレス，カルシウム制御，炎症細胞の浸潤，神経体液性因子や交感神経系の活性化といった悪循環が，心筋細胞障害，心筋細胞死，心臓線維化などを引き起こし，心機能低下や心不全に至るのである[3]．また，タンパク質の合成と分解のバランスが失われることでも，細胞の機能障害，細胞死，疾患などが引き起こされる．心筋細胞は最終分化細胞であり，細胞分裂によって傷害されたタンパク質や細胞小器官を希釈することができない．心筋細胞内においてこれらの構成物を除去する分解と再利用のシステムは，タンパク質や細胞小器官のレベルでのクオリティコントロールを行っており，細胞内の恒常性，さらには心臓組織の恒常性を維持するために非常に重要である．

　細胞内のタンパク質分解系として，おもに3つが同定されている．システインタンパク質分解酵素系，オートファジー，ユビキチン-プロテアソーム系（UPS）である[4,5]．オートファ

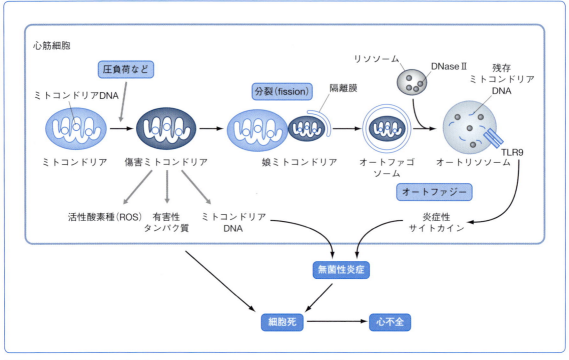

図21-1　心筋細胞におけるミトコンドリアにかかわるストレス応答

ジーはもともと，非選択的な過程であると考えられていた（オートファジーのメカニズムの
詳細については，第Ⅱ部を参考にされたい）．しかし，その後の研究で，ミトコンドリアを
対象とした選択的なオートファジーである，マイトファジー mitophagy が見つかった．心
臓はエネルギー需要が非常に大きい臓器であり，心筋細胞内には他の細胞に比べて大量のミ
トコンドリアが含まれている．そのため，マイトファジーの細胞内における重要性が高い可

KEYWORD解説

- **心不全**：心室のポンプ機能が障害され，全身の組織酸素需要を満たすだけの血液量を供給できなくなっ
  たことにより，日常生活に支障をきたした状態．心拍出量の減少による血圧の低下や肺うっ血による
  呼吸困難などの症状がある．

- **心臓におけるリモデリング**：進行性の心室拡大，心筋肥大，心筋細胞死，線維化，心機能悪化などを
  特徴とする，慢性的な適応不全の過程．機械的伸展，虚血，ホルモン，血管作動性ペプチドなどの複
  数の要因に誘発される．

- **リバースリモデリング**：リモデリングの要因となっていた負荷が薬剤や手術などによって取り除かれ
  ることにより生じる，心臓内腔容積や心肥大の退行．心臓組織の変化のみならず，心筋細胞機能の改
  善を伴う．

- **神経体液性因子**：腎臓・副腎から分泌される，レニン，アンジオテンシン，アルドステロン，全身の
  組織から分泌される炎症性サイトカインや活性酸素種，自律神経系である交感神経や副交感神経など．

- **Bcl 2-L-13**：Atg 32の哺乳細胞における機能的相同体．ミトコンドリア外膜に存在し，機能的 LC3
  結合領域をもつ．ミトコンドリアの分裂およびマイトファジーにかかわっている．

能性がある.

　本章では,オートファジーの心臓や心不全における役割を,心不全の原因や病態別に述べることとする.

21-1　非ストレス下の心臓におけるオートファジー

　筆者らは以前,タモキシフェン tamoxifen 誘導性 *Cre-loxP* 遺伝子組換えにより,オートファジーに必須である Atg5 を成獣マウス心臓において急速に欠損させると,左心室の拡大と収縮能低下を引き起こすことを報告した[6].この心臓はユビキチン化タンパク質の蓄積,ミトコンドリアの不整配列や大小不同,ミトコンドリア内部構造の傷害などを呈したことから,非ストレス下の心臓における恒常的オートファジーが,心臓の構造や機能,ミトコンドリアの形態を維持するために重要な機構であることが示された.これに対して,心臓発生期に Atg5 を心臓特異的に欠損させたマウスでは,成獣期において心臓の肥大や機能低下を認めなかった.これは,基礎的なオートファジーが完全に消失したことに対して,ある種の代償性メカニズムが存在することを示唆している[7, 8].また,筆者らは,TSC2(tuberous sclerosis complex 2)の心筋特異的欠損マウスを用いた研究により,心臓において TSC2 もしくは mTORC1(mammalian target of rapamycin complex 1)シグナリングを介したオートファジーの制御が心機能やミトコンドリアの数や大きさを維持するのに重要な役割を果たしていることも報告している[9].

　さらに,αB-crystallin や Beclin1の解析,LAMP2(lysosome-associated membrane protein 2)の解析でも,それぞれオートファジーやシャペロン介在性オートファジー chaperon-mediated autophagy(CMA)によるタンパク質分解の心筋症における重要性が示されている.一方で,Beclin1の研究では,活性酸素種や重度に傷害されたミトコンドリアは過剰なオートファジーを誘導し,さらには不全心においてオートファジーによる細胞死を引き起こしたことから,過剰なオートファジーは不適応反応である可能性がある[10].

21-2　ストレス下の心臓におけるオートファジー

　心臓におけるリモデリングは進行性の心室拡大,心筋肥大,心筋細胞死,線維化,心機能悪化などを特徴とする慢性的な適応不全の過程であり[11](**図21-2**),高血圧,弁機能障害,心筋症などによる機械的伸展,虚血,神経体液性因子などの複数のストレスによって誘発される.

❶ リモデリング:代償期,心肥大

　心筋細胞はほとんど,もしくはまったく細胞増殖能をもたないため,唯一成長とよべるものは肥大である.心肥大は,増加する壁伸展力に対抗し,心拍出量を維持するための,最初の適応反応であると考えられている.代償性心肥大は求心性であり,線維化を伴わない心室壁および心室中隔の肥厚,ならびに正常な心室内容量と心室壁ストレスで特徴づけられる.この適応機構は本質的には有益であり,心筋の効率性を向上する.筆者らの実験において,

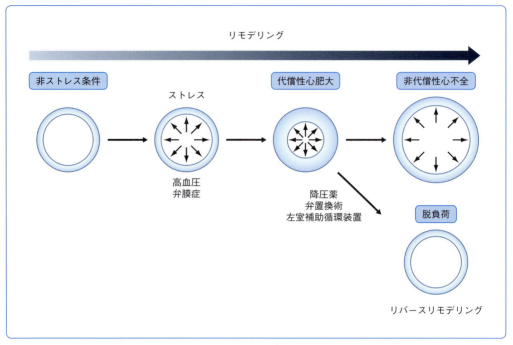

図21-2　心臓におけるリモデリングとリバースリモデリングの過程

[Nishida K and Otsu K：J Mol Cell Cardiol, 95：11-18, 2016を一部改変]

　中等度の横行大動脈縮窄術(TAC)による圧負荷は，野生型マウスにおいて，術後1週間の時点で心機能低下や線維化を伴わずに代償性心肥大をもたらす[12]（図21-3）.

　心重量はタンパク質合成と分解のバランスで規定されている．そこで，心肥大におけるオートファジーの関与を調べるため，単離ラット新生児心筋細胞でRNA干渉法(RNAi)を用いてAtg7を欠失させたところ，オートファジーを阻害し，典型的な特徴を伴う心筋細胞肥大を引き起こした[6]．また，タモキシフェン誘導性心臓特異的Atg5欠損マウスでは，心筋細胞の断面積の増加や心重量の増加がみられた．タンパク質のターンオーバー（回転率）は心肥大期に上昇しているが，ラットにおける上行大動脈縮窄術に対する反応としてオートファジーが減少していることが報告されている[13]．これらの知見から，オートファジー活性は代償性肥大期に低下しており，それによる細胞質構成物の分解の低下が心肥大反応に関与していることが示唆される.

❷ リバースリモデリング

　心肥大は動的過程であり，静的不可逆的状態ではない．心臓リモデリングの進行を抑制させる，もしくは退行させることは，心肥大患者あるいは心不全患者の主要な治療ターゲットであり，「リバースリモデリング」とよばれている（図21-2）．リバースリモデリングは，内腔容積や心肥大の退行で定義され，心筋細胞の縮小，酸化ストレスの減少，興奮収縮連関やミトコンドリア機能といった心筋細胞機能の改善を伴う．臨床医療では，β刺激受容体拮抗薬やレニン-アンジオテンシン-アルドステロン系(RAAS)拮抗薬といった高血圧に対する薬剤，大動脈弁置換術などの手術，心臓再同期療法，左室補助循環装置などの機器を用いた治

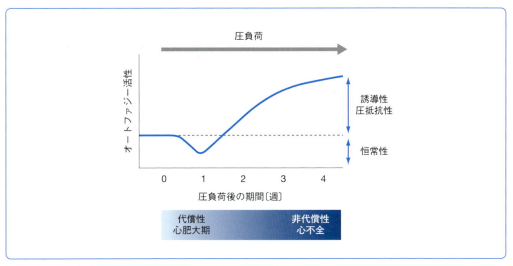

図21-3　心臓における圧負荷によるオートファジー活性の変化

[Nishida K and Otsu K：J Mol Cell Cardiol, 95：11-18, 2016を一部改変]

療は左室リモデリングを逆行させ，入院率や死亡率を減少させる．しかし，このような心肥大治療の効果はまだ不十分であり，心不全に対する新たな効果的治療法を開発するためにリバースリモデリングにおける分子細胞学的機構を明らかにすることが必要である．

　心肥大の退行，つまり心重量の減少は，タンパク質合成の減少もしくはタンパク質分解の増加により誘発されうる．実際，ラパマイシンによる mTOR シグナリングの抑制は圧負荷によって引き起こされた心不全を逆行させる[14]．筆者らは，持続的アンジオテンシンⅡ投与もしくは中等度 TAC により誘導される心肥大の程度は，野生型と Atg5 欠損マウスで同等であるものの，負荷を除去した7日後の時点で，野生型に比べて Atg5 欠損マウスでは著明に左室肥大の退行が抑えられていることを報告した[15]．また，肥大の退行のあいだ，オートファジーは野生型の心臓において増加していた．これらより，オートファジーの促進とタンパク質合成の抑制の両者が心肥大の退行に関与していることが示唆された．

❸ リモデリング：非代償期，心不全

　心肥大は心疾患発症率や死亡率に対する独立したリスク要因である．心臓が増大した負荷に持続的に曝されると，肥大心は最初に述べたような異常なタンパク質の蓄積や，活性酸素種を産生する傷害されたミトコンドリアの蓄積といった有害反応を示す．さらに，代償性心肥大反応中に減少したオートファジーは，これらの反応を増悪させる．また，負荷による心肥大と線維化が心臓の微小循環を妨げ，結果として組織内虚血やそれに引きつづく心筋細胞の脱落が起こる．心機能は持続的に悪化し，心肥大は徐々に心不全に移行する．

　心不全において傷害されたミトコンドリアは活性酸素種を産生し，ATP 産生を低下させる．これによりエネルギーセンサーである AMPK（AMP-activated protein kinase）が活性化され，AMPK シグナリングが活性化される．活性酸素種の蓄積と AMPK シグナリングの活性化は両者ともにオートファジーを活性化させる．

　オートファジーは，拡張型心筋症，弁膜症，虚血性心疾患などによる不全心筋で観察され

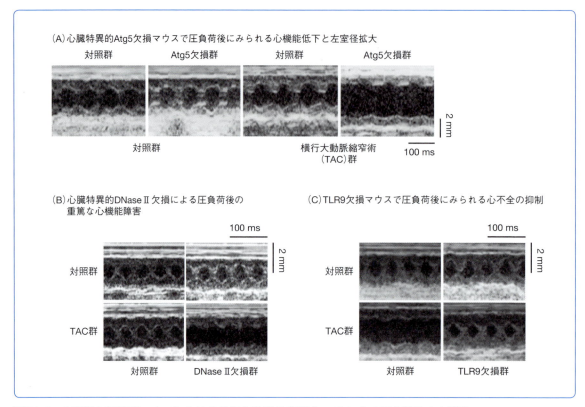

(A)心臓特異的Atg5欠損マウスで圧負荷後にみられる心機能低下と左室径拡大

対照群　　Atg5欠損群　　対照群　　Atg5欠損群

対照群　　横行大動脈縮窄術（TAC）群

2 mm
100 ms

(B)心臓特異的DNaseⅡ欠損による圧負荷後の重篤な心機能障害

100 ms

対照群

TAC群

対照群　　DNaseⅡ欠損群

2 mm

(C)TLR9欠損マウスで圧負荷後にみられる心不全の抑制

100 ms

対照群

TAC群

対照群　　TLR9欠損群

2 mm

図21-4　各種遺伝子改変マウスにおける横行大動脈縮窄術（TAC）による圧負荷後の心機能
典型的な心エコー図を示している.
［(A) Nakai A, et al.：Nat Med, 13：619-624, 2007,　(B) および (C) Oka T, et al.：Nature, 485：251-255, 2012を一部改変］

　ることが報告されている. これらの観察からは，オートファジーが傷害された心筋細胞の修復のサインであるのか，死にゆく過程であるのか，という疑問が残る. 筆者らは，中等度のTAC から1週間後の野生型マウスの心臓では代償性心肥大を発症し，オートファジーの抑制がみられるが，TAC 4週間後には左室の拡大や心機能の低下などの心不全を呈し，オートファジーが増加していること（**図21-3**），さらに，心臓特異的 Atg5欠損マウスに中等度のTAC を施すと1週間以内に心機能低下と左室径拡大を発症することを報告した[6]（**図21-4 A**）. また，左室補助循環装置によって機械的に負荷を軽減されたヒトの心臓ではオートファジーの指標が減少している. これらは，オートファジーが心肥大から心不全への移行中に活性化される適応機能であり，有害なタンパク質や傷害されたミトコンドリアを除去し，それらに引きつづく心臓リモデリングの予防や遅延に関与することで，保護的な役割を果たしていることを示唆している.

　一方，過剰に増加したオートファジーは必要なタンパク質や細胞小器官を除去することになり，細胞死を引き起こし，心肥大から心不全への移行中に有害な役割を果たしているという報告もある[16].

21-3　炎症とオートファジー

　自然免疫系は微生物の感染だけでなく、組織傷害による急性炎症において重要な役割を果たしており、微小病原体の関与がない場合は無菌性炎症とよばれている。心臓における自然免疫は、核、ミトコンドリア（ミトコンドリア DNA）、RNA などの傷害を受けた細胞から放出された細胞内物質 danger-associated molecular pattern（DAMP）によって引き起こされる。とくにミトコンドリア DNA は、細菌性 DNA と同様、非メチル化 CpG 配列を含むため、炎症性サイトカインの誘導といった強い免疫刺激作用を有する。心不全の発症や進行にも炎症誘発性伝達物質などの免疫系が関与しており、実際、慢性心不全患者のほとんどで、微生物の感染が関与していなくても心筋内に白血球の浸潤がみられ、血中サイトカインが上昇しており、その上昇の度合いは心不全の重症度や予後と正の相関性がある[17]。

　リソソーム内にみられる酸性 DNA 分解酵素である DNase II は、オートリソソーム内におけるミトコンドリア DNA 分解において重要な役割を果たしている。そこで筆者らは、DNase II をマウスにおいて心臓特異的に欠失させたところ、非ストレス条件下では表現型を示さないものの、中等度 TAC による圧負荷を与えると重篤な心筋炎症と心機能障害を認めた[18]（図21-4 B）。その心臓では、心筋のオートリソソーム内にミトコンドリア DNA ドットの蓄積を伴い、IL-1βや IL-6 といったサイトカインが産生され、マクロファージや好中球といった炎症性細胞の浸潤を認めた。

　TLR9は DNA の非メチル化 CpG 配列を認識する。そこで、遺伝子操作で TLR9を欠失させるか、あるいは TLR9を薬剤で阻害したところ、中等度 TAC による圧負荷を原因とした DNase II 欠損心臓における炎症や心機能低下を抑制した[18]。さらに、TAC を施術した TLR9単独欠損マウスにおいて、野生型と比べて炎症細胞の浸潤や心不全が抑制されていることを明らかにした（図21-4 C）。

　これらより、オートファジーで十分に分解されずに残ったミトコンドリア DNA が DAMP として炎症や心不全の原因となることや、TLR9シグナリング機構がストレス下の心筋細胞における未分解ミトコンドリアの DNA を認識と、無菌性炎症の調節に重要な役割を果たしていることが示唆された（図21-1）。DNase II の活性が肥大心において上昇しているものの、不全心では上昇していないことから、DNase II を活性化することで心不全を治療できる可能性がある。

21-4　老化とオートファジー

　線虫などだけでなく哺乳類でも、飢餓などによるオートファジーの誘導が寿命を延長することから、オートファジーが老化を抑制するはたらきをもつことが報告されている。筆者らは、心臓特異的 Atg5欠損マウスが6カ月齢ごろより死に始め、10カ月齢では対照群に比べて左心室径の著明な拡大と収縮能の低下を認めることを報告した[19]。また、このマウスはサルコメア構造の不整や、ミトコンドリア呼吸鎖機能の低下を伴う内部構造が破壊されたミトコンドリア像を呈した。これらより、継続する恒常的オートファジーがタンパク質とミトコンドリアの質を制御することにより、老化においても心臓の構造や機能を維持するために

重要な役割を果たしていることが示された.

21-5　マイトファジー

　ミトコンドリアは融合(fusion)および分裂(fission)により，つねに形や大きさを変化させ，健常なミトコンドリアを維持し，細胞内における代謝需要を満たしている．マイトファジーmitophagy は，定常状態においてもストレス応答においても，ミトコンドリアの除去に重要である．主要なマイトファジー制御機構としては，PINK1(PTEN-induced putative kinase 1)／PARK2(Parkin)介在性マイトファジーと受容体介在性マイトファジーがある(マイトファジーの詳細については第11章を参考にされたい).

　PINK1はヒトの終末期不全心で著明に減少している．また，PINK1欠損マウスは，酸化ストレスの上昇とミトコンドリアの機能異常を伴う心肥大や左心室機能不全を発症する．一方，PARK2の欠損マウスでは心機能は保たれているが，定常状態の心臓においてミトコンドリアの不整配列や縮小が認められる．

　受容体介在性マイトファジーについては，Bcl2-L-13(Bcl2-like protein 13)，BNIP3(Bcl2/adenovirus E1B interacting protein 3)，NIX/BNIP3L(BNIP3-like)，FUNDC1(FUN14 domain containing 1)があげられる．BNIP3と NIX/BNIP3L は心臓において，マイトファジーの制御とともに，心筋細胞死を介して心疾患の進行に関与すると考えられている．

　Atg32は酵母においてマイトファジーに必須であり，Atg8と介在性タンパク質であるAtg11と結合する．しかし，Atg32の哺乳動物における相同体は見つかっていなかった．筆者らは，Bcl2-L-13が哺乳細胞において Atg32の機能的相同体であり，マイトファジーだけでなくミトコンドリアの分裂も制御することを明らかにした[20](図21-5)．Bcl2-L-13は各臓器で普遍的に発現しているが，とくに心臓，骨格筋，膵臓において強く発現しており，ミト

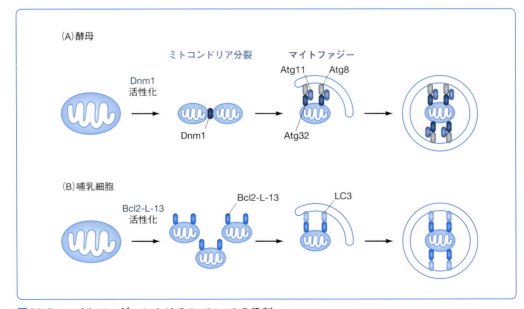

図21-5　マイトファジーにおけるBcl2-L-13の役割

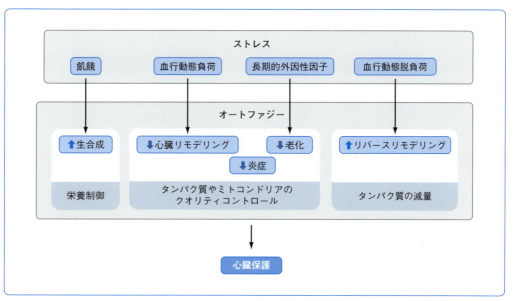

図21-6 心臓におけるストレスとオートファジーの関係

コンドリア外膜に局在している。この研究では，①Bcl2-L-13に存在するすべてのBcl2ホモロジードメインがBcl2-L-13誘導性ミトコンドリア分裂に関与すること，②273番目から276番目のアミノ酸残基にあるWXXL/I配列が機能的LC3結合領域であること，③272番目のセリン残基のリン酸化がLC3との結合およびマイトファジー活性に関与するが，ミトコンドリア分裂には関与していないことなどを明らかにした。Atg11の哺乳細胞における相同体は発見されていないため，Bcl2-L-13はAtg32とAtg11の両方の機能をもつか，もしくは介在性タンパク質として未発見のAtg11相同体と結合するのかもしれない。ただし，現在のところ，Bcl2-L-13が心臓において生理学的な役割をもつのかどうかはまだ明らかでない。

おわりに

　本章では，さまざまなストレスがオートファジーの活性にかかわっており，オートファジーが心臓における病態に対して保護的に作用していることについて述べた（図21-6）。しかし，以下のような，まだ解明されていない謎が残る。

①不全心において分解系がどのようにして活性化され，制御されているのか。

②分解系どうしの関連がどのように制御されているのか。

③心臓リモデリング中に，オートファジーやマイトファジーによる選択的な傷害ミトコンドリアの除去がどのように増加するのか。

④心不全を治療するにあたり，具体的な標的分子は何か。

　傷害されたミトコンドリアからは活性酸素種やアポトーシス誘導性タンパク質から漏出されるため，オートファジーや傷害ミトコンドリアを除去する選択的機構であるマイトファジーの制御機構を明らかにすることは重要である。筆者らが明らかにした哺乳細胞におけるAtg32の機能的相同体であるBcl2-L-13の詳細な解析は，マイトファジーの分子機構を明らかにするかもしれない。これらの疑問を解明し，定常状態やストレス下の心臓および心不全

Column　筆者らの研究とオートファジー

　筆者らの最も大きな研究テーマは，心不全における分子機構の解明と，それに引きつづく心不全治療薬の開発である．当初は，心不全における心筋細胞死の役割を中心に研究を行っていた．細胞死にはネクローシスとアポトーシスが知られており，心不全の発症や進行においてアポトーシスが強くかかわっており，そのメカニズムに活性酸素種やミトコンドリアなどが重要な役割を果たしていることを明らかにした．これに引きつづき，第三の細胞死とよばれたオートファジーの心臓における役割を研究することとなる．本書の編者であり，現東京大学教授である，水島博士をはじめとする研究者との共同研究により，遺伝子改変マウスモデルを用いて，世界で初めてオートファジーの病態生態における重要性を明らかにした．この研究から，心不全発症における分解の重要性に魅入られることとなった．その後，幸いにも大隅博士や吉森博士などのお力も借りることができた結果，ミトコンドリアやミトコンドリアDNAのオートファジーによる分解に関する新しい事実を明らかにすることができた．今もさらにこの分野での研究を進め，新しい心不全の治療につながることを目指して，日々努力を重ねている．

　読者の誰もがご存じのとおり，2016年に大隅先生がノーベル生理学・医学賞を受賞されたことは筆者らも非常にうれしく，敬意を表して，大隅先生の写真を部屋につねに飾っている．末筆ながら，日ごろ，先にご紹介した先生がたには研究や講演といった仕事でお世話になっているだけでなく，食事の席でも非常に親しくしていただいており，心より御礼を申し上げるとともに，先生がたとオートファジー研究のますますの発展を祈念している．

におけるオートファジーやマイトファジーの制御機構が明らかになれば，心不全を予防することに加え，発症や進行を遅らせることができる新しい治療法の開発につながる可能性がある．

文　献 ･････

1) Nishida K, et al.：J Mol Cell Cardiol, 84：212-222, 2015.

2) Nishida K, et al.：J Mol Cell Cardiol, 78：73-79, 2015.

3) Nishida K and Otsu K：Cardiovasc Res, 113：389-398, 2017.

4) Nakayama H, et al.：Circ Res, 118：1577-1592, 2016.

5) Yamaguchi O, et al.：Cardiovasc Res, 96：46-52, 2012.

6) Nakai A, et al.：Nat Med, 13：619-624, 2007.

7) Nishida Y, et al.：Nature, 461：654-658, 2009.

8) Honda S, et al.：Nat Commun, 5：4004, 2014.

9) Taneike M, et al.：PLoS One, 11：e0152628, 2016.

10) Rothermel BA and Hill JA：Circ Res, 103：1363-1369, 2008.

11) Nishida K and Otsu K：J Mol Cell Cardiol, 95：11-18, 2016.

12) Yamaguchi O, et al.：Proc Natl Acad Sci U S A, 100：15883-15888, 2003.

13) Dammrich J and Pfeifer U：Virchows Arch B Cell Pathol Incl Mol Pathol, 43：287-307, 1983.

14) McMullen JR, et al.：Circulation, 109：3050-3055, 2004.

15) Oyabu J, et al.：Biochem Biophys Res Commun, 441：787-792, 2013.

16) Zhu H, et al.：J Clin Invest, 117：1782-1793, 2007.

17) Nakayama H and Otsu K：Trends Endocrinol Metab, 24：546-553, 2013.

18) Oka T, et al.：Nature, 485：251-255, 2012.

19) Taneike M, et al.：Autophagy, 6：600-606, 2010.

20) Murakawa T, et al.：Nat Commun, 6：7527, 2015.

22 オートファジーと腎疾患

高橋 篤史・猪阪 善隆

SUMMARY

　腎臓は，糸球体，尿細管，血管という大きく3つの要素に分けられるが，構成する細胞の種類も多彩である．また，臓器としての機能も，体液や老廃物の排泄のみならず，ビタミンDの活性化や造血ホルモン（エリスロポエチン）やレニンの産生など内分泌的な機能も有しており，非常に複雑な臓器である．とくに，近位尿細管細胞は糸球体で濾過された溶質の2/3を再吸収し，多大なエネルギーを要するため，ミトコンドリアが豊富であり，また，エンドサイトーシスがさかんであることから，リソソームが非常に重要な細胞である．それゆえ，マイトファジーやリソファジーを含めたオートファジーが重要な役割を担っている．実際，虚血や薬剤による急性腎障害のみならず，糖尿病性腎臓病や高脂肪食負荷による慢性的な腎障害においてもオートファジーが関与する．本章では，腎臓におけるオートファジーに関して，最近の知見をまとめたうえで，今後の展望についても概説する．

KEYWORD
○ 糸球体　　○ 尿細管　　○ エンドサイトーシスによる分解，再吸収　　○ リソファジー

はじめに：腎臓とは

　腎臓は，血液が流れる「血管」，血液から尿を濾過する「糸球体」，糸球体で濾過された尿（原尿）から再吸収を行う「尿細管」と，大きく3つの要素に分けられるが，実際には20種類以上の細胞を含んでいる．そのなかでも重要なものとして，糸球体上皮細胞〔ポドサイトpodocyte（足細胞）〕は糸球体濾過におけるバリアとして機能し，一方，近位尿細管細胞は糸球体で濾過された電解質や糖，アミノ酸などの小分子の再吸収をATP依存的に行っており，多大なエネルギーを必要としている．近位尿細管細胞は薬剤の排出も担っており，薬剤などが集積することにより急性腎障害をきたしやすい．

　腎臓におけるオートファジーは古くから報告されており（Column 1 参照），1950年代後半には，腎尿細管においてオートファジーが生じていること，1970年代には近位尿細管細胞でミトコンドリアがオートファジーのターゲットになっていることが報告されている．当時の研究は電子顕微鏡を用いた形態学的研究が中心であったが，1990年代の大隅良典らによるオートファジーにかかわる遺伝子群の同定および分子メカニズムの解明により，オートファジーの研究が大きく進展した点については他の臓器と同様である．

　本章では，定常状態，ならびに各種病態下での腎臓におけるオートファジーの役割に関する知見を述べたい．

> **Column1　腎臓におけるオートファジーの歴史は古い！**
>
> 　オートファジーの歴史については1950年代を初めとする記載が多い. 2010年のZ. YangとD. J. Klionskyらによる「Eaten alive：a history of macroautophagy」と題された総説[1]によると，初期の報告として，以下の2つの文献があげられている.
> ①Clark SL, Jr.：Cellular differentiation in the kidneys of newborn mice studied with the electron microscope. J Biophys Biochem Cytol, 3：349-362, 1957.
> ②Novikoff AB：The proximal tubule cell in experimental hydronephrosis. J Biophys Biochem Cytol, 6：136-138, 1959.
> 　いずれの報告も腎臓が舞台となっていることに注意されたい.

22-1　定常状態でのオートファジー

❶ 近位尿細管でのオートファジー

　近年，臓器特異的オートファジー不全マウスの解析により，さまざまな臓器におけるオートファジーの重要性が示唆されている. すでに述べたように，近位尿細管は非常に多くのエネルギーを要することから，ミトコンドリアが非常に豊富であり，オートファジーが重要な役割を担っている. 実際，近位尿細管特異的 *Atg5* ノックアウトマウスは，経時的にユビキチン陽性のタンパク質凝集塊の蓄積やミトコンドリアの形態異常を認め，尿糖やアミノ酸尿を呈するようになる. このように，近位尿細管細胞の恒常性維持において，オートファジーが重要なはたらきをしていることが示されている[2].

　また，近位尿細管ではメガリン megalin などを介してタンパク質などさまざまな物質のエンドサイトーシスが行われており，エンドサイトーシスされた物質が分解されるリソソームも非常に重要なオルガネラといえる. 尿酸腎症モデルマウスでは，エンドサイトーシスにより取り込まれた尿酸塩はリソソームの破綻をきたすが，オートファジーは破綻したリソソームを取り囲むこと（リソファジー lysophagy）により，尿細管を保護することを筆者らは報告した[3]（**図22-1**）. 定常状態でリソファジーという現象が起こっているかについては未解明である

KEYWORD解説

○ **糸球体**：毛細血管のかたまりで，血液から原尿の濾過が行われる部位である. 血管の内側に位置する血管内皮細胞，糸球体を支えるはたらきをするメサンギウム細胞，そして外側を取り囲むポドサイト podocyte（足細胞）などからなる.

○ **尿細管**：糸球体で濾過された原尿から，アミノ酸，糖，電解質などさまざまな物質を再吸収する部位である. ATP 依存性のチャネルが多数存在し，非常に多くのエネルギーを必要とする部位である.

○ **エンドサイトーシスによる分解，再吸収**：近位尿細管では，糸球体で濾過された原尿から，メガリン megalin やキュビリン cubilin を介してさまざまな物質が再吸収されている.

○ **リソファジー**：リソソームを選択的に処理するオートファジーの形態である. リソソーム膜の破綻（lysosomal membrane permeabilization）がトリガーとされているが，未解明な点も多い.

（A）尿酸腎症モデルマウスでみられるリソファジー

対照マウス（*Atg5* floxマウス）

近位尿細管特異的*Atg5*ノックアウトマウス

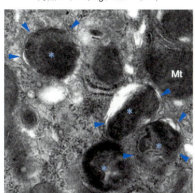
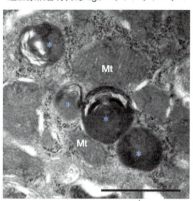

＊：リソソーム，Mt：ミトコンドリア

スケールバー：1μm

（B）リソファジーの模式図

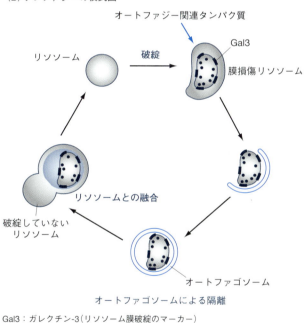

Gal3：ガレクチン-3（リソソーム膜破綻のマーカー）

図22-1　リソファジー（尿酸腎症モデルマウス）
（A）対照マウスにおいてはリソソームをオートファゴソームが囲んでいる像（▶）がみられる．スケールバーは1μm．
（B）リソファジーの模式図を示す．

［Maejima I, et al.：EMBO J, 32：2336-2347, 2013を一部改変］

が，この点は今後の検討課題であろう．

② 糸球体におけるオートファジー

　糸球体については，光学顕微鏡写真（**図22-2**）ならびに電子顕微鏡写真（**図22-3**）からわかるように，血管内皮細胞，メサンギウム細胞，ポドサイトなどの細胞から構成される．ポド

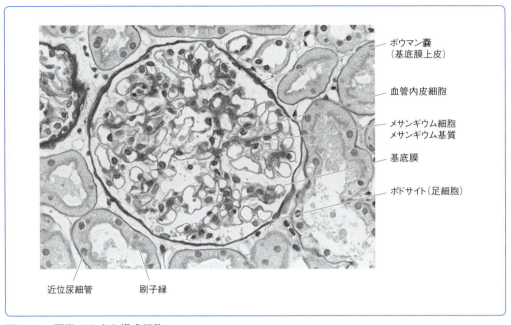

図22-2　腎臓のおもな構成細胞

ヒトの腎生検の検体を用いて，糸球体を中心に腎臓の組織像を示す（PAS染色）．

［写真提供：山本陵平博士（大阪大学大学院医学系研究科腎臓内科）］

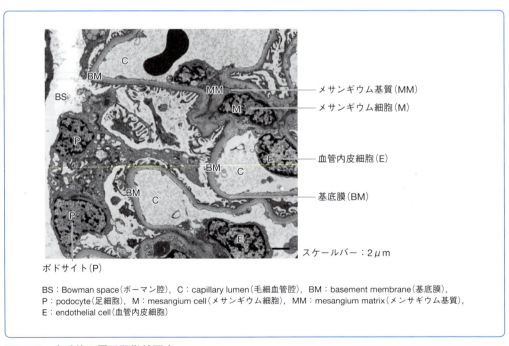

BS：Bowman space（ボーマン腔），C：capillary lumen（毛細血管腔），BM：basement membrane（基底膜），
P：podocyte（足細胞），M：mesangium cell（メサンギウム細胞），MM：mesangium matrix（メンサギウム基質），
E：endothelial cell（血管内皮細胞）

図22-3　糸球体の電子顕微鏡写真

ヒトの糸球体の電子顕微鏡写真を示す．

［写真提供：難波倫子博士（大阪大学大学院医学系研究科腎臓内科）］

サイトは，神経細胞と同様に終末分化細胞であり，多くの糸球体疾患において重要な傷害部位となっている．糸球体はその異常が蛋白尿につながる重要な部位であるが，B. Hartlebenらのグループは GFP-LC3 トランスジェニックマウスを用いて，定常状態においてポドサイトのオートファジーが比較的高いレベルであること，ならびに，ポドサイト特異的 *Atg5* ノックアウトマウスでは経時的に蛋白尿が増加し，糸球体硬化に至ることを示した[4]．

❸ 血管内皮細胞におけるオートファジー

腎臓に限らず，血管は血流による圧力（ストレス）につねに曝されており，血管内皮細胞では，ストレスに対する恒常性維持機構が重要である．糸球体血管内皮細胞におけるオートファジーの関与については，ポドサイトや尿細管細胞に比べるとやや報告が少ない．

2015年，O. Lenoir らは血管内皮細胞特異的 *Atg5* ノックアウトマウスの表現型を報告している[5]．この報告では，糸球体血管内皮細胞のオートファジー不全マウスは，10週齢の時点で，ポドサイトの軽度の形態異常を呈するが，アルブミン尿などは認めず，機能不全にはつながらないとされている．ただし，ストレプトゾトシン streptozotocin（STZ．膵β細胞を傷害する薬剤）を用いて糖尿病を誘発すると，この糸球体血管内皮細胞のオートファジー不全マウスは10週齢の時点でアルブミン尿の増悪や糸球体硬化の増悪が顕著となるようである．この論文では，糸球体における血管内皮細胞，基底膜，ポドサイトの3層構造を糸球体濾過障壁 glomerular filtration barrier ととらえ，血管内皮細胞もしくはポドサイトそれぞれの *Atg5* ノックアウトマウスの表現型を論じており，興味深い．

一方，筆者らは血管内皮細胞に発現するチロシンキナーゼ受容体（TEK/TIE2）をプロモーターとした別の血管内皮細胞特異的 *Atg5* ノックアウトマウスを用いて，血管内皮細胞のオートファジーと活性酸素の関係を報告した[6]．このノックアウトマウスでは，定常状態において，早期から糸球体血管内皮細胞の fenestra の消失やポドサイトの足突起癒合を認め，12カ月齢になると有意なアルブミン尿の増加や腎機能低下を呈する．Lenoir らのモデルマウスと比較して，Cre の発現率の差などが表現型の出現時期や程度の違いに影響しているものと考えられるが，着目すべきは活性酸素の蓄積が早期から糸球体特異的に認められ，さらに（抗酸化剤である）N-アセチルシステインを投与すると糸球体の表現型が改善することである（巻頭 **写真3**）．このことからオートファジーの抗酸化作用が糸球体係蹄の統合性維持に重要であると考えられる．

22-2 腎疾患におけるオートファジー

❶ 虚血再灌流障害

虚血再灌流障害は，腎障害のモデルとしてよく使用される．具体的には，左右どちらか，もしくは両方の腎動脈を血管用クリップにて30〜40分程度クランプしたのちに開放することにより，一時的な虚血状態ののち再酸素化が行われ，急性尿細管障害をきたすモデルである．近位尿細管特異的 *Atg5* ノックアウトマウスにおいて虚血再灌流障害が増悪していることから，オートファジーが虚血再灌流障害に対抗していると考えられる[2]．

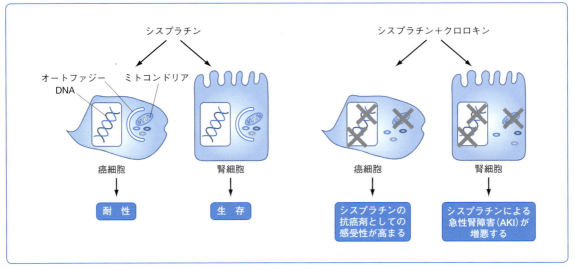

図22-4　抗癌剤とクロロキン併用の功罪

抗癌剤であるシスプラチンとオートファジー阻害剤としてクロロキンを併用した際，癌細胞において細胞死が起こりやすくなる一方で，腎臓でのオートファジー阻害により腎障害が増悪するリスクがある．

[Kimura T, et al.：Cancer Res, 73：3-7, 2013を一部改変]

② 薬剤性腎症

　腎障害を起こす薬剤は数多く知られているが，代表的な薬剤として，シスプラチン cisplatin やシクロスポリン cyclosporine があげられる．シスプラチンは多くの固形腫瘍に対する抗癌剤として使用されるが，腎毒性が問題となることが多い（シスプラチン腎症）．急性尿細管壊死が障害の本態と考えられ，その機序として，ミトコンドリア傷害などがあげられている．近位尿細管特異的 *Atg5* ノックアウトマウスを用いた筆者らの検討では，オートファジーがシスプラチンによる DNA 損傷やミトコンドリア傷害の抑制に寄与している[7]．

　なお，近年，オートファジーが癌細胞の生存に有利にはたらくことから，抗癌剤にオートファジー阻害剤である（ヒドロキシ）クロロキン chloroquine を併用する臨床研究が実施されている．癌の治療としては併用効果が示されているが，クロロキンによる腎尿細管細胞でのオートファジー抑制は，シスプラチンなど抗癌剤による毒性（副作用）を増加させる可能があり，注意が必要である[8]（**図22-4**）．

③ 糖尿病性腎臓病

　現在，わが国においても，また世界的にも，透析導入に至る原疾患として最も多い糖尿病性腎臓病（糖尿病性腎症ともいう）であるが，その病因は多岐にわたる[9]．高血糖そのものがさまざまな障害を引き起こすと考えられているが，高血糖状態がオートファジーに与える影響についても完全には結論に至っていない．動物実験で使用される糖尿病モデルについても注意が必要である．ストレプトゾトシン誘発モデルは1型糖尿病モデルであり，インスリンは欠乏している．一方，*db/db* マウスなどの肥満モデルは2型糖尿病モデルであり，インスリンはむしろ過剰である．インスリンの有無によりオートファジーの挙動も異なる可能性がある．

　さて，ポドサイトは糖尿病性腎臓病においても重要な障害部位である．このポドサイトのオートファジーに関しては，田川安都子らがリソファジーというかたちで糖尿病性腎臓病モ

> **Column2　リソソームの主要制御因子TFEB**
>
> 　A. Ballabioらのグループは，TFEB（transcription factor EB）がリソソームの新生（biogenesis）の主要制御因子master regulatorであることを発見し，オートファジーの活性化因子としてのはたらきや，脂質代謝（β酸化）を促すはたらきなど，さまざまな機能を果たしていることを報告した．腎臓はオートファジーのみならずエンドサイトーシスもさかんな臓器であることから，その双方の終着点であるリソソームを制御するTFEBのはたらきは非常に重要と予想され，近位尿細管特異的TFEBノックアウトマウスの表現型解析が望まれる．私見ではあるが，オートファジーが正常に作用するためには，リソソームが十分に機能することが重要であると考えられ，オートファジーを制御することよりもTFEBを制御することの方が臨床応用には近い可能性もある．TFEBについては，Ballabioらのグループによる最新のレビューを参照されたい[12]．

デルにおいて重要なはたらきをしていることを報告した[10]．この報告によると，8カ月間の高脂肪食負荷をした糖尿病モデルにおいて，ポドサイト特異的 *Atg5* ノックアウトマウスのポドサイトでは，傷害を受けたリソソームが蓄積していることを示しており，尿細管のみならず糸球体においてもリソファジーが重要であることがわかる．

　また筆者らは，近位尿細管においてオートファジー不全状態にすると，終末糖化産物 advanced glycation end products（AGEs）が蓄積し，腎臓での炎症や線維化につながることを報告した[11]．この報告では，*in vitro* において，AGEs を負荷したときのみならず，BSA（bovine serum albumin）を負荷した際にも，リソソームの新生（biogenesis）が活性化されていた．興味深いことに，オートファジー不全状態では，このリソソームの biogenesis の活性化が不十分であることが判明した．オートファジーによるリソソーム制御の役割について，TFEB（transcription factor EB）との関連も含めて，今後のさらなる研究の発展が期待される（Column 2 参照）．

④ 蛋白尿による腎障害

　蛋白尿は腎障害（とくに糸球体の破綻）の結果として生じるものであるが，「尿蛋白自体が尿細管障害を引き起こし，さらなる腎障害につながる」とされている．具体的には，糸球体から漏出した蛋白尿は近位尿細管で再吸収されてリソソームで分解されるが，蛋白尿が多量の場合，分解しきれずに炎症を惹起する．山原康佑らは，BSA 負荷モデルを用いて，蛋白尿による尿細管の障害についてオートファジーの観点から報告している[13]．BSA の負荷がmTOR（mammalian target of rapamycin）の活性化を介してオートファジーを抑制するため，BSA によるストレスに対してオートファジーが十分活性化できず，腎障害につながるとされている．

⑤ 高脂血症による腎障害

　一般に，多量の蛋白尿が出現するネフローゼ症候群の際には，肝臓でのコレステロール合成の亢進などにより，高コレステロール血症を伴う．また，ネフローゼ症候群に限らず，高脂血症そのものが腎障害を引き起こすことが知られている（脂質腎毒性 liponephrotoxicity）．一部の脂質はアルブミンと結合したかたちで，近位尿細管からエンドサイトーシスにより再

22

吸収される[14].　筆者らの検討では，マウスに高脂肪食を負荷すると，腎臓の尿細管においてリン脂質を含んだリソソームの拡張がみられ（巻頭 **写真4 A**），*in vitro* において，代表的な飽和脂肪酸であるパルミチン酸を尿細管細胞に負荷したところ，リソソームの酸性環境が損なわれ，オートファジーの停滞が観察された[15].　また，GFP-LC3トランスジェニックマウスを用いてオートファジーフラックス（autophagy flux）を評価したところ，高脂肪食を負荷していると，「基底レベルでのオートファジー（basal autophagy）は高まっているが，飢餓により誘導されるオートファジー（induced autophagy）が鈍化していること」が示された（巻頭 **写真5**）.

❻ 加齢（老化）

　老化についての詳細は**第20章**を参照していただきたいが，腎臓は加齢とともに機能が低下する典型的な臓器である．しかし，腎臓において，加齢とともにオートファジー活性が低下するのか否かについて結論には至っていない．筆者らは GFP-LC3トランスジェニックマウスおよび薬剤誘導性の Cre による近位尿細管特異的 *Atg5* ノックアウトマウスを用いた検討において，加齢マウスでは，「基底レベルでのオートファジーが高まっていること」ならびに「飢餓により誘導されるオートファジーが鈍化していること」を報告した[16].　この事象は，すでに述べた高脂肪食負荷時に類似しているが，加齢や高脂肪食負荷時には，基底レベルでのオートファジーの亢進によって，オートファジーの予備能が低下しており，新たなストレスが生じた際にオートファジーが活性化されないと考えられる.

22-3　腎臓におけるオートファジー研究の展望

　近年，細胞や組織の障害を防御する機能をもちうるオートファジーを活性化させるべく，オートファジー活性化薬の開発・研究がさかんとなっている．多くの臓器と同様に，腎臓におけるオートファジーについては，動物実験レベルの報告に限られていることが多い．しかし，ヒトの疾患においても腎生検の検体を用いた免疫染色は可能であり，実際，本章でも引用したとおり，文献では「mTOR を介したオートファジーの減弱」[13]，「リソソームの拡張（巻頭 **写真4 B**）やオートファジーの停滞」[15]をヒトの検体において示している．したがって，腎生検検体を用いた研究手法も有用であると考えられる.

　なお，mTOR 阻害薬であるエベロリムス everolimus が腎移植領域で免疫抑制剤として臨床応用されているが，副作用として蛋白尿を生じることが報告されている．蛋白尿発症のメカニズムは不明であるが，mTOR によるオートファジー活性への影響が関与する可能性もある．移植腎生検検体などを用いた研究が，ヒトの疾患におけるオートファジーの制御に関して手がかりになる可能性があると考えられる.

22-4　腎臓におけるシャペロン介在性オートファジー（CMA）

　本章ではマクロオートファジーを中心に概説してきたが，最後にマクロオートファジー以

外のオートファジーの1つとして，シャペロン介在性オートファジー chaperon-mediated autophagy（CMA）についても腎臓の観点から簡単にふれたい（ミクロオートファジーについては，腎臓に関する報告は乏しく，今後の検討課題である）．

　CMA はリソーム上の LAMP2A を介して直接リソームへ運び込まれる機構であるが，糖尿病では CMA が減少しているとの報告がある[17]．腎臓における CMA の役割については，今後明らかにするべき課題と思われるが，少なくとも，糖尿病における CMA の低下が PAX2の増加を介して尿細管の腫大につながるとされている．腎臓における CMA についての詳細は，H. A. Franch によるレビューを参照されたい[18]．

おわりに

　本章では腎臓におけるオートファジーについて概説した．字数の関係で記載できなかったことも多く，腎臓におけるオートファジーに関するレビューとして，高畠義嗣ならびに O. Lenoir のレビューも参考にしていただきたい[19, 20]．

　他の臓器と同様に，腎組織でのオートファジーの活動性を正確に評価することは，ヒトにおける評価はもちろん，動物実験レベルにおいても，なかなかむずかしいのが現状である．よって，オートファジー活性化薬が実臨床で使用されるには，まだまだ研究の進歩が必要と考えられる．しかし，着実に腎臓領域でのオートファジー研究は進んでおり，近い将来，腎臓においてオートファジーが治療のターゲットになることを期待したい．本章が微力ながら一助となれば幸いである．

文　献 ‥‥‥

1) Yang Z and Klionsky DJ：Nat Cell Biol, 12：814-822, 2010.

2) Kimura T, et al.：J Am Soc Nephrol, 22：902-913, 2011.

3) Maejima I, et al.：EMBO J, 32：2336-2347, 2013.

4) Hartleben B, et al.：J Clin Invest, 120：1084-1096, 2010.

5) Lenoir O, et al.：Autophagy, 11：1130-1145, 2015.

6) Matsuda J, et al.：Autophagy, doi：10.1080/15548627.20171391428, 2017.

7) Takahashi A, et al.：Am J Pathol, 180：517-525, 2012.

8) Kimura T, et al.：Cancer Res, 73：3-7, 2013.

9) Kanwar YS, et al.：Annu Rev Pathol, 6：395-423, 2011.

10) Tagawa A, et al.：Diabetes, 65：755-767, 2016.

11) Takahashi A, et al.：Diabetes, 66：1359-1372, 2017.

12) Napolitano G and Ballabio A：J Cell Sci, 129：2475-2481, 2016.

13) Yamahara K, et al.：J Am Soc Nephrol, 24：1769-1781, 2013.

14) Bobulescu IA：Curr Opin Nephrol Hypertens, 19：393-402, 2010.

15) Yamamoto T, et al.：J Am Soc Nephrol, 28：1534-1551, 2017.

16) Yamamoto T, et al.：Autophagy, 12：801-813, 2016.

17) Sooparb S, et al.：Kidney Int, 65：2135-2144, 2004.

18) Franch HA：Semin Nephrol, 34：72-83, 2004.

19) Takabatake Y, et al.：Nephrol Dial Transplant, 29：1639-1647, 2014.

20) Lenoir O, et al.：Kidney Int, 90：950-964, 2016.

22

日本語索引

や　行

ら～わ

外国語索引

オートファジー
分子メカニズムの理解から病態の解明まで　　　　　©2018

定価（本体 5,600 円＋税）

2018 年 1 月 1 日　1 版 1 刷

監 修 者　　大 隅 良 典
編　　者　　吉 森 保
　　　　　　水 島 昇
　　　　　　中 戸 川 仁
発 行 者　　株式会社　南 山 堂
　　　　　　代表者　鈴 木 幹 太

〒 113-0034　東京都文京区湯島 4 丁目 1-11
TEL 編集(03)5689-7850・営業(03)5689-7855
振替口座　00110-5-6338

ISBN 978-4-525-13481-5　　　　　Printed in Japan